自动引导运输车（AGV）

上海洋山港四期港区采用无人运营无人作业，海关也首次在无人码头使用自动化监管设备，实现通关验放自动化。该项目开创了自动化码头的两大先河：一是双箱自动化轨道首次从实验室走向市场；二是电动机、制动器、减速器"三合一"的创新使用，不断挑战在空间和布置上的设计极限。通过"智能"大脑，AGV可以自定行车路线，有效规避碰撞。洋山港四期的锂电池驱动AGV采用了前沿技术，除了无人驾驶、自动导航、路径优化、主动避障外，还支持自我故障诊断、自我电量监控等功能。

分拣快递的机器人

分拣快递的小机器人

分拣快递的小机器人由杭州海康机器人技术有限公司自主研发，外观为扁平的圆柱体，顶部有托盘，可以承托 5kg 以下的小型包裹。机器人承载货物后穿过扫描门架，读取信息，识别成功后接受调度系统的指挥。它自带超声波避障检测、急停按钮等多级安全防护，最大运行速度可达 3m/s。1.5h 充满电后可连续工作 8h，可完成 1.8 万件/h 分拣，效率惊人。

正在制造汽车的工业机器人

造车的工业机器人

在汽车行业，工业机器人主要用于冲压、焊接、喷涂和总装四大工艺。冲压工艺中，借助工业机器人，将钢板送入清洗、开卷、还原和粗剪等工位。待钢板被切割成大小合适的板块后，再进行冲孔、切边。焊接工艺中，借助工业机器人将车身板件进行局部加热、同步加热、加压合成，直到车身成形。喷涂工艺中，电泳涂层后，借助工业机器人喷金属漆、罩光清漆，同时一次性烘干。总装工艺中，工业机器人主要包括地面输送机、悬挂输送机、板式输送机、装调工具、检测设备、AGV 车。

六轴工业机器人的结构

六轴工业机器人的结构

六轴工业机器人的一般结构：六个伺服电动机直接通过减速器、同步带轮等驱动六个关节轴的旋转，关节一~关节四的驱动电动机为空心轴结构。采用空心轴电动机的优点是机器人的各种控制管线可以从电动机中心直接穿过，无论关节轴怎么旋转，管线都不会随着旋转。这种结构较好地解决了工业机器人的管线布局问题。

高等职业教育（本科）智能制造工程专业系列教材

工业机器人操作与编程

主编　张　华　龚成武
参编　王　宏　赵志雄　罗　文　陶雪娟
　　　陈　华　余　衡　齐红星　刘　洋

机械工业出版社

本书以 ABB 工业机器人为对象进行介绍，分为工业机器人技术、操作与编程基础、应用实例、拓展技术 4 大板块，共 8 个模块，详细讲解了工业机器人技术发展、基本操作、编程指令、轨迹编程，以及搬运码垛编程等。本书以岗位能力为目标导向，以实际项目为驱动，内容按照目标、任务、讲解、操作、评价等进行编排。

　　本书实现了互联网与传统教育的融合，采用"纸质教材+数字课程"的教学模式。读者通过扫描二维码，即可查看随技术发展更新的内容，观看微课等视频类数字资源，下载虚拟工作站等。这种模式突破了传统课堂教学的时空限制，更能激发学生自主学习，打造高效课堂。

　　本书适合作为高等职业本科院校工业机器人技术专业及智能制造类、自动化类相关专业的教材，也可作为工程技术人员的参考资料和培训用书。

图书在版编目（CIP）数据

工业机器人操作与编程/张华，龚成武主编. —北京：机械工业出版社，2022.2（2025.1 重印）

高等职业教育（本科）智能制造工程专业系列教材

ISBN 978-7-111-70111-8

Ⅰ.①工… Ⅱ.①张… ②龚… Ⅲ.①工业机器人-操作-高等职业教育-教材②工业机器人-程序设计-高等职业教育-教材 Ⅳ.①TP242.2

中国版本图书馆 CIP 数据核字（2022）第 017731 号

机械工业出版社（北京市百万庄大街 22 号　邮政编码 100037）

策划编辑：薛　礼　责任编辑：薛　礼　刘良超　戴　琳

责任校对：张　征　封面设计：张　静

责任印制：单爱军

北京虎彩文化传播有限公司印刷

2025 年 1 月第 1 版第 4 次印刷

184mm×260mm・23.5 印张・4 插页・580 千字

标准书号：ISBN 978-7-111-70111-8

定价：69.00 元

电话服务　　　　　　　　　网络服务

客服电话：010-88361066　　机　工　官　网：www.cmpbook.com

　　　　　010-88379833　　机　工　官　博：weibo.com/cmp1952

　　　　　010-68326294　　金　书　网：www.golden-book.com

封底无防伪标均为盗版　　机工教育服务网：www.cmpedu.com

前 言

工业机器人已"C位出道",成为这个时代制造业的明星,并已成为新一轮科技革命中不可替代的重要装备。

本书以全球技术领先的ABB工业机器人为主要讲授对象,结合新时代学生的特点,以学生为中心,编入了贴近生活、充满趣味且时尚的内容。书中包含8个模块33个项目,将知识点进行系统组织。并进一步划分了100多个精练的微知识点。全部知识点以问题的形式呈现,如"怎样设定机器人的坐标系?""工业机器人怎样分类?"等。

本书内容按照模块化编制,一个独立的模块又包含多个项目,并由知识能力目标、知识结构图、知识点讲解、实际操作步骤讲解、项目考核等组成。在知识讲解过程中采用四步教学法:讲给你听→做给你看→让你试试看→确认你会干。

本书将课程体系中随工业机器人技术发展更新快的内容制作成网络在线访问形式,实现教材内容可随技术的发展而更新。例如,在模块1中提供了"工业机器人最新应用"内容,供读者通过网络访问获取。

编者团队开发了基于RobotStudio平台的仿真教学平台,读者利用计算机就可以进行练习操作。本书配套资源包括电子课件、微课、生产现场工作视频、现场操作视频、软件操作录屏、工业机器人本体与工作站等3D图档、理论题库、操作任务书,以及操作过程测评表等多元化教学资源,并随技术发展更新。以上资源可以到机械工业出版社教育服务网(http://www.cmpedu.com)下载。同时,也可以登录智慧职教(https://mooc.icve.com.cn/)搜索"怎样让工业机器人飞起来",参加在线开放课程学习,课程链接:https://mooc.icve.com.cn/course.html?cid=ZYRZQ084754)

在本书的编写过程中,浙江钱江机器人有限公司、成都卡诺普自动化控制技术有限公司、川崎(重庆)机器人工程有限公司、中国长安汽车集团有限公司重庆青山变速器分公司等企业提供了许多工业机器人现场资料和宝贵的建议与意见,在此一并致谢!编者还参阅了大量国内外相关资料,在此向原作者表示衷心的感谢!

由于技术发展日新月异,加之编者水平有限,对于书中不妥之处,恳请广大读者批评指正。

编 者

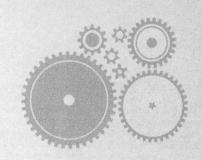

二维码索引

（续）

名　　称	图形	页码	名　　称	图形	页码
怎样设定工业机器人坐标系？		114	利用 MoveAbsJ 回零点操作视频		176
工业机器人的交流方式有哪些？		127	利用 MoveJ 和 MoveL 实现 a、b 两点之间的移动		182
什么是 RAPID 编程语言与程序？		168	利用运动指令创建完整的 RAPID 程序并调试		192
常用的运动指令1：MoveL		174	如何进行机器人简单轨迹编程 1		291
常用的运动指令 2：MoveJ、MoveC 和 MoveAbsJ		175	如何进行机器人简单轨迹编程 2		293

目 录

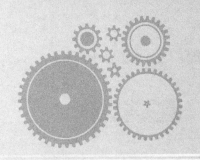

什么是机器人?

内容概述

今天,我们已经生活在机器人高速发展的时代。我们每天都会和机器人直接或间接地打交道。我们用的手机、乘坐的汽车、吃的零食、穿的衣服、用的签字笔、洗漱用的牙刷等都可能是由机器人制造的。除了工业制造领域,机器人也开始走进我们的生活,如扫地机器人、表演机器人、快递机器人、防疫机器人、送药机器人等。本模块主要介绍小说中、电影中、生活中的机器人,目前各个组织对机器人的定义,机器人怎样分类,以及机器人的发展与应用。

知识目标

1. 掌握工业机器人的定义。
2. 了解工业机器人的发展史。
3. 了解工业机器人的分类。
4. 了解工业机器人的行业应用。

能力目标

1. 能够认识并区分各类工业机器人。
2. 能够掌握工业机器人的行业发展趋势。
3. 能够认识主流品牌工业机器人系统。

知识结构图

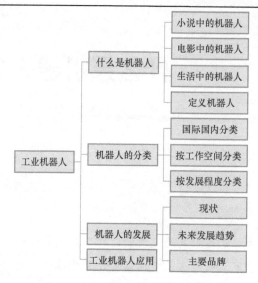

项目 1.1　机器人的定义是什么？

机器人似乎是一个神秘的存在，其实并非如此。本质上，机器人是机器，无论它以何种方式存在。正如计算机和移动电话一样，机器人将影响和改变我们的生活，其影响和改变的力度和程度可能更甚。机器人是这个时代众多科技应用的集成品和综合体，它必将以一种更加广泛和更加深入的方式影响人类。

本项目将带你揭开机器人的面纱，看看机器人究竟是怎样的存在。它有哪些机器的属性？又有哪些人类的属性呢？首先让我们从"机器人"这个词汇开始了解它。

1.1.1　小说中的机器人什么样？

做什么

了解小说中机器人的故事。

讲给你听

在机器人来到我们身边之前，最早是在小说作品中出现的。人们通过想象设定机器人的功能，并对未来机器人的行为做出规划。

1. 《罗萨姆的万能机器人》

1920 年，捷克斯洛伐克作家卡雷尔·恰佩克在他的科幻小说《罗萨姆的万能机器人》中，根据 Robota（捷克文，原意为劳役、苦工）和 Robotnik（波兰文，原意为工人），创造出"机器人"这个词。

2. 《我，机器人》

作者艾萨克·阿西莫夫（Isaac Asimov，1920 年 1 月 2 日—1992 年 4 月 6 日）是美国著名科幻小说家、科普作家、文学评论家，是美国科幻小说黄金时代的代表人物之一。他提出的机器人学三定律被称为现代机器人学的基石。

机器人学三定律就是：

1）机器人不得伤害人类，不得看到人类受到伤害而袖手旁观。

2）机器人必须服从人类的命令，除非这条命令与第一条相矛盾。

3）机器人必须保护自己，除非这种保护与以上两条相矛盾。

1.1.2 电影中的机器人什么样？

做什么

了解电影中的机器人。

讲给你听

随着人工智能技术的发展，机器人也开始越来越多地走入我们的日常生活。但是，给我们留下印象最深刻的机器人还是来自那些更加天马行空的科幻电影。本文为大家盘点一些关于机器人的电影。

1.《终结者》

内容围绕天网的人工智能机器网络和以约翰·康纳为首的人类之间的战争。电影从1984年到2019年共拍摄了6部。电影主演施瓦辛格从年轻小伙拍到白发爷爷。

2.《我，机器人》

影片中，机器人从保姆、厨师、快递、遛狗到管理家庭收支，简直无所不能。一时间，机器人的数量快速增长，平均每5人便拥有1个机器人。

3.《变形金刚》

影片讲述了人类和擎天柱为了捍卫和平，带领汽车人与霸天虎开战的故事。影片中，擎天柱给人们留下了深刻的记忆。一句"汽车人，变形出发！"能够唤起无数人的童年回忆！

4.《钢铁侠》

影片讲述了托尼·史塔克在遇难后改进了盔甲的功能，化身钢铁侠，以一个义务警察的身份维护和平的故事。

5.《铁甲钢拳》

在电影里，拳击运动已经被高科技的机器人互搏取代了。人类无法亲自上场比赛，取而代之的是人类操纵机器人在赛场上厮杀。电影是围绕未来世界的机器人拳击比赛展开的，讲述了一个饱含梦想与亲情的励志故事。

6.其他机器人电影

其他机器人电影见表1-1。

表1-1 其他机器人电影

序号	名　称	序号	名　称
1	机械战警	6	机器人总动员 WALL.E
2	机器纪元	7	机械姬
3	环太平洋	8	人工智能
4	复仇者联盟2：奥创纪元	9	霹雳五号
5	宝莱坞机器人之恋	10	剪刀手爱德华

1.1.3 生活中的机器人什么样？

做什么

了解现代生活中的黑科技——机器人。

讲给你听

当今的时代正在经历一场前所未有的科技革命，机器人已经不只是出现在电影和小说中，而是慢慢进入我们的生活中。我们所说的机器人不仅仅是那种会走会动的，还有虚拟智能机器人，它们可能存在于某个 APP 中，也可能存在于语音智能播报中，当然还可能存在于手机、音箱、汽车中。下面就盘点一下那些生活中的机器人。

1. 扫地机器人

扫地机器人又称自动打扫机、智能吸尘器、机器人吸尘器等，是智能家用电器的一种，能凭借一定的人工智能，自动在房间内完成地板清理工作，如图 1-1 所示。

2. 迎宾机器人

不少迎宾机器人已经设置成可以自由移动，第一面就让人感受到浓浓的科技感。有的迎宾机器人会尽量设计得接近于人形，有的胸前会配置一块显示屏，用以播放场地的宣传内容，也可用作其他相关展示和指引，如图 1-2 所示。

图 1-1 扫地机器人

图 1-2 迎宾机器人

3. 早教机器人

早教机器人是专门为提高孩子的学习兴趣而设计的教育类电子产品。它能唱歌、跳舞、讲故事等，教孩子拼音识字，与孩子互动娱乐，对幼儿在注意力、思维能力等方面的提升有很大帮助。图 1-3 所示为一种早教机器人。

图 1-3 早教机器人

4. 无人机

无人驾驶飞机简称无人机，英文缩写为 UAV，是利用无线电遥控设备和自备的程序控制装置操纵的不载人飞机，或者由车载计算机完全或间歇地自主操作，如图 1-4 所示。

5. 自动驾驶汽车

自动驾驶汽车是通过车载传感系统感知道路环境，自动规划行车路线并控制车辆到达预定目标的智能汽车。美国国家公路交通安全管理局（NHTSA）已提出正式的自动驾驶五等级分类系统（2016 年版本）。等级从 L0 到 L5 级，L0 为无自动，L5 为完全自动驾驶，由车辆完成所有驾驶操作，人类驾驶员无须操作。电动汽车特斯拉现在可以达到 L3 级，如图 1-5 所示。

图 1-4　无人机

图 1-5　自动驾驶汽车

6. 快递机器人

快递机器人的感知系统十分发达，除装有激光雷达、GPS 定位外，还配备了全景视觉监控系统、前后的防撞系统以及超声波感应系统，以便机器人能准确感受周边的环境变化，预防交通安全事故的发生，如图 1-6 所示。

7. 消毒机器人

智能超干雾化机器人可强力消灭新型冠状病毒。它可实现液体雾化，覆盖全、不残留；可无人化自动执行定时定点消毒任务；可减少人员接触，有效降低感染风险；可自主导航避障，智能规划路径，自动回桩充电等。图 1-7 所示为消毒机器人。

图 1-6　快递机器人

8. 送药机器人

通过将机器人技术应用在核素放射环境，延伸了医护人员的智慧与意志。送药机器人也可执行临床上由于客观原因而受限的体征测量、送药、环境放射性检测，保护了医护人员的同时，也提高了患者治疗的准确度和满意度。图 1-8 所示为送药机器人。

图 1-7　消毒机器人

图 1-8　送药机器人

1.1.4　我们怎么定义机器人?

做什么

掌握不同机构对机器人的定义。

讲给你听

一般来说，每一个科技术语会有一个明确的定义，但机器人问世已有几十年，机器人的定义仍然仁者见仁，智者见智，没有一个统一的标准。其原因之一是机器人还在发展，新的机型、新的功能不断涌现。根本原因主要是机器人涉及了人的概念，成为一个难以回答的哲学问题。就像机器人一词最早诞生于科幻小说之中一样，人们对机器人充满了幻想。也许正是由于机器人定义模糊，才给了人们充分的想象和创造空间。其实并不是人们不想给机器人一个完整的定义，自机器人诞生之日起人们就不断地尝试着说明到底什么是机器人。但随着机器人技术的飞速发展和信息时代的到来，机器人所涵盖的内容越来越丰富，机器人的定义也不断充实和创新。

1）**百度百科中的定义**：机器人（Robot）是自动执行工作的机器装置。它既可以接受人类指挥，又可以运行预先编排的程序，也可以根据以人工智能技术制定的原则纲领行动。它的任务是协助或取代人类工作，例如生产业、建筑业或危险的工作。

2）**维基百科中的定义**：机器人（Robot）包括一切模拟人类行为或思想与模拟其他生物的机械（如机器狗、机器猫等）。狭义上对机器人的定义还有很多分类法及争议，有些计算机程序甚至也被称为机器人。在当代工业里，机器人指能自动运行任务的人造机器设备，用以取代或协助人类工作，一般是机电设备，由计算机程序或电子电路控制。

3）**日本工业机器人协会（JIRA）的定义**：工业机器人是一种装备有记忆装置和末端执行器的，能够转动并通过自动完成各种移动来代替人类劳动的通用机器。

4）**美国国家标准局（NBS）的定义**：机器人是一种能够进行编程并在自动控制下执行某些操作和移动作业任务的机械装置。

5）**美国机器人学会（RIA）的定义**：可再编程的多功能操作器，用来移动材料、零部件、工具等，或一个通过编程用于完成各种任务的专用设备。

6）**国际标准化组织（ISO）的定义**：机器人的动作机构具有类似于人或其他生物体某些器官（肢体、感官等）的功能；机器人具有通用性，工作种类多样，动作程序灵活易变；机器人具有不同程度的智能性，如记忆、感知、推理、决策、学习等；机器人具有独立性，完整的机器人系统在工作中可以不依赖于人。

7）**我国科学家对机器人的定义**：机器人是一种自动化的机器，所不同的是这种机器具备一些与人或生物相似的智能能力，如感知能力、规划能力、动作能力和协同能力，是一种具有高度灵活性的自动化机器。

从完整的更为深远的角度来看，机器人定义应该更强调机器人智能。因此，机器人可定义为能感知环境、能学习、有情感和能对外界进行逻辑判断思维的一种机器。

更具体一点来说，机器人是一种计算机控制的可以编程的自动机械电子装置，能感知环境、识别对象、理解指示命令，有记忆和学习功能，具有情感和逻辑判断思维，能自身进化，能计划其操作程序来完成任务。

项目 1.2　机器人怎样分类?

机器人对新兴产业的发展和传统产业的转型都起着至关重要的作用，越来越广泛地应用于各行各业，随着机器人市场的日益火爆，其种类也是花样百出。关于机器人的分类，国际上并没有制定统一的标准，可分别按照应用领域、用途、结构型式、自由度、负载以及控制方式等标准进行分类。

1.2.1 国际国内怎样分类？

做什么

掌握机器人在国内外的分类形式。

讲给你听

1. 国外机器人的分类

国外一般按用途对机器人进行分类，通常分为工业机器人和服务机器人两大类，如图1-9所示。

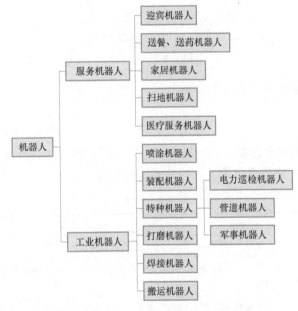

图1-9 国外机器人的分类

2. 国内机器人的分类

国内一般将机器人分为工业机器人、服务机器人和特种机器人三大类，如图1-10所示。

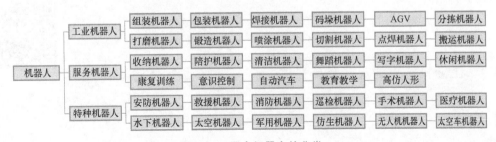

图1-10 国内机器人的分类

1.2.2 按工作空间怎样分类？

做什么

掌握机器人按工作空间的分类形式。

讲给你听

机器人按自身是否能在空间内移动，分为固定式机器人和移动式机器人两大类，如图1-11所示。固定式机器人较多应用在企业里进行高效复杂的工作。随着海洋科学、原子能工业及宇宙空间事业的发展，可以预见，具有智能的移动式机器人是今后机器人的发展方向。

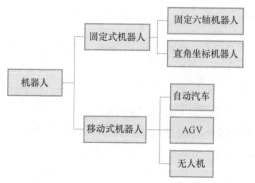

图1-11 机器人按工作空间分类

1.2.3 按发展程度怎样分类？

做什么

了解按发展程度来进行机器人的分类。

讲给你听

机器人按发展程度可分为第一代、第二代、第三代、第四代。目前，机器人的发展处在第三代（智能机器人）的试验阶段。具体分类说明见表1-2。

表1-2 机器人按发展程度分类

分类	特征说明
第一代(示教-再现)	按事先编程或示教的位置和姿态进行重复作业的机器人
第二代(感知机器人)	带有如视觉、触觉、听觉等外部传感器，具有不同程度感知环境并自行修正程序的功能
第三代(智能机器人)	除具有外部感知功能外，还具有一定的决策和规划能力，从而能够适应不同环境而自主工作
第四代(情感机器人)	具有类似人类的感情，是人类制造机器人的终极梦想

项目1.3 机器人现在发展如何？

1.3.1 工业机器人的现状是什么样？

做什么

了解工业机器人的发展历程。

讲给你听

1. 工业机器人的发展历程

1) **1956 年，世界第一家机器人公司成立。** 美国发明家乔治·德沃尔（George Devol）和物理学家约瑟·英格柏格（Joe Engelberger）成立了一家名为 Unimation 的公司，公司名字来自于两个单词 Universal 和 Animation 的缩写。图 1-12 所示为该公司的机器人。

2) **1959 年，世界第一台工业机器人诞生。** 1959 年，乔治·德沃尔和约瑟·英格柏格发明了世界上第一台工业机器人，命名为 Unimate（尤尼梅特），意思是"万能自动"，如图 1-13 所示。

图 1-12 Unimation 公司的机器人

图 1-13 Unimate 机器人

3) **1969 年，首台点焊机器人投入使用。** 1969 年，通用汽车公司在其洛兹敦（Lordstown）装配厂安装了首台点焊机器人。

4) **1972 年，世界第一条点焊机器人生产线安装运行。** 意大利的菲亚特汽车公司（FIAT）和日本日产汽车公司（Nissan）安装运行了点焊机器人生产线。

5) **1973 年，世界第一台机电驱动六轴机器人面世。** 德国库卡公司（KUKA）将其使用的 Unimate 机器人研发改造成一台产业机器人，命名为 Famulus。这是世界上第一台机电驱动的六轴机器人，如图 1-14 所示。

6) **1974 年，第一台弧焊机器人在日本投入运行。** 日本川崎重工公司将用于制造川崎摩托车框架的 Unimate 点焊机器人改造成弧焊机器人。

图 1-14 机电驱动机器人

7) **1974 年，世界第一台全电力驱动、由微处理器控制的工业机器人诞生。** 瑞典通用电机公司（ASEA，ABB 公司的前身）开发出世界上第一台全电力驱动、由微处理器控制的工业机器人 IRB6。

8) **1975 年，世界第一台直角坐标型工业机器人诞生。** Olivetti 公司开发出了直角坐标机器人西格玛（SIGMA），它是应用于组装领域的工业机器人，在意大利的一家组装厂安装运行。

9) **1978 年，工业机器人技术完全成熟。** 美国 Unimation 公司推出通用工业机器人（Programmable Universal Machine for Assembly，PUMA），应用于通用汽车装配线，这标志着工业机器人技术已经完全成熟，如图 1-15 所示。

10) **1978 年，世界第一台 SCARA 工业机器人诞生。** 日本山梨大学（University of Ya-

manashi）的牧野洋（Hiroshi Makino）发明了选择顺应性装配机器手臂（Selective Compliance Assembly Robot Arm，SCARA）。

11）1979年，**世界第一台电动机驱动的工业机器人诞生**。日本不二越株式会社（Nachi）研制出第一台电动机驱动的机器人。

12）1981年，**世界第一台龙门式工业机器人诞生**。美国Par Systems公司推出第一台龙门式工业机器人。

13）1992年，**世界第一台Delta机器人投入使用**。瑞士的Demaurex公司出售其第一台应用于包装领域的机器人（Delta robot）给罗兰公司（Roland），如图1-16所示。

图1-15　PUMA机器人

图1-16　Delta机器人

14）1996年，**世界第一台基于个人计算机的机器人控制系统问世**。

15）2003年，德国库卡公司（KUKA）开发出第一台娱乐机器人Robocoaster，如图1-17所示。

16）2005年，丹麦优傲机器人公司成立，推出协作机器人，如图1-18所示。

图1-17　娱乐机器人Robocoaster

图1-18　优傲机器人

17）2012年，ROS系统（机器人操作系统）诞生。

18）2012年，Rethink Robotics公司推出了更加人性化的机器人Baxter，如图1-19所示。

2. 国内外工业机器人的现状

目前，工业机器人在汽车、金属制品、电子、橡胶及塑料等行业已经得到了广泛应用。《2020年世界机器人报告》显示，目前在世界各地的工厂中，有近270万台工业机器人在运行。我国生产制造智能化改造升级的需求日益凸显，工业机器人需求依然旺盛。我国工业机器人市场保持向好发展，约占全球市场份额的1/3，是全

图1-19　Baxter机器人

球第一大工业机器人应用市场。据国际机器人联合会(IFR)统计,我国工业机器人密度在2021年已突破130台/万人,达到发达国家的平均水平。

1.3.2 工业机器人未来发展的趋势怎么样?

做什么

了解工业机器人未来的发展趋势。

讲给你听

随着人工智能时代的到来,互联网技术取得巨大突破,大数据技术成为核心,为工业机器人产品性能的提升提供更加先进的技术支持。工业机器人的发展呈现以下趋势。

1. 人机协作

人机协作是一个重要的发展趋势。在人们需要以更零星和间歇的方式与机器人紧密合作的环境中,安全共存变得越来越重要,例如为机器人带来不同的材料、更换程序和检查新的运行。图1-20所示为ABB的YuMi双臂机器人和人一起协作工作。

2. 人工智能

人工智能和机器学习也将对下一代工业机器人产生重大影响。需要密切关注的一个趋势是AI、机器人和机器视觉的融合。不同技术的融合开辟了前所未有的新天地。

3. 数字化

工业机器人在数字制造生态系统中占有一席之地。数字化可以在整个价值链中实现更大的协作,包括供应商、制造商和分销商之间的横向协作,或工厂内的垂直协作,例如电子商务前端和客户关系管理(CRM)系统、企业资源计划(ERP)系统、生产计划和物流自动化系统之间的协作。这两种类型的协作都可以创造更好的客户体验并提高制造效率和工程效率,以便在产品之间灵活切换或更快地推出新产品。图1-21所示为数字化工厂的模型。

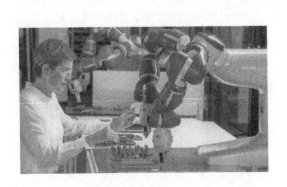

图1-20 人机协作工作

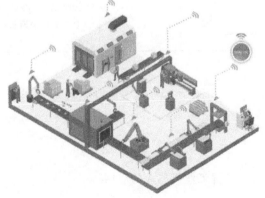

图1-21 数字化工厂的模型

4. 更小更轻的机器人

实现更小更轻的设计,也是工业机器人发展的新方向。随着更多尖端技术被应用到工业机器人中,工业机器人将会变得更小、更轻、更加灵活。

1.3.3 工业机器人主要品牌有哪些？

做什么

掌握工业机器人的主要品牌和产品。

讲给你听

工业机器人产业链的上游核心零部件研发制造主要包括伺服系统、减速器和控制器等；中游是工业机器人整机制造，针对行业和应用场景开发机器人编程环境和工艺包以满足功能需求；下游为系统集成，面向终端用户及市场应用。全球工业机器人产业链的主要企业见表1-3。

表1-3 全球工业机器人产业链的主要企业

产业链	细分领域	国外公司（简称）	国内公司（简称）
核心零部件	控制系统	发那科、库卡、ABB、安川、爱普生、科控（KEBA）、贝加莱（B&R）	固高科技、埃斯顿、埃夫特、卡洛普、众为兴、研华元、雷赛智能、广州数控、华中数控、迈科讯
	减速器	哈默纳科、纳博特斯克、住友	南通振康、上海机电、巨轮股份、秦川机床、双环传动、华恒焊接、绿的、山东帅克、中技克美、恒丰泰、武汉精华、来福谐波
	伺服系统	西门子、安川、三洋、三菱、松下、倍福、发那科、KEABA、贝加莱、力士乐、科尔摩根	埃斯顿、新时达、汇川、英威腾、新时达、华中数控、广州数控、清能德创
整机制造		机器人四大家族：发那科、安川、ABB、库卡 其他品牌：史陶比尔、现代、那智不二越、松下、OTC、柯马（COMAU）、三菱、川崎、爱普生	埃夫特、沈阳新松、埃斯顿、新时达、广州数控、华中数控、钱江机器人、勃朗特、富士康科技、拓斯达等
系统集成		ABB、库卡、爱孚迪（FFT）、柯马（COMAU）、徕斯机器人（Reis Robotics）	沈阳新松、博实股份、天奇股份、广州数控、埃斯顿、埃夫特、新时达、华昌达、哈工智能、北人机器人、巨能机器人、铭赛科技等

项目 1.4 工业机器人能干什么？

做什么

了解工业机器人的应用。

讲给你听

1.4.1 工业机器人的典型应用有哪些？

智能制造把制造自动化的概念扩展到更加柔性化、智能化和高度集成化，而工业机器人是智能制造最具代表性的装备，是实现智能制造的基础。工业机器人广泛应用于汽车、电子、家电、食品、金属加工等行业。工业机器人在工业生产中能代替人进行某些单调、频繁和重复的长时间作业，或是危险恶劣环境下的作业，例如在冲压、压力铸造、热处理、焊接、涂装、塑料制品成型、机械加工、金属制品业和简单装配等工序中，以及在原子能工业等部门中，完成有害物料的搬运或工艺操作。工业机器人的行业应用见表1-4。还有很多工业领域没有应用工业机器人，其原因可能是技术本身还达不到，也有可能是虽然技术能达到，但成本太高，经济性差。

表 1-4　工业机器人的行业应用

行业	具 体 应 用
汽车及其零部件	弧焊、点焊、搬运、装配、冲压、喷涂、切割（激光、离子）等
电子、电气	搬运、洁净装配、自动传输、打磨、真空封装、检测、拾取等
化工、纺织	搬运、包装、码垛、称重、切割、检测、上下料等
机械基础件	工件搬运、装配、检测、焊接、铸件去毛刺、研磨、切割（激光、离子）、包装、码垛、自动传送等
电力、核电	布线、高压检查、核反应堆检修、拆卸等
食品、饮料	包装、搬运、真空包装
塑料、轮胎	上下料、去毛边、
冶金、钢铁	钢及合金锭搬运、码垛、铸件去毛刺、浇口切割
家电、家具	装配、搬运、打磨、抛光、喷漆、玻璃制品切割及雕刻
海洋勘探	深水勘探、海底维修及建造
航空航天	空间站检修、飞行器修复、资料收集
军事	防爆、排雷、兵器搬运、放射性检测

1.4.2　工业机器人应用案例有哪些？

1. 点焊

点焊机器人应用于各类工业生产，代替人工工作，提高了焊接质量及生产率，缩短了产品换代周期，节省了设备投资成本，如图1-22所示。

2. 弧焊

氩弧焊适用于焊接碳钢、合金钢、不锈钢、铝及铝镁合金、铜及铜合金、钛及钛合金，以及超薄板（0.1mm），同时能进行全方位焊接，特别适合于焊接复杂焊件中难以接近的部位等，如图1-23所示。

图 1-22　机器人点焊

图 1-23　机器人弧焊

3. 码垛

码垛机实现智能化操作管理，大大降低了劳动强度，同时又能保护好货物，可防尘、防潮、防水、防晒，防止物品在运输过程中磨损及等待。它广泛应用于化工、饮料、啤酒、塑料等生产企业，可自动码垛各种形状的包装产品，如纸箱、袋、罐、啤酒箱、瓶子等，如图 1-24 所示。

4. 喷涂

人工喷涂在视觉上会有些许差距，使用喷涂工业机器人就可以解决这一问题。它的性能好，可以长时间工作，所以工业喷涂机器人的使用在工业领域很常见。工业喷涂机器人的系统精密，代替人工喷涂，大大提高了喷涂效率，如图 1-25 所示。

图 1-24　机器人码垛

图 1-25　机器人喷涂

5. 冲压

使用冲压自动化生产线，可以保证产品质量，提高生产率，同时避免了工伤事故，如图 1-26 所示。

6. 打磨

利用工业机器人实现打磨和抛光两个功能环节，适用于机加工或者冲压成形的不锈钢、铝合金等不同金属材料的大表面打磨抛光处理。工业机器人打磨抛光一体式工作站广泛应用于手机金属外壳、便携式计算机金属外壳、汽车零部件、不锈钢家具等金属覆盖件表面的打磨抛光，如图 1-27 所示。

图 1-26　机器人冲压

图 1-27　机器人打磨

1.4.3　工业机器人新奇的应用有哪些？

工业机器人的应用在不断拓展。工业机器人就像人类的手臂一样，能用于什么行业、什么领域，干什么工作，除了取决于人类的需求，还取决于人类的想象力。下面就和大家分享一些新奇的应用（图 1-28）。

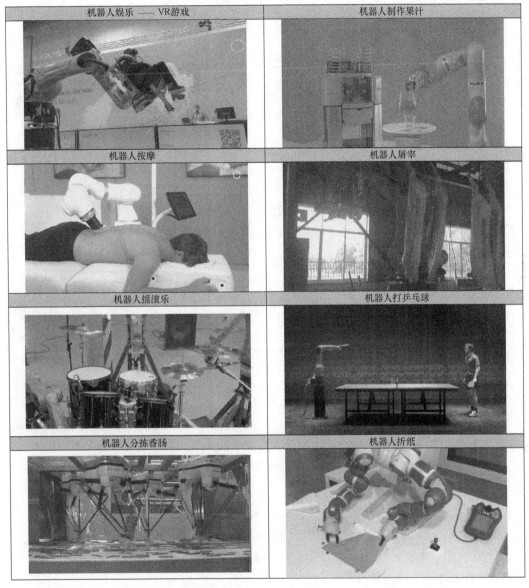

图 1-28　工业机器人新奇的应用

让你试试看——项目测试

1. 工业机器人最早应用于（　　　），常用于焊接、喷漆、上下料和搬运。

A. 家居行业　　　　　B. 服务行业　　　　　C. 汽车制造　　　　　D. 特种作业

2. Android 一词在拉丁语中表示（　　　）。

A. 智能

B. 代替人工作的机器

C. 与人完全相似的东西

D. 用人的手制造的工人

3. robot 一词最初在捷克斯格伐克语中表示（　　　）。

A. 代替人工作的机器   B. 奴隶

C. 用人的手制造的工人   D. 工人

4. 近代机器人研究开始于 20 世纪中期，并先后演进出了几代机器人？（   ）

A. 一   B. 二   C. 三   D. 四

5. 2017 年 11 月 11 日，在安徽邮政合肥邮区有一批"小黄人"机器人正式上岗，它们的工作内容是（   ），如图 1-29 所示。

A. 智能分拣快递

B. 智能清扫垃圾

C. 智能送餐

D. 智能跟随

图 1-29 "小黄人"机器人

6. 相传诸葛亮发明了木牛流马，下列说法正确的是（   ）。

A. 用来载人的交通工具

B. 古代用来运送军粮的军用机器人

C. 用来模仿动物行为的工具

D. 用来耕地的农用工具

7. 图 1-30 所示是一台什么用途的机器人？（   ）

A. 焊接机器人   B. 消毒机器人

C. 教育机器人   D. 扫地机器人

8. 下列机器人中属于生产制造机器人的是（   ）。

A. 服务机器人   B. 军用机器人

C. 工业机器人   D. 特种机器人

图 1-30 大厅里工作的机器人

9. 电影《机械姬》中的"艾娃"按机器人发展程度分类属于（   ）代机器人。

A. 一   B. 二   C. 三   D. 四

10. 机器人三定律是在什么作品里提出的？（   ）

A. 《我，机器人》   B. 《钢铁侠》   C. 《终结者》   D. 《机械姬》

11. 机器人的英文单词是（   ）。

A. botre   B. boret   C. robot   D. rebot

12. 当代机器人大军中，最主要的机器人为（   ）。

A. 工业机器人   B. 军用机器人   C. 服务机器人   D. 特种机器人

13. 关于机器人，下列说法错误的是（   ）。

A. 机器人是一种具有高度灵活性的自动化机器

B. 与普通机器相比，机器人具备一些与人或生物相似的智能

C. 机器人可以代替人类做很多枯燥乏味的流水线工作

D. 只有外表看起来像人的机器才能被称作机器人

14. 下列机器人中，哪一个是直角坐标型机器人？（   ）

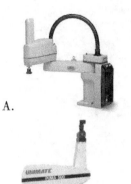

A.

B.

C.

D.

15. 下列机器人中，哪一个是 ABB 公司的工业机器人？（　　）

A.

B.

C.

D.

16. 世界第一家机器人公司成立于哪个国家？（　　）

A. 中国

B. 美国

C. 英国

D. 日本

17. 图 1-31 所示的机器人在做什么工作？（　　）

A. 焊接汽车车身

B. 码垛

C. 打磨工件

D. 喷涂

图 1-31　工厂里工作中的机器人

模块2

工业机器人长什么样?

内容概述

本模块主要介绍工业机器人的基本结构组成、典型结构和典型工作站,重点展示了机器人本体结构和不同规格的控制器参数,并阐释了工业机器人主要技术参数的具体含义。本模块通过对工业机器人典型结构及其优缺点进行详细讲解,使读者能够灵活选用常见的工业机器人,如直角坐标工业机器人、平面关节型机器人、并联工业机器人、串联工业机器人和协作工业机器人等。本模块最后对搬运工作站、焊接工作站、码垛工作站、打磨工作站和去毛刺工作站等工业机器人典型工作站的组成、工作流程及应用场合进行了阐述。

知识目标

1. 熟悉工业机器人的基本结构组成。
2. 熟悉工业机器人的关键技术指标。
3. 熟悉工业机器人典型结构的组成和应用场合。
4. 熟悉常见工业机器人工作站的基本组成。

能力目标

1. 能够识别工业机器人的系统结构组成。
2. 能够查阅工业机器人的相关手册和产品说明书。
3. 能够掌握不同类型工业机器人的性能。
4. 能够认知工业机器人典型工作站的组成。

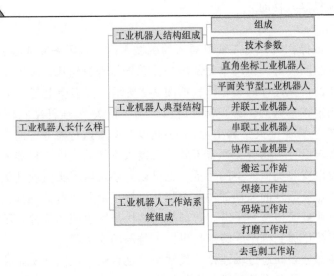

```
                                    ┌─────────────────┐
                          ┌─────────│      组成        │
             ┌────────────┤ 工业机器人结构组成 ├─────────┤
             │            └─────────│    技术参数      │
             │                      └─────────────────┘
             │                      ┌─────────────────┐
             │            ┌─────────│  直角坐标工业机器人  │
             │            │         ├─────────────────┤
             │            │         │ 平面关节型工业机器人  │
             │            │         ├─────────────────┤
  工业机器人长什么样 ├─────┤ 工业机器人典型结构 ├─│  并联工业机器人    │
             │            │         ├─────────────────┤
             │            │         │  串联工业机器人    │
             │            │         ├─────────────────┤
             │            │         │  协作工业机器人    │
             │            │         └─────────────────┘
             │                      ┌─────────────────┐
             │            ┌─────────│   搬运工作站      │
             │            │         ├─────────────────┤
             │            │         │   焊接工作站      │
             │            │         ├─────────────────┤
             └────────────┤ 工业机器人工作站系 ├─│  码垛工作站     │
                          │   统组成   │        ├─────────────────┤
                          │            │         │   打磨工作站      │
                          │            │         ├─────────────────┤
                          │            │         │  去毛刺工作站     │
                          │            │         └─────────────────┘
```

项目 2.1　工业机器人结构组成如何?

　　工业机器人是先进数字化装备,集机械电子控制、计算机、传感器、人工智能等多学科高新技术于一体。读者可通过对工业机器人基本结构和技术参数的学习,为后续深入学习并应用工业机器人打下坚实基础。

2.1.1　工业机器人由哪些结构组成?

做什么

　　掌握工业机器人的基本结构组成,熟悉工业机器人的六轴位置和旋转方向。

讲给你听

　　第一代工业机器人主要由机器人本体、控制系统、示教器三大部件组成,如图 2-1 所示。第二代及第三代工业机器人还包括感知系统和分析决策系统。

　　机器人本体是用于完成各种作业任务的机械主体。示教器是完成机器人控制功能的装

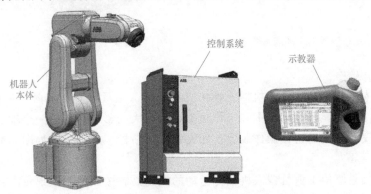

机器人
本体

控制系统

示教器

图 2-1　工业机器人的组成

置，是决定机器人功能和水平的关键部分。操作者可通过控制器的人机交互接口对机器人进行编程或手动操纵机器人移动。

1. 机器人本体

机器人本体（或操作机）是工业机器人的机械主体，是用来完成各种作业的执行机构。它主要由机械臂、驱动装置、传动单元及内部传感器等部分组成。关节型工业机器人的机械臂是关节连在一起的机械连杆的集合体，如图2-2所示，其实质上是一个模拟手臂的空间开链式机构，一端固定在基座上，另一端可自由运动。由关节-连杆结构所构成的机械臂大体可分为基座、腰部、臂部（大臂和小臂）、手腕以及末端执行器等。而末端执行器需要用户根据具体作业的要求设计、制造，通常不属于机器人本体的范围。机器人的手部用来安装末端执行器，它既可以安装类似人类的手爪，也可以安装机器人吸盘或其他各种作业工具。手部是决定机器人作业灵活性的关键部件。手腕是连接手部和手臂的部分，主要用于改变手部的空间方向和将作业载荷传递到手臂。臂部是连接机身和手腕的部分，用于改变手部的空间位置，并将各种载荷传递到机座。腰部是机器人臂部的支承部分。

工业机器人各部分之间通过轴连接，最常用的是六轴，如图2-3所示。六轴机器人的每个轴都是通过模拟人手的各个关节进行操作的。1轴是连接底座的部位，主要用于承载上面轴的重量与底座的左右旋转。2轴可以控制机器人主臂的前后摆动和整个主臂的上下运动。3轴同样用于控制机器人前后摆动，只是比2轴的摆臂范围小一些。4轴用于控制机器人上面的圆形管，使其可自由旋转，活动范围相当于人的小臂，但不是360°旋转。5轴能够控制和微调机械臂，使其上下翻转，通常是当抓取产品后用于翻转产品。6轴可将末端夹具部分进行360°旋转。

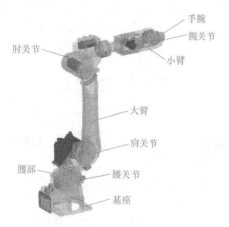

图 2-2　关节型机器人的基本构造

图 2-3　机器人六轴位置及旋转方向

2. 末端执行器

工业机器人的末端执行器是机器人操作机与工件、工具等直接接触并进行作业的装置。它对机器人的作业功能、应用范围和工作效率都有很大的影响。最后一个轴的机械接口通常连接法兰，可安装不同的机械操作装置，如夹紧爪、喷枪、焊枪等，如图2-4所示。

3. 驱动器系统

驱动器系统是驱使工业机器人机械臂运动的机构。它按照控制系统发出的指令信号，借助动力元件使机器人产生动作，相当于人的肌肉、筋络。机器人常用的驱动方式主要有液压

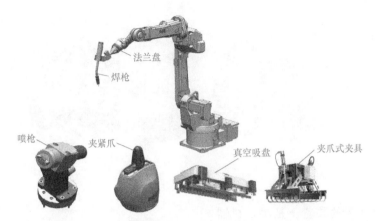

图 2-4　末端执行器

驱动、气压驱动和电气驱动三种基本类型。

目前，除个别运动精度不高、重负载或有防爆要求的机器人采用液压、气压驱动外，大部分工业机器人采用的驱动方式是电气驱动，而其中交流伺服电动机应用最广，且驱动器布置大都采用一个关节一个驱动器，如图 2-5 所示。

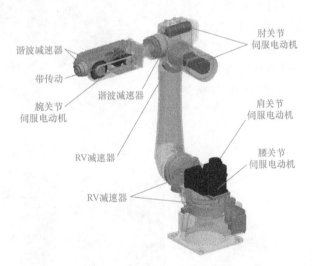

图 2-5　机器人关节传动单元

4. 传动系统

目前，工业机器人广泛采用的机械传动单元是减速器。应用在关节型机器人上的减速器主要有两类：RV 减速器和谐波减速器，分别如图 2-6 和图 2-7 所示。一般将 RV 减速器放置在基座、腰部、大臂等重负载的位置（主要用于 20kg 以上的机器人关节），将谐波减速器放置在小臂、腕部或手部等轻负载的位置（主要用于 20kg 以下的机器人关节）。此外，机器人还采用齿轮传动、链条（同步带）传动、直线运动单元等。

5. 控制器

控制系统的任务是根据机器人的作业指令程序以及从传感器反馈回来的信号支配机器人的执行机构完成规定的运动和功能。机器人控制器是根据指令以及传感信息控制机器人完成

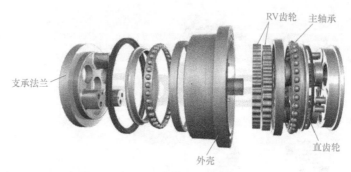

图 2-6 RV 减速器

一定动作或作业任务的装置，是决定机器人功能和性能的主要因素，也是机器人系统中更新和发展最快的部分。其基本功能有示教功能、记忆功能、位置伺服功能、坐标设定功能。依据控制系统的开放程度，机器人控制器分为三类：封闭型、开放型和混合型。目前市场中应用的基本都是封闭型系统和混合型系统。按计算机结构、控制方式和控制算法的处理方法，机器人控制器又可分为集中式控制和分布式控制两种方式。图 2-8 所示为四种 ABB 控制器型号规格。

图 2-7 谐波减速器

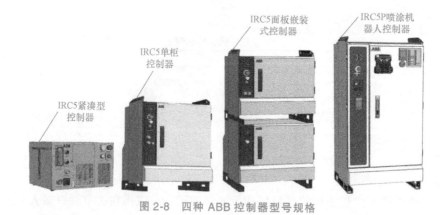

图 2-8 四种 ABB 控制器型号规格

2.1.2 工业机器人的技术参数有哪些？

做什么

理解工业机器人主要技术参数的基本含义，并能够根据需求，参考技术参数选择相应的工业机器人。

讲给你听

1. 主要技术参数

由于机器人的结构、用途和要求不同，机器人的性能也有所不同。一般而言，机器人样本和说明书中所给的主要技术参数有控制轴数（自由度）、承载能力、工作范围（作业空间）、运动速度、位置精度等，此外，还有安装方式、防护等级、环境要求、供电电源要求、机器人外形尺寸和质量，以及与使用、安装、运输相关的其他参数。

（1）自由度 自由度是描述物体运动所需要的独立坐标。操作机的自由度多，则机构运动的灵活性大，通用性强，但机构的结构也更复杂，刚性变差。当机构的自由度多于完成生产任务所必需的自由度时，多余的自由度称为冗余自由度。设置冗余自由度可使操作机具有一定的避障能力。所以，工业机器人的自由度是根据其用途而设计的，可能小于6个自由度，也可能大于6个自由度，如图2-9所示。

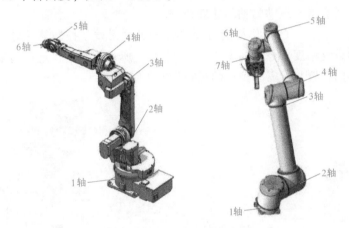

图 2-9 六轴与七轴机器人的自由度

（2）工作范围 工作范围又称为作业空间，是设备所能活动的所有空间区域，如图2-10所示。它是衡量机器人作业能力的重要指标，工作范围越大，机器人的作业区域也就越大。机器人样本和说明书中所提供的工作范围是指机器人在未安装末端执行器时，其参考点（手腕基准点）所能到达的空间。工作范围的大小取决于机器人各个关节的运动极限范围，它与机器人的结构有关。工作范围应剔除机器人在运动过程中可能产生自身碰撞的干

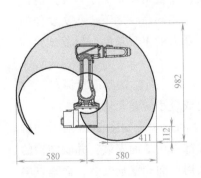
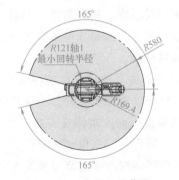

图 2-10 IRB120 的工作范围

涉区域。此外，机器人实际使用时，还需要考虑安装了末端执行器之后可能产生的碰撞，因此，实际工作范围还应剔除末端执行器与机器人可能产生碰撞的干涉区域。

（3）工作载荷　工作载荷又称为承载能力，它是指机器人在规定的性能范围内所能承受的最大负载，以质量、力转矩等技术参数表示。工作载荷不仅取决于负载的质量，还与机器人运行速度和加速度的大小和方向有关。例如：对于搬运、装配、包装类机器人，工作载荷指的是机器人能够抓取的物品质量；对于切削加工类机器人，工作载荷是指机器人加工时所能承受的切削力；对于焊接、切割加工类机器人，工作载荷则指机器人所能安装的末端执行器的质量等。

（4）运动速度　运动速度决定了机器人的工作效率，它是反映机器人水平的重要参数。样本和说明书中所提供的运动速度，一般是指机器人在空载、稳态运动时所能达到的最大运动速度。机器人运动速度用参考点在单位时间内能够移动的距离（mm/s）、转过的角度或弧度（°/s 或 rad/s）表示，并按运动轴分别进行标注。当机器人进行多轴同时运动时，其空间运动速度应是所有参与运动的轴的速度合成。

（5）工作精度　机器人的工作精度主要依赖于机械误差、控制算法和分辨率。工作精度分为定位精度和重复精度，分别如图 2-11 和图 2-12 所示。其中，定位精度是指机器人末端参考点实际到达的位置与所需要到达的理想位置之间的差距。

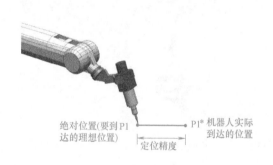
图 2-11　定位精度

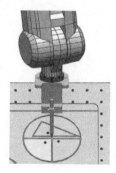
图 2-12　重复精度

重复性或重复精度是指机器人重复到达某一目标位置的差异程度或在相同的位置指令下，机器人连续重复若干次其位置的分散情况。它是衡量一组误差值的密集程度，即重复度。若机器人重复执行某位置指令，它每次走过的距离并不相同，而是在一平均值附近变化，则该平均值代表精度，而变化的幅度代表重复精度。因此，重复精度是关于精度的统计数据。任何一台机器人即使在相同环境、相同条件、相同动作、相同命令之下，每次动作的位置也不可能完全一致。在不同速度、不同方位情况下测试机器人的重复精度，反复试验的次数越多，重复精度的评价就越准确。

（6）分辨率　机器人的分辨率由系统设计检测参数决定，并受到位置反馈检测单元性能的影响。分辨率是指机器人每根轴能够实现的最小移动距离或最小转动角度。

（7）安装方式　安装方式是指机器人本体安装的工作场合的形式，如图 2-13 所示。机器人的安装方式与结构有关。一般而言，直角坐标型机器人大都采用地面安装；并联结构的机器人则采用倒置安装；水平串联结构的多关节型机器人可采用地面和壁挂安装；而垂直串联结构的多关节机器人除了常规的地面安装方式外，还可根据实际需要，选择壁挂式、框架

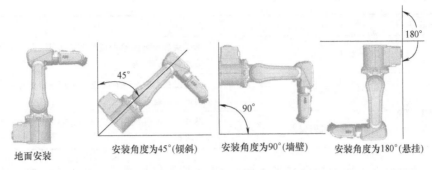

图 2-13 安装方式

式、倾斜式、倒置式等安装方式。

（8）防护等级 根据机器人的使用环境，选择达到一定的防护等级（IP 防护等级）的标准。其中 IP 是指设备外壳防护等级。将设备按照防尘防湿的特性加以分级。IP 防护等级由两位数字组成。第一位数字表示设备防尘、防止外物侵入的等级。这里的外物包含工具、人的手指等，均不可接触到设备内带电部分，以免触电。第二位数字表示设备防湿气、防水侵入的密闭程度，数字越大表示其防护等级越高。两位表征数字所表示的防护等级见表 2-1。

表 2-1 防护等级

第一位表征数字	简 述	含 义
0	没有防护	对外界的人或物无特殊防护
1	防止大于 50mm 的固体物侵入	防止人体因意外而接触到设备内部的零件，防止较大尺寸的外物侵入
2	防止大于 12mm 的固体物侵入	防止人的手指接触到设备内部的零件，防止中等尺寸外物侵入
3	防止大于 2.5mm 的固体物侵入	防止直径或厚度大于 2.5mm 的工具、电线等外物侵入而接触到设备内部的零件
4	防止大于 1.0mm 的固体物侵入	防止直径或厚度大于 1.0mm 的工具、电线等外物侵入而接触到设备内部的零件
5	防尘	完全防止外物侵入，虽不能完全防止灰尘进入，但侵入的灰尘量并不会影响设备的正常工作
6	尘密	完全防止外物侵入，且可完全防止灰尘进入
第二位表征数字	简 述	含 义
0	无防护的	没有防护
1	防止滴水侵入	垂直滴下的水滴（如凝结水）对设备不会造成有害影响
2	倾斜 15°时仍可防止滴水侵入	由垂直倾斜至 15°时，滴水对设备不会造成有害影响
3	防止喷洒的水侵入	防雨或防止与垂线的夹角小于 60°方向所喷洒的水进入设备造成损害
4	防止飞溅的水侵入	防止各方向飞溅而来的水进入设备造成损害
5	防止喷射的水侵入	防止来自各方向喷嘴射出的水进入设备造成损害

（续）

第二位表征数字	简　述	含　义
6	防止海浪	承受猛烈的海浪冲击或强烈喷水时，设备的进水量应不致达到有害的影响
7	防止浸水影响	设备浸在水中一定时间或水压在一定的标准以下能确保不因进水而造成损坏
8	防止沉没时水的侵入	设备无限期沉没在指定水压的状况下，能确保不因进水而造成损坏

　　一些制造商针对不同的场合提供不同的 IP 防护等级机械手。一般常用到 IP66、IP67。防护等级在工业上的应用，一般为 IP65，最高级为 IP68。如 IRB 1410 工业机器人防护等级为 IP54。而防爆机器人的防护等级可以达到 IP67。IP67 指可以防护灰尘吸入（整体防止接触，防护灰尘渗透），防护短暂浸泡（防浸）。

　　2. 工业机器人参数案例（表 2-2）

表 2-2　工业机器人 IRB 120 参数

特性		
集成信号源	手腕设 10 路信号	
集成气源	手腕设 4 路空气（5bar）	
重复定位精度	0.01mm	
机器人安装方式	任意角度	
防护等级	IP30	
控制器	IRC5 紧凑型／IRC5 单柜型	
性能		
	IRB 120	IRB 120T
1kg 拾料节拍		
25mm×300mm×25mm	0.585	0.525
25mm×300mm×25mm	0.92s	0.69s
180°轴 6 重新定向		
加速时间（0→1m/s）	0.07s	0.07s
物理参数		
底座尺寸	180mm×180mm	
高度	700mm	
质量	25kg	
环境参数		
机械手环境温度	运行中	+5℃（41°F）～+45℃（22°F）
	运输和仓储中	−25℃（13°F）～+55℃（131°F）
短时间耐温	最高+70℃（58°F）	
相对湿度	最高 95%	
选配	洁净室 ISO 5 级（IPA 认证）	
噪声水平	最高 70dB（A）	
安全	安全停、紧急停	

（续）

运动			
轴运动	工作范围	轴最大速度	
		1RB 120	IRB 120T
轴1 旋转	−165° ~ +165°	250°/s	250°/s
轴2 手臂旋转	−110° ~ +110°	250°/s	250°/s
轴3 手臂旋转	−110° ~ +70°	250°/s	250°/s
轴4 手腕旋转	−160° ~ +160°	360°/s	420°/s
轴5 弯曲	−120° ~ +120°	320°/s	590°/s
轴6 翻转	−400° ~ +400°	420°/s	600°/s

电气连接	
电源电压	200~600V，50/60Hz
额定功率/变压器额定功率	3.0kVA
功耗	0.25kW

规格			
版本	工作范围	负载能力	手臂负载
1RB 120-3/0.6	580mm	3kg(4kg)	0.3kg

图 2-14 所示为工业机器人手腕中心点工作范围与负载图例。

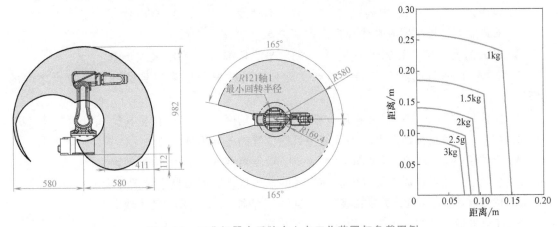

图 2-14 工业机器人手腕中心点工作范围与负载图例

让你试试看——项目测试

项目任务操作测试

任务编号	2-1
任务名称	查阅工业机器人参数
任务概述	
查阅工业机器人参数	
任务要求	
在机器人厂商官方网站上查阅指定品牌型号工业机器人参数	

(续)

板　块	序　号	任 务 内 容
	1	机器人品牌型号
	2	控制器型号
	3	重复精度
	4	机器人安装方式
	5	防护等级
查阅工业机器人参数	6	自由度
	7	工作范围
	8	承载能力
	9	环境参数
	10	轴最大运动速度
	11	机器人本体质量
	12	惯性力矩

理论题

单选题

1. （　　）就是整个机器人运动链所能产生的独立运动数。

A. 自由度　　　　B. 虚约束　　　　C. 运动度　　　　D. 自由数

2. 承载能力是指机器人在作业空间内所能承受的（　　）。

A. 最大速度　　　B. 最小速度　　　C. 最小负载　　　D. 最大负载

3. （　　）是指机器人末端参考点实际到达的位置与所需要到达的理想位置之间的距离。

A. 定位精度　　　B. 尺寸精度　　　C. 重复精度　　　D. 位置精度

4. （　　）是指机器人重复到达某一目标位置的差异程度。

A. 定位精度　　　B. 尺寸精度　　　C. 重复精度　　　D. 位置精度

5. （　　）是指机器人每根轴能够实现的最小移动距离或最小转动角度。

A. 位置精度　　　B. 重复精度　　　C. 分辨率　　　　D. 尺寸精度

6. 直角坐标型机器人大都采用（　　）安装。

A. 壁挂　　　　　B. 倾斜式　　　　C. 倒置式　　　　D. 地面

7. 并联结构的机器人采用（　　）安装。

A. 壁挂式　　　　B. 倾斜式　　　　C. 倒置式　　　　D. 地面

8. （　　）的解释是防护灰尘吸入，防护短暂浸泡。

A. IP67　　　　　B. IP66　　　　　C. IP30　　　　　D. IP45

多选题

1. 水平串联结构的多关节型机器人可选择（　　）等方式安装。

A. 壁挂　　　　　B. 倾斜式　　　　C. 倒置式　　　　D. 地面

2. 垂直串联结构的多关节型机器人可选择（　　）等方式安装。

A. 框架式　　　　B. 倾斜式　　　　C. 倒置式　　　　D. 地面

确认你会干——项目操作评价

学号			姓名		单位	
任务编号	2-1		任务名称		查阅工业机器人参数	
板块	序号	考核点		分值标准	得分	备注
	1	机器人品牌型号				
	2	控制器型号				
	3	重复精度				
	4	机器人安装方式				
	5	防护等级				
查阅工业机器人参数	6	自由度				
	7	工作范围				
	8	承载能力				
	9	环境参数				
	10	轴最大运动速度				
	11	机器人本体质量				
	12	惯性力矩				
总分						
学生签字		考评签字		考评结束时间		

项目 2.2 工业机器人有哪些典型结构?

依据不同的分类方法和标准,机器人可以分为很多种类。目前,获得广泛使用的工业机器人主要有直角坐标工业机器人、平面关节型工业机器人、并联工业机器人、串联工业机器人、协作工业机器人等。

做什么

认知直角坐标工业机器人、平面关节型工业机器人、并联工业机器人、串联工业机器人、协作工业机器人的典型结构。

讲给你听

1. 直角坐标工业机器人

直角坐标工业机器人一般做 2~3 个自由度运动,每个自由度之间的空间夹角为直角,可实现自动控制,可重复编程,所有的运动均按程序运行,如图 2-15 所示。直角坐标工业机器人一般由控制系统、驱动系统、机械系统、操作工具等组成。直角坐标工业机器人具有高可靠性、高速度和高精度等特点,可在恶劣的环境下工作,也可长期工作,且便于操作和维修。

2. 平面关节型工业机器人

平面关节型工业机器人是圆柱坐标工业机器人的一种形式，如图 2-16 所示。平面关节型工业机器人有三个旋转关节，其轴线相互平行，在平面内进行定位和定向；还有一个移动关节，用于完成末端件垂直于平面的运动。平面关节型工业机器人精度高，动作范围较大，坐标计算简单，结构轻便，响应速度快，但负载较小。

图 2-15　直角坐标工业机器人

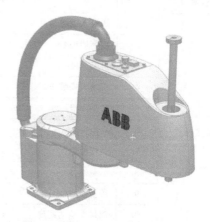

图 2-16　平面关节型工业机器人

如今，平面关节型工业机器人广泛应用于塑料工业、汽车工业、电子工业、药品工业和食品工业等领域。它的主要职能是拾取零件和装配。它的第一个轴和第二个轴具有转动特性，第三个轴和第四个轴能够根据不同的工作需要，制造成相应的多种形态，并且一个具有转动特性、另一个具有线性移动的特性。由于其具有特定的形状，所以其工作范围类似于一个扇形区域。

3. 并联工业机器人

并联工业机器人属于高速、轻载的工业机器人，一般通过示教编程或视觉系统捕捉目标物体，由三个并联的伺服轴确定夹具中心的空间位置，实现目标物体的运输、加工等操作，如图 2-17 所示。并联工业机器人主要用于食品、药品和电子产品等的加工和装配。并联工业机器人具有质量小、体积小、运动速度快、定位精确、成本低、效率高等特点。

图 2-17　并联工业机器人

4. 串联工业机器人

串联工业机器人拥有 4 个或 4 个以上旋转轴，如图 2-18 所示。其中，六轴是最普通的形式，如图 2-19 所示，类似于人类的手臂，应用于装货、卸货、喷漆、表面处理、测试、测量、弧焊、点焊、包装、装配、切削机床、固定、特种装配操作、锻造、铸造等。

5. 协作工业机器人

当传统的工业机器人逐渐取代人类承担单调、重复性高、危险性强的工作时，协作工业机器人也慢慢渗入各个工业领域，与人共同工作，如图 2-20 所示。这将引领一个全新的工业机器人与人协同工作的时代。随着工业自动化的发展，我们发现使用协助型的工业机器人配合人来完成工作任务，相比采用工业机器人的全自动化工作站具有更好的柔性和成本优势。

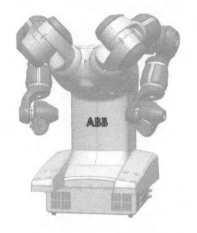

图 2-18 四轴串联工业机器人　　图 2-19 六轴串联工业机器人　　图 2-20 协作工业机器人

让你试试看——项目测试

理论题

单选题

1. 下列各图中，（　　）是协作工业机器人。

A.　　　　　　　　B.　　　　　　　　C.　　　　　　　　D.

2. 平面关节型工业机器人是（　　）工业机器人的一种形式。

A. 圆柱坐标　　　　B. 直角坐标　　　　C. 笛卡儿坐标　　D. 极坐标

3. 并联工业机器人是典型的空间（　　）自由度并联机构。

A. 1　　　　　　　　B. 2　　　　　　　　C. 3　　　　　　　　D. 4

4. 串联工业机器人拥有 4 个或 4 个以上旋转轴，其中（　　）个轴是最普通的形式。

A. 6　　　　　　　　B. 5　　　　　　　　C. 3　　　　　　　　D. 4

5. 直角坐标工业机器人每个运动自由度之间的空间夹角为（　　）。

A. 直角　　　　　　B. 锐角　　　　　　C. 钝角　　　　　　D. 倾斜角

6. （　　）工业机器人又称为 DELTA 工业机器人。

A. 平面关节型　　　B. 直角坐标　　　　C. 并联　　　　　　D. 协作

7. 串联机器人类似于人的（　　）。

A. 手腕　　　　　　B. 手臂　　　　　　C. 肩部　　　　　　D. 腰部

8. SCARA 工业机器人有（　　）个旋转关节。

A. 6　　　　　　　　B. 5　　　　　　　　C. 3　　　　　　　　D. 4

9. 下列各图中，并联工业机器人是（　　）。

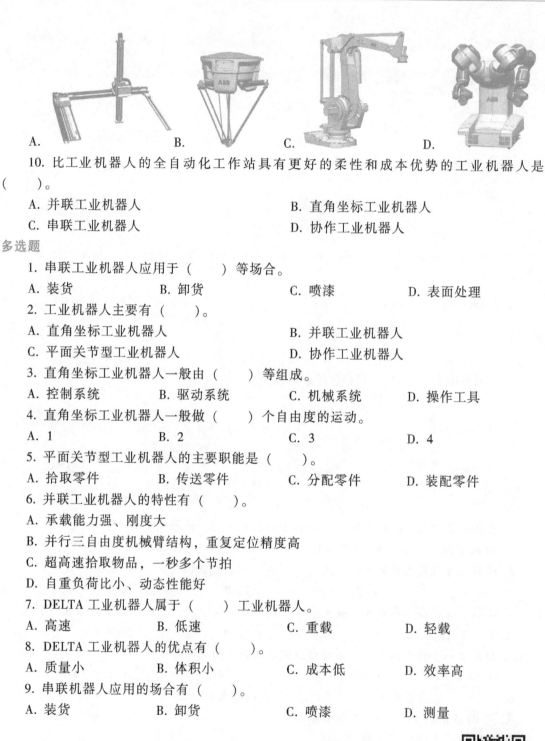

A.   B.   C.   D.

10. 比工业机器人的全自动化工作站具有更好的柔性和成本优势的工业机器人是（   ）。

   A. 并联工业机器人   B. 直角坐标工业机器人

   C. 串联工业机器人   D. 协作工业机器人

多选题

1. 串联工业机器人应用于（   ）等场合。

   A. 装货   B. 卸货   C. 喷漆   D. 表面处理

2. 工业机器人主要有（   ）。

   A. 直角坐标工业机器人   B. 并联工业机器人

   C. 平面关节型工业机器人   D. 协作工业机器人

3. 直角坐标工业机器人一般由（   ）等组成。

   A. 控制系统   B. 驱动系统   C. 机械系统   D. 操作工具

4. 直角坐标工业机器人一般做（   ）个自由度的运动。

   A. 1   B. 2   C. 3   D. 4

5. 平面关节型工业机器人的主要职能是（   ）。

   A. 拾取零件   B. 传送零件   C. 分配零件   D. 装配零件

6. 并联工业机器人的特性有（   ）。

   A. 承载能力强、刚度大

   B. 并行三自由度机械臂结构，重复定位精度高

   C. 超高速拾取物品，一秒多个节拍

   D. 自重负荷比小、动态性能好

7. DELTA 工业机器人属于（   ）工业机器人。

   A. 高速   B. 低速   C. 重载   D. 轻载

8. DELTA 工业机器人的优点有（   ）。

   A. 质量小   B. 体积小   C. 成本低   D. 效率高

9. 串联机器人应用的场合有（   ）。

   A. 装货   B. 卸货   C. 喷漆   D. 测量

项目 2.3　工业机器人工作站系统由哪些组成？

    工业机器人是一台具有多个自由度的机电装置，孤立的一台工业机器人在生产中无法发挥作用。只有根据作业内容及工件型式、质量和大小等工艺因素，给工业机

器人配以相应的辅助机械装置等周边设备，工业机器人才能成为实用的加工设备。

做什么

熟悉工业机器人搬运工作站、焊接工作站、打磨工作站、码垛工作站的组成、工作流程以及应用场合。

讲给你听

机器人工作站是指使用一台或多台机器人，配以相应的周边设备，用于完成某一特定工序作业的独立生产系统，也称为机器人工作单元。工业机器人工作站由机器人、机器人末端执行器、夹具和变位机、机器人架座、配套及安全装置、动力源、工件储运设备，以及检查、监视和控制系统组成。

机器人根据持重能力、工作空间、自由度、灵活度、精度、移动速度及适应领域进行选型。下面介绍几种常用的工作站。

1. 搬运工作站

工业机器人搬运工作站的任务是由机器人完成工件的搬运，就是将输送线输送过来的工件搬运到平面仓库中并进行码垛。工业机器人搬运工作站由工业机器人系统、PLC控制柜、机器人安装底座、输送线系统、平面仓库、操作按钮盒等组成，如图2-21所示。

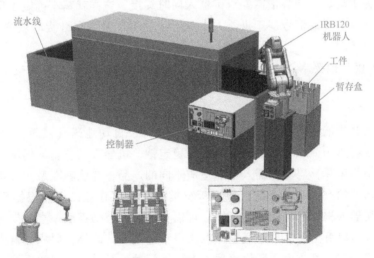

图2-21　搬运工作站

2. 焊接工作站

工业机器人焊接工作站根据焊接对象性质及焊接工艺要求，利用焊接机器人完成焊接过程。一个完整的工业机器人焊接工作站除了焊接机器人外还包括焊接系统和变位机系统等各种焊接附属装置，如图2-22所示。其中，变位机一般由工作台回转机构和翻转机构组成，通过工作台的升降、翻转和回转使固定在工作台上的工件达到所需的焊接装配角度。焊接工作站按照控制系统下达的指令，根据预先示教的程序，沿着示教的运动轨迹进行弧焊、点焊等自动作业。有时会根据需要配备检具等其他设备。具体工作流程如下：

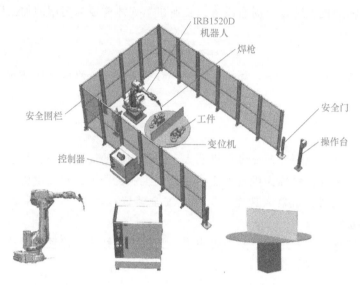

图 2-22 焊接工作站

1）依据所采用的焊接方式来确定机器人的基本型号。

2）先确定产品的焊接工序，然后根据产品需要焊接的部分来确定焊接范围。有的产品要求产量大，为了满足生产节拍需要双机器人同时焊接。这样就基本确定了机器人系统的规格。如果有的夹具需要的信号多于机器人本身所带的 I/O 量，在订货时就需要多定 I/O 板，或者使用外部 PLC。

3）根据焊接节拍要求、生产成本、生产规模确定焊接流程，制订机器人焊接工作站方案。

3. 码垛工作站

码垛机器人是指能将不同外形尺寸的货物，整齐、自动地码（或拆）在托盘上的机器人。为充分利用托盘的面积和保证码垛物料的稳定性，机器人具有物料码垛顺序、排列设定器。通过自动更换工具，码垛机器人可以适应不同的产品，并能够在恶劣环境下工作。码垛机器人对各种形状的产品（箱、罐、包或板材类等）均可作业，还能根据用户要求进行拆垛作业。码垛机器人根据码垛机构的不同，可以分为多关节坐标型、直角坐标型等；根据抓具形式的不同，可以分为侧夹型、底拖型及真空吸盘型等。此外，码垛机器人还可分为固定型和移动型。码垛工作站主要由码垛机器人本体、运动控制设备、视觉系统、传送带、控制柜（电源、伺服驱动系统、传感器和电路）等组成，如图 2-23 所示。码垛工作站的具体工作流程如下：

1）产品经生产线出口流入到传送带上，传送带将产品输送到定位装置处，档杆挡住前端对齐定位。

2）机器人对定位完成的产品进行抓取，并放置到托盘上，叉车将托盘运送到码垛区域。

3）按上述步骤，反复循环。

4. 打磨工作站

机器人打磨工作站主要应用于铸铁件和铸铝件的打磨、抛光和去毛刺。机器人铸铁打磨

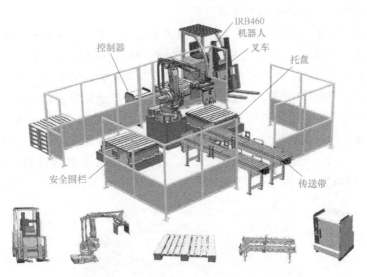

图 2-23 码垛工作站

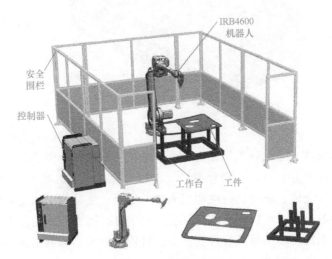

图 2-24 打磨工作站

工作站在生产中有大量的应用，能够打磨汽车缸体盖、飞轮盖、离合器壳体和链条盖等零件。生产型机器人打磨工作站主要由机器人、原料打磨台、成品桌、气动打磨头等组成，如图 2-24 所示。机器人打磨工作站的基本流程：工件固定在原料打磨台（工作台）上→装有打磨头的机器人接触工件→打磨工件→完成工件加工→放入成品桌→进行下一个工件的打磨。

5. 去毛刺工作站

机器人去毛刺工作站采用最新开发的先进、高速、高功率、高转矩的动力主轴和刀柄，突破了传统设备的加工局限，配合六轴或七轴机器人可进行全方位的自由移动。由于主轴（刀柄）前端采用具有弹性的浮动式结构设计，刀具会根据工件的实际形状自动径向或轴向偏移（即仿形），这样就可以保证工件美观一致的去毛刺效果。机器人去毛刺工作站一般采用两种形式：第一种是机器人装载加工主轴，工件固定；第二种是机器人抓取工件，加工主轴固定，该形式也可为多台机器人共同协作。

第一种形式的机器人去毛刺工作站由机器人本体、刀架库、电控柜、铣刀、钢丝刷、倒角刀、除尘设备、变位机、工装夹具、工业空调、排屑斗等组成，如图 2-25 所示。其中，铣刀是在铣床上加工平面、台阶、沟槽、成形表面和切断工件的旋转刀具。钢丝刷是一种针对不同用途选取相应型号的钢丝及相应钢丝直径的刷子。钢丝有直丝和波纹丝两种，丝的粗细可根据不同需要而定。倒角刀可以加工孔口、去毛刺、倒角。除尘设备是把粉尘从烟气中分离出来的设备。该设备利用井下的除尘水管和压风管路，在水中加入一定的添加剂，引入风压，通过专用设备，完成一系列工艺流程。工装夹具是指制造过程中所用的装夹工件（或引导刀具）的装置。

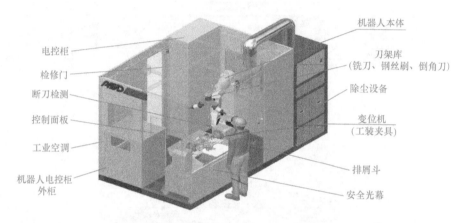

图 2-25　第一种形式的去毛刺工作站

第二种形式的机器人去毛刺工作站由机器人本体、砂带机、电控柜、控制面板、工业空调、除尘设备、上料滑台、刀架、钢丝刷、气动锉刀等组成，如图 2-26 所示。其中，砂带机是包括砂带、砂带壳体、电动机、电动机壳体、手柄、主动轮、从动轮以及连接电动机与主动轮的传动装置的一种工作仪器。砂带机主要用于打磨抛光。气动锉刀是修边、倒角、去毛刺的工具，用于压铸、冲压等五金行业。多台机器人协作去毛刺工作站主要由多台机器人本体和刀库组成，如图 2-27 所示。

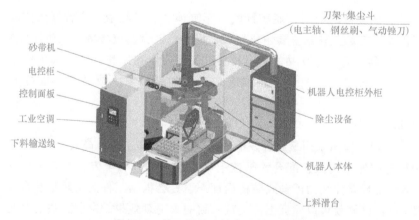

图 2-26　第二种形式的去毛刺工作站

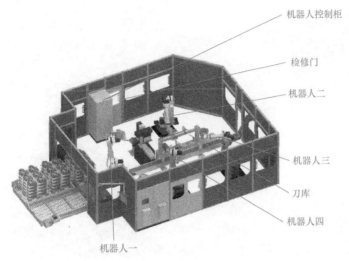

机器人控制柜
检修门
机器人二
机器人三
刀库
机器人四
机器人一

图 2-27　多台机器人协作去毛刺工作站

让你试试看——项目测试

理论题
单选题

1. (　　) 是指使用一台或多台机器人，配以相应的周边设备，用于完成某一特定工序作业的独立生产系统。

A. 机器人工作站　　　B. 机器人　　　　　C. 机器人集群　　　D. 机器人工作枢纽

2. 根据码垛 (　　) 的不同，码垛机器人可以分为多关节坐标型、直角坐标型等形式。

A. 机构　　　　　　　B. 抓具形式　　　　C. 被抓取物件　　　D. 方式

3. 码垛机器人根据 (　　) 的不同可以分为侧夹型、底拖型及真空吸盘型等。

A. 机构　　　　　　　B. 抓具形式　　　　C. 被抓取物件　　　D. 码垛方式

4. 应根据 (　　) 确定焊接流程，制订机器人焊接工作站方案。

A. 焊接节拍要求　　　B. 气动锉刀　　　　C. 传送带　　　　　D. 刀架

5. 机器人 (　　) 采用最新开发的先进、高速、高功率、高转矩的动力主轴。

A. 去毛刺工作站　　　B. 焊接工作站　　　C. 打磨工作站　　　D. 码垛工作站

6. (　　) 主要由多台机器人本体和刀库组成。

A. 多台机器人协作去毛刺工作站　　　　　B. 焊接工作站

C. 打磨工作站　　　　　　　　　　　　　D. 码垛工作站

7. (　　) 是修边、倒角、去毛刺的工具，用于压铸、冲压等五金行业。

A. 砂带机　　　　　　B. 上料滑台　　　　C. 电控柜　　　　　D. 气动锉刀

8. 铣刀是在 (　　) 上加工平面、台阶、沟槽、成形表面和切断工件的旋转刀具。

A. 铣床　　　　　　　B. 车床　　　　　　C. 磨床　　　　　　D. 刨床

9. (　　) 是把粉尘从烟气中分离出来的设备。

A. 除尘设备　　　　　B. 钢丝刷　　　　　C. 吸尘器　　　　　D. 气动锉刀

10. 下列各图中，(　　) 是打磨工作站。

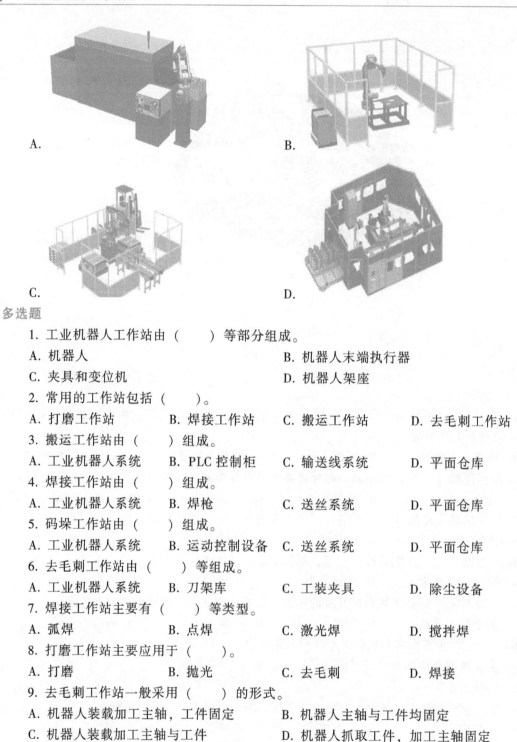

A.

B.

C.

D.

多选题

1. 工业机器人工作站由（　　　）等部分组成。

A. 机器人　　　　　　　　　　　B. 机器人末端执行器

C. 夹具和变位机　　　　　　　　D. 机器人架座

2. 常用的工作站包括（　　　）。

A. 打磨工作站　　　B. 焊接工作站　　　C. 搬运工作站　　　D. 去毛刺工作站

3. 搬运工作站由（　　　）组成。

A. 工业机器人系统　　B. PLC控制柜　　C. 输送线系统　　D. 平面仓库

4. 焊接工作站由（　　　）组成。

A. 工业机器人系统　　B. 焊枪　　　　　C. 送丝系统　　　D. 平面仓库

5. 码垛工作站由（　　　）组成。

A. 工业机器人系统　　B. 运动控制设备　C. 送丝系统　　　D. 平面仓库

6. 去毛刺工作站由（　　　）等组成。

A. 工业机器人系统　　B. 刀架库　　　　C. 工装夹具　　　D. 除尘设备

7. 焊接工作站主要有（　　　）等类型。

A. 弧焊　　　　　　B. 点焊　　　　　　C. 激光焊　　　　　D. 搅拌焊

8. 打磨工作站主要应用于（　　　）。

A. 打磨　　　　　　B. 抛光　　　　　　C. 去毛刺　　　　　D. 焊接

9. 去毛刺工作站一般采用（　　　）的形式。

A. 机器人装载加工主轴，工件固定　　　B. 机器人主轴与工件均固定

C. 机器人装载加工主轴与工件　　　　　D. 机器人抓取工件，加工主轴固定

10. 生产型机器人打磨工作站主要由（　　　）组成。

A. 机器人　　　　　B. 原料打磨台　　　C. 成品桌　　　　　D. 气动打磨头

模块3

怎样和机器人做朋友？

内容概述

本模块主要以三个操作实例来讲解怎样和机器人做朋友。第一个实例用生活中简单的材料做一个可动的机器人模型，使读者能更清楚地了解工业机器人的结构，并模拟运动轨迹，让工业机器人更有趣。第二个实例中操作工业机器人绘制桃心，可感受工业技术带来的美感。第三个实例讲解工业机器人虚拟工作站软件 RobotStudio 的安装使用，体验从计算机虚拟仿真到工业机器人实际运用的真实呈现。

知识目标

1. 了解工业机器人的基本结构，熟悉制作一台工业机器人的方法步骤。
2. 了解工业机器人的基本操作，熟悉绘制桃心的方法步骤。
3. 熟悉虚拟工作站软件 RobotStudio 的用途及安装和基本操作方法。

能力目标

1. 能够用简单材料制作出一台工业机器人模型。
2. 能够操作工业机器人并按要求绘制出桃心。
3. 能够安装 RobotStudio 软件。
4. 能够简单操作 RobotStudio 虚拟工作站。

知识结构图

项目 3.1 怎样做一台工业机器人模型?

在众多种类的工业机器人中,如何才能拥有一台属于自己的工业机器人呢?我们可以试着做一做。用生活中简单的材料制作一个可动的机器人模型,用来学习机器人结构,模仿运动轨迹,还可用作玩具和摆件,同时还可作为笔托,如图 3-1 所示。

做什么

手工制作一个六关节工业机器人模型。

讲给你听

制作过程分为以下几个步骤:①准备相应的材料和工具;②下载图样并按 1∶1 打印;③将打印图样粘贴在文件夹上;

图 3-1 六关节机器人制作模型

④按图样轮廓裁剪各零件,然后按虚线折叠;⑤折叠零件用胶水粘贴并用长尾夹固定;⑥将制作的各个零件装配起来;⑦修整外观,完成制作。制作流程如图 3-2 所示。

图 3-2 制作流程

做给你看

1. 资料准备

下载如图 3-3 所示的六关节机器人零件展开图,按 1∶1 打印图样。

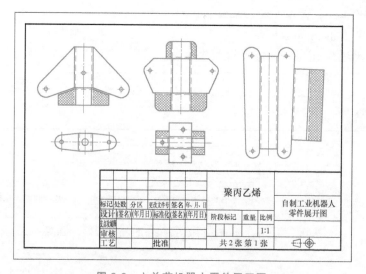

图 3-3 六关节机器人零件展开图

2. 材料准备

准备文件夹、橡皮、中性笔、回形针盒、剪刀、美工刀、胶水、M3 螺母、M3 螺栓、双面胶、十字螺钉旋具、长尾夹等工具材料，见表 3-1。

表 3-1 材料准备清单

材　料	图　示	功　能
文件夹	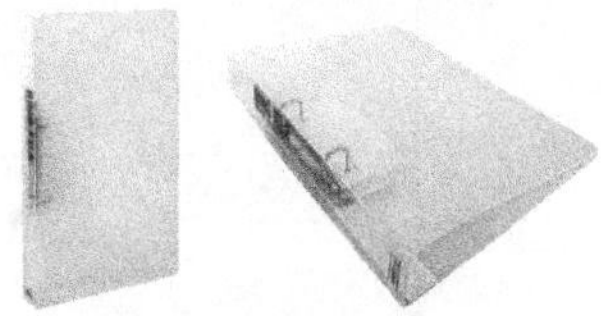	制作底座、大小臂、大小关节
橡皮		用橡皮材料制作六轴法兰
中性笔		用于制作小臂
回形针盒		方形和圆形均可,作为底座
双面胶		用于粘贴
胶水		用于固定粘贴
M3 螺栓	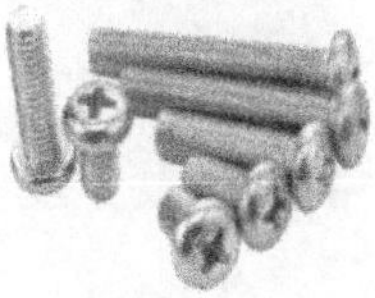	用于连接

（续）

材　　料	图　　示	功　　能
M3 螺母		用于固定
美工刀		用于裁剪
剪刀	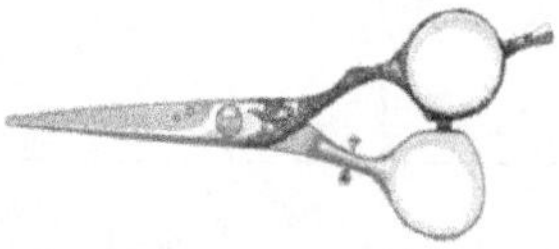	用于裁剪
十字螺钉旋具		用于拧紧螺母
长尾夹	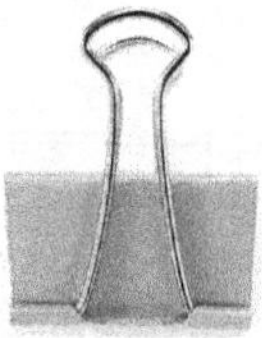	用于固定

3. 制作过程和步骤（表 3-2）

表 3-2　制作过程和步骤

步骤	操作内容	图　　示
1	准备如图所示工具材料	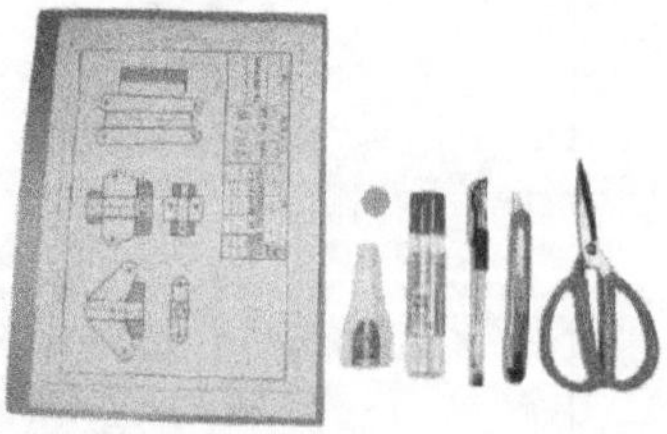

（续）

步骤	操作内容	图　示
2	打印图样,扫描二维码,找到图样连接,下载并按 1∶1 打印,裁剪	
3	将打印的图样粘贴在文件夹上	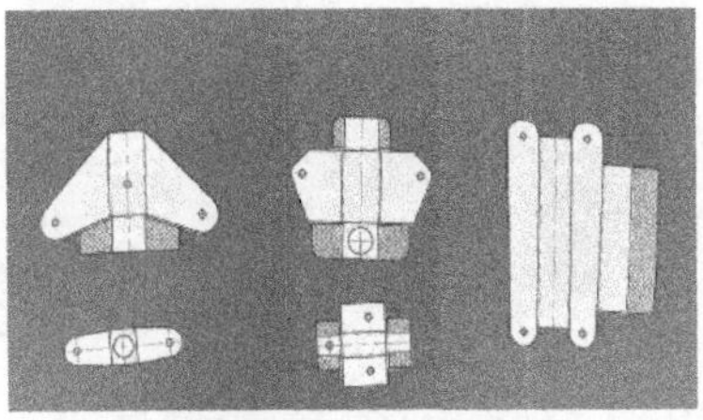
4	粘贴完成后沿着图样轮廓裁剪各个零件	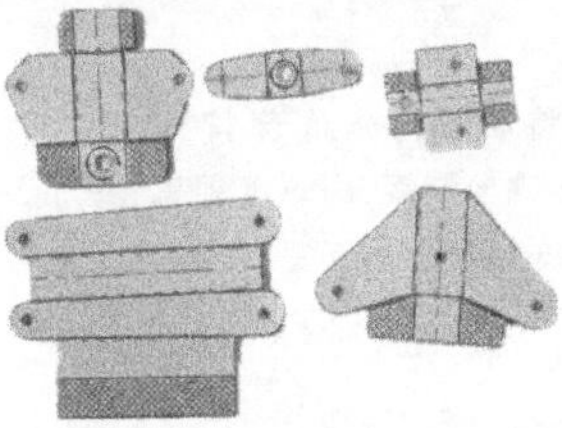
5	剪切后,将零件按虚线折叠,制作出单个零件	
6	将图样阴影部分划花,如图所示,利于胶水粘合	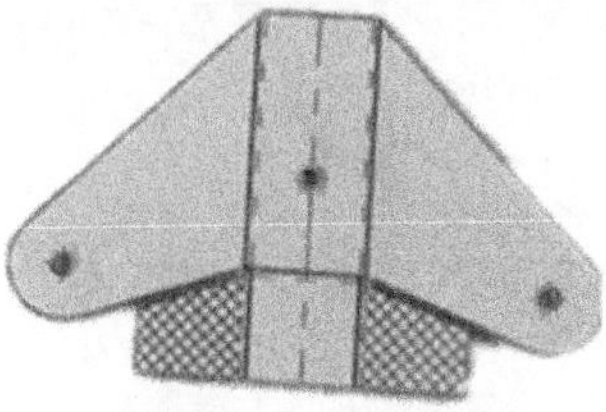
7	折叠后用 502 胶水将各个零件粘合,用长尾夹和回形针固定	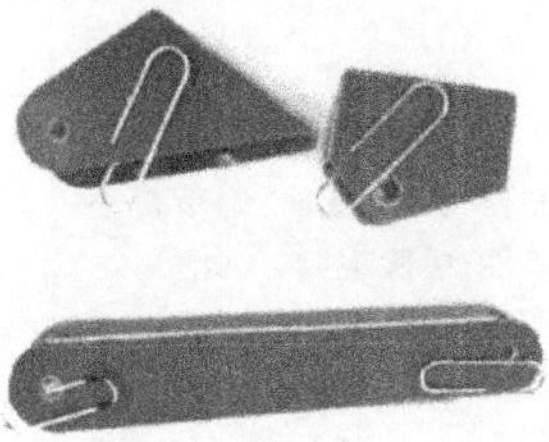

（续）

步骤	操 作 内 容	图 示
8	零件制作完成,整理干净,待装配	
9	将中性笔拆开,笔头安装于大关节内,如图所示,用胶水固定	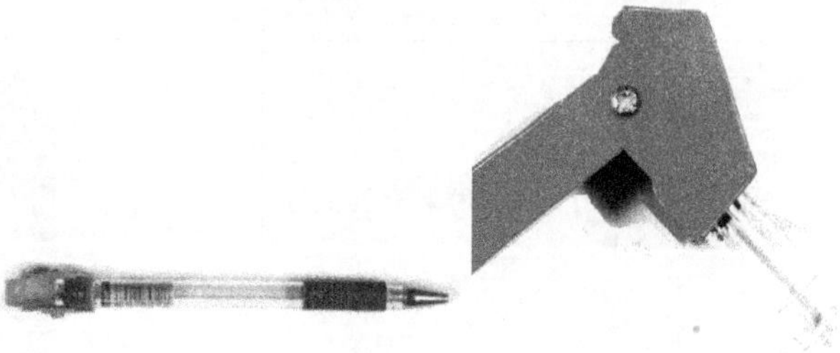
10	将回形针盒底部打孔,用M3螺栓连接,用螺母锁紧,完成底座与腰部安装	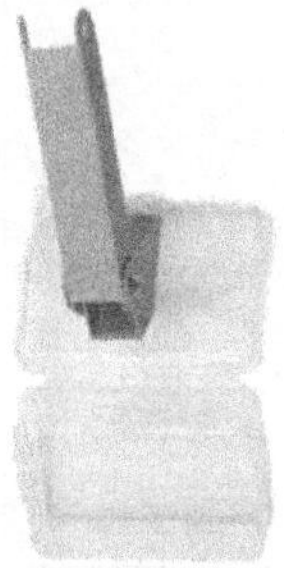
11	将各关节如图所示装配起来,用螺栓固定	
12	将橡皮切成手部形状,与螺栓用502胶水粘连固定,安装	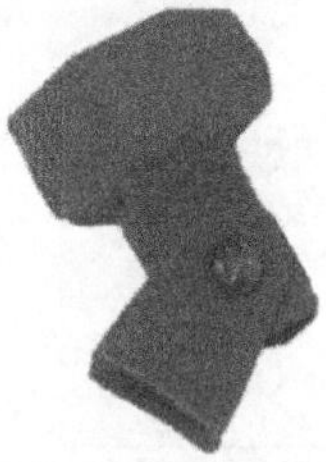
13	制作完成,整理、调节好各个零件,去除毛刺	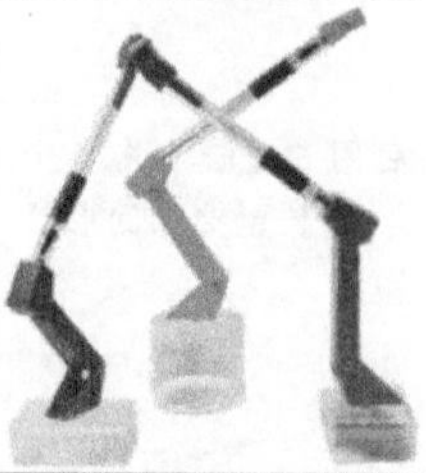

让你试试看——项目测试

项目任务操作测试

任务编号	3-1
任务名称	自制六关节工业机器人模型

任务概述	
按任务内容要求准备相应的材料和耗材	
按任务内容要求完成六关节工业机器人模型	

任务要求	
1. 操作过程中严格遵守安全操作规范	
2. 操作过程中注意职业素养	

板块	序号	任务内容
自制六关节工业机器人模型	1	下载电子图样
	2	打印图样
	3	将打印图样粘贴在文件夹上
	4	粘贴完成后沿着图样轮廓裁剪各个零件
	5	将零件按实线折叠,制作出单个零件
	6	划花阴影部分,用胶水粘合
	7	用 502 胶水粘合,用长尾夹和回形针固定
	8	整理干净各个零件,待装配
	9	将中性笔拆开,笔头安装在大关节内,用胶水固定
	10	将回形针盒底部打孔,用 M3 螺栓连接,完成底座与腰部安装
	11	各关节安装,螺栓固定
	12	将橡皮切成手部形状,与螺栓用 502 胶水粘连固定,安装
	13	整理、调节好各个零件,去除毛刺
	14	完成作品
	15	通过自媒体发布自己的作品(抖音、QQ、微信、B 站),截图反馈

确认你会干——项目操作评价

学号		姓名		单位	
任务编号	3-1	任务名称		自制六关节工业机器人模型	

板块	序号	考核点	分值标准	打分	板块得分
职业素养	1	遵守纪律,尊重指导教师,违反一次扣 1 分			
	2	工位清洁: 1)系统设备上、工位上没有多余的工具,发现一处扣 0.5 分 2)工作区域地面上没有垃圾(线头、纸屑等),发现一处扣 0.5 分			

（续）

板块	序号	考核点	分值标准	打分	板块得分
职业素养	3	着装要求： 1)裤子为长裤,裤口收紧 2)鞋子为绝缘三防鞋(防电、防砸、防穿刺) 3)上衣为长袖,袖口收紧 4)佩戴安全帽 5)长发扎紧,放于安全帽内,短发无要求 若违反上述要求,每项扣1分			
操作不当	4	制作过程中损坏划伤课桌、设备			
	5	制作过程中随意浪费材料			
	6	制作过程中未遵照文明安全操作要求,使自己受伤			
	7	未按要求准备材料和耗材			
工具耗材准备	8	按要求1∶1打印图样			
	9	准备耗材文件夹			
	10	准备耗材橡皮			
	11	准备耗材502胶水			
	12	准备耗材透明胶带			
	13	准备耗材螺栓螺母			
	14	准备工具剪刀			
	15	准备工具美工刀			
	16	准备工具回形针盒			
	17	准备工具长尾夹			
手动操作	18	完成零件底座			
	19	完成零件腰部			
	20	完成零件大臂			
	21	完成零件大关节			
	22	完成零件腕部			
	23	完成零件小关节			
	24	完成零件手部			
	25	整体装配完成			
	26	装配完成各关节,使它们能正常移动			
	27	模型美观,制作精美			
	28	通过自媒体发布自己作品(抖音、QQ、微信、B站),截图反馈			
总分					
学生签字		考评签字		考评结束时间	

项目 3.2　怎样用机器人表达我们的爱？

与人类相比，机器人最大的优势就是可以不知疲倦地精确完成重复而繁重的工作。因此，机器人适合在生产线上进行焊接、喷漆、装配、取料等工作。本项目通过绘制一个简单的平面"桃心"图形（图3-4），带领大家初步了解如何驾驭工业机器人。

图 3-4　桃心

做什么

使用 ABB 工业机器人在纸上绘制"桃心"图形。

讲给你听

通常我们想要机器人完成一项工作，需要事先规划好机器人手臂的行进路线，然后设置好工作节拍和运行速度，机器人就可以不知疲倦地工作了。本项目的任务是利用机器人绘制平面"桃心"图形，因此，我们可以先指定一些关键点，通过编写机器人移动指令来操纵机器人夹持画笔工具依次在几个关键点之间进行直线或曲线移动，画笔工具可以在图纸上记录机器人的移动轨迹，这些移动轨迹连接在一起就构成了我们想要的图形。

按照这个思路，我们将这个任务分解为几个步骤：

1）使用绘图软件绘制一张"桃心"图形并打印，将图样放在工作台上。

2）使用示教器操纵机器人将画笔移动到"桃心"图形的关键点（共选取 6 个关键点），编写机器人移动指令，控制画笔沿着关键点进行移动。

3）保存这段机器人程序，重新在工作台上摆放白纸，调用刚才这段程序就可以绘制更多"桃心"形状了。图 3-5 所示为绘制"桃心"的流程。

图 3-5　绘制"桃心"的流程图

做给你看

1）在 RobotStudio 软件中绘制"桃心"图形。

2）通过操作初步了解工业机器人离线编程操作过程（表3-3）。

表3-3　任务操作步骤

步骤	操作内容	示意图
1	使用绘图软件绘制如图所示的"桃心"图样	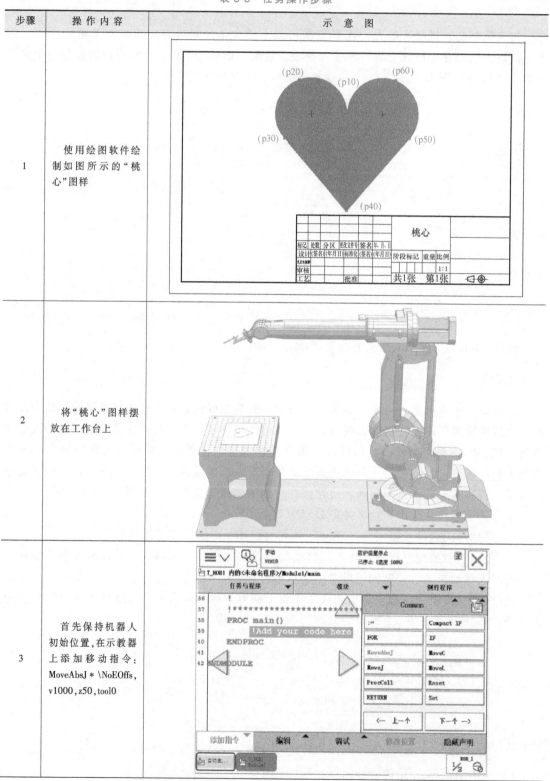
2	将"桃心"图样摆放在工作台上	
3	首先保持机器人初始位置，在示教器上添加移动指令：MoveAbsJ * \NoEOffs, v1000,z50,tool0	

（续）

步骤	操作内容	示　意　图
4	在指令上双击"＊"，在弹出的界面中双击"新建"	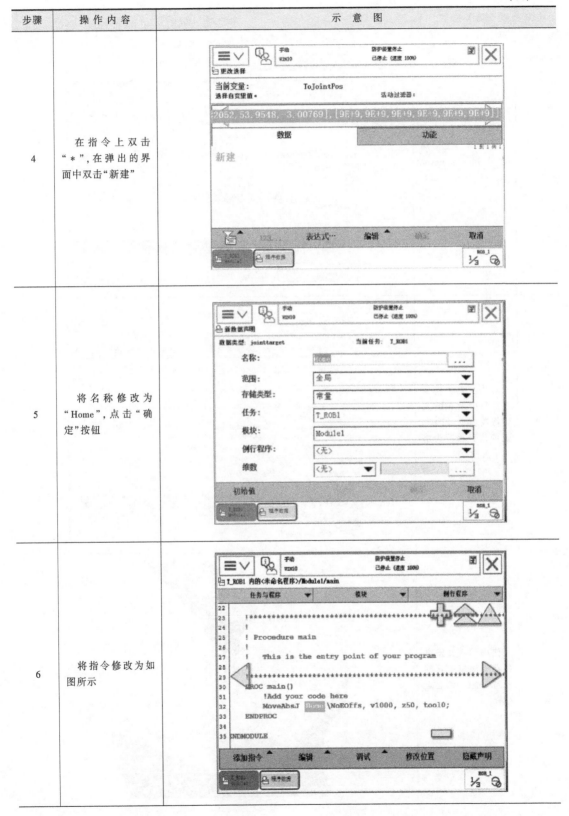
5	将名称修改为"Home"，点击"确定"按钮	
6	将指令修改为如图所示	

（续）

步骤	操作内容	示　意　图
7	在示教器上添加移动指令：MoveL p10,v100,z50,tool0	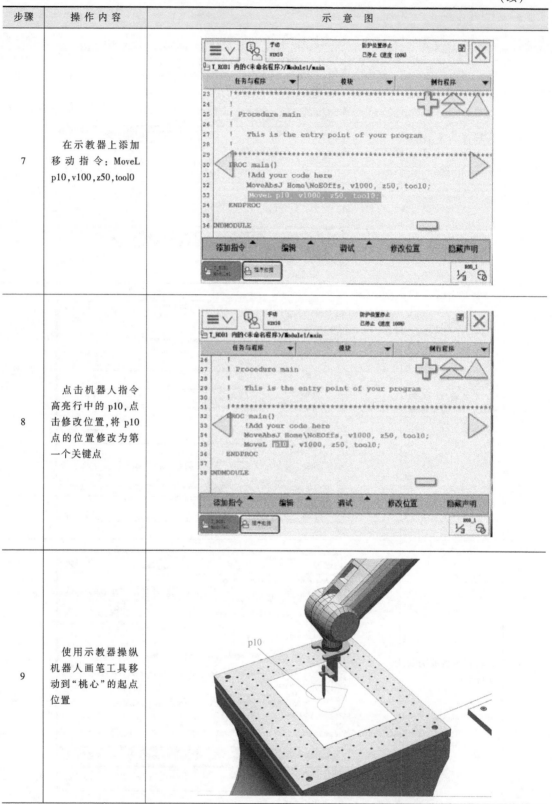
8	点击机器人指令高亮行中的 p10,点击修改位置,将 p10 点的位置修改为第一个关键点	
9	使用示教器操纵机器人画笔工具移动到"桃心"的起点位置	

（续）

步骤	操作内容	示意图
10	在"桃心"弧线的中间位置选择第二个关键点,并将机器人画笔工具移动到该点,修改 p20 为第二个关键点,下一个点改为 p30	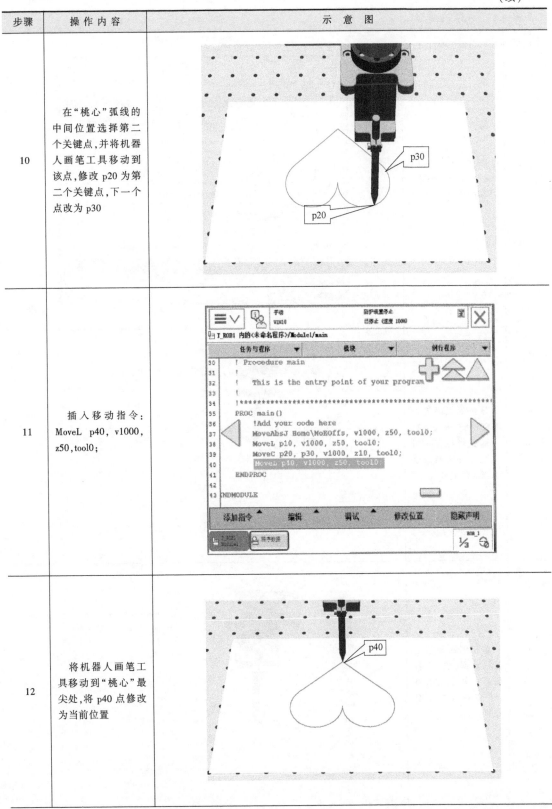
11	插入移动指令:MoveL p40, v1000, z50, tool0;	
12	将机器人画笔工具移动到"桃心"最尖处,将 p40 点修改为当前位置	

（续）

步骤	操作内容	示意图
13	插入移动指令： MoveL p50, v1000, z50, tool0;	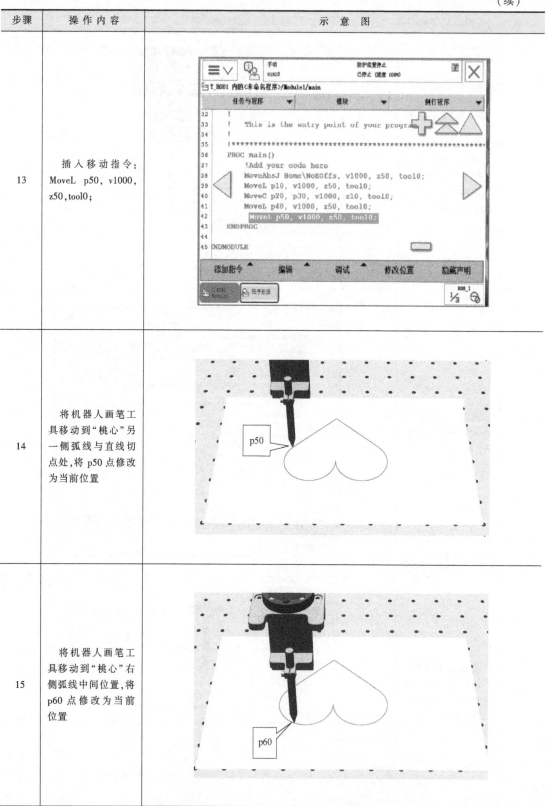
14	将机器人画笔工具移动到"桃心"另一侧弧线与直线切点处，将 p50 点修改为当前位置	
15	将机器人画笔工具移动到"桃心"右侧弧线中间位置，将 p60 点修改为当前位置	

（续）

步骤	操作内容	示 意 图
16	添加移动指令：MoveAbsJ Home \ NoEOffs，v1000，z50，tool0； 机器人程序就编写完成了	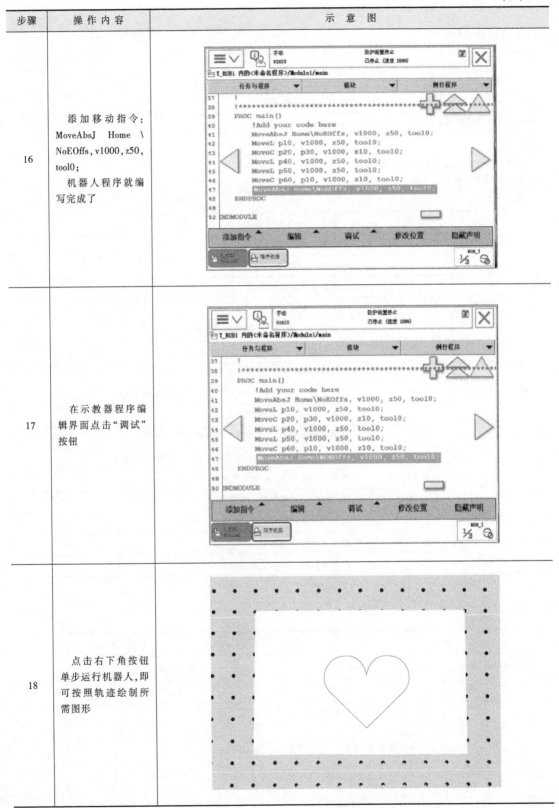
17	在示教器程序编辑界面点击"调试"按钮	
18	点击右下角按钮单步运行机器人，即可按照轨迹绘制所需图形	

让你试试看——项目测试

项目任务操作测试

任务编号	3-2
任务名称	绘制"桃心"图形
任务概述	
按任务内容要求完成工业机器人"桃心"图形的绘制	
任务要求	
1. 操作过程中严格遵守安全操作规范 2. 操作过程中注意职业素养	

板 块	序号	任 务 内 容
绘制"桃心"图形	1	口述工业机器人的型号
	2	开机起动机器人
	3	解除急停报警
	4	切换机器人至手动模式
	5	手动操作速度设置为25%
	6	将画好的一张"桃心"图样放在机器人工作台上
	7	运行至home点关节坐标(0,0,0,0,90,0)
	8	关节运行到"桃心"上半部分的尖点p10
	9	曲线运行经过"桃心"的左半弧线中点p20到弧线与直线切点p30
	10	直线运行到"桃心"最底部尖点p40
	11	直线运行到"桃心"右半弧线与直线切点p50
	12	曲线运行经过"桃心"右半弧中点p60回到关键点p10
	13	机器人运行至home点关节坐标
	14	在工作台上放置另外一张白纸
	15	运行上面的程序,绘制一个"桃心"图形
	16	将工业机器人回复零位
	17	将工业机器人示教器放回指定位置

确认你会干——项目操作评价

学号			姓名		单位	
任务编号	3-2	任务名称		绘制"桃心"图形		
板块	序号	考核点		分值标准	得分	板块得分
职业素养	1	遵守纪律,尊重指导教师,违反一次扣1分				
	2	工位清洁: 1)系统设备上、工位上没有多余的工具,发现一处扣0.5分 2)工作区域地面上没有垃圾(线头、纸屑等),发现一处扣0.5分				

（续）

板块	序号	考核点	分值标准	得分	板块得分
职业素养	3	着装要求： 1)裤子为长裤,裤口收紧 2)鞋子为绝缘三防鞋(防电、防砸、防穿刺) 3)上衣为长袖,袖口收紧 4)佩戴安全帽 5)长发扎紧,放于安全帽内,短发无要求 若违反上述要求,每项扣1分			
操作不当	4	制作过程中损坏划伤课桌、设备			
	5	制作过程中随意浪费材料			
	6	制作过程中未遵照文明安全操作要求,使自己受伤			
	7	未按要求准备材料和耗材			
"桃心"绘制操作	8	Home点命名正确			
	9	运行至home点关节坐标(0,0,0,0,90,0)			
	10	p10命名正确			
	11	运行至点p10			
	12	经过点p20运行至点p30			
	13	运行至点p40			
	14	运行至点p50			
	15	经过点p60运行至点p10			
	16	机器人运行至home点关节坐标			
	17	将工业机器人回复零位			
	18	将工业机器人示教器放回指定位置			
总分					
学生签字		考评签字		考评结束时间	

项目3.3　怎样使用工业机器人虚拟工作站?

3.3.1　RobotStudio用来干什么?

RobotStudio是与ABB工业机器人配套的仿真软件，具有强大的离线编程和仿真功能，以及友好的操作界面，如图3-6所示。利用RobotStudio提供的各种工具，可在不影响生产的前提下执行培训、编程和优化等任务，不仅能提升机器人系统的盈利能力，还能降低生产风险，加快投产进度，同时缩短换线时间，提高生产率。

工业机器人离线编程是在离线情况下进行机器人轨迹规划编程的一种方法。在工业机器人切割、涂胶、焊接等应用中，对于大量不规则曲线轨迹，示教编程难以实现，而离线编程可基于模型快速生成轨迹程序。离线编程要在相应的离线编程软件中进行，通过向软件中导入现场工况模型，以及生成离线程序，实现对工作过程的仿真，用于设备布局或方案验证。

图 3-6　RobotStudio 界面

3.3.2　RobotStudio 怎么安装？

安装 RobotStudio 的步骤见表 3-4。

3.3.3　怎样使用虚拟工作站？

1. 虚拟工作站打包操作

要想将已经设计好的虚拟工作站分享给其他人，就需要对工作站进行打包操作，打包后的文件扩展名为 .rspag。具体操作步骤见表 3-5。

表 3-4　安装 RobotStudio 的步骤

步骤	操作内容	示　意　图
1	下载完毕后解压，打开解压后的文件夹，双击 setup.exe 开始安装	
2	选择安装路径，这里采用默认设置，单击"下一步"按钮	

（续）

步骤	操作内容	示　意　图
3	单击"完整安装"单选按钮，单击"下一步"按钮	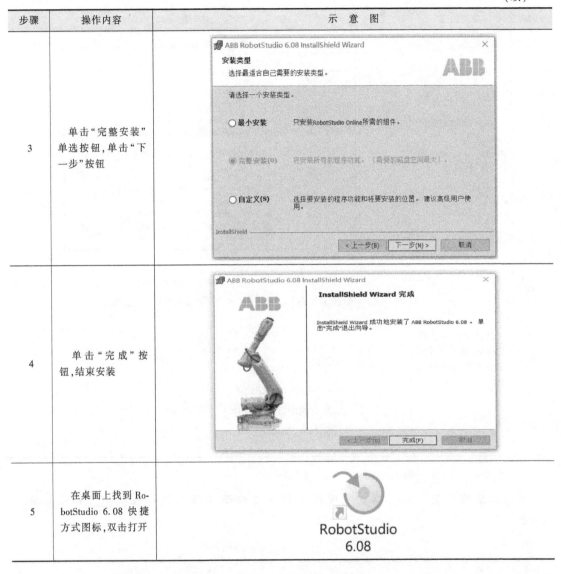
4	单击"完成"按钮，结束安装	
5	在桌面上找到 RobotStudio 6.08 快捷方式图标，双击打开	

表 3-5　虚拟工作站打包操作步骤

步骤	操作内容	示　意　图
1	在 RobotStudio 软件中，单击"文件"菜单，选择左侧"共享"功能，在"共享数据"中单击"打包"	

（续）

步骤	操作内容	示　意　图
2	在弹出的对话框中选择打包文件要存放的目录，然后单击"确定"按钮	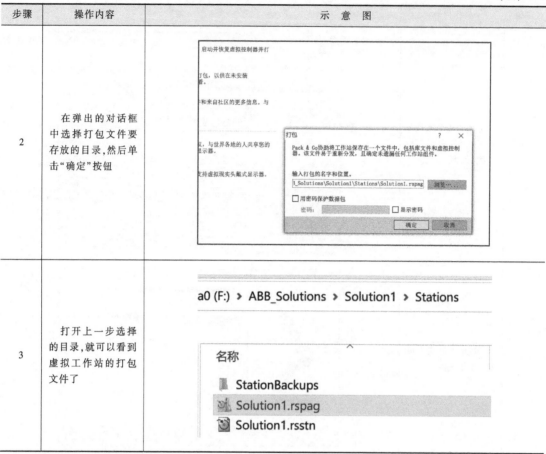
3	打开上一步选择的目录，就可以看到虚拟工作站的打包文件了	a0 (F:) › ABB_Solutions › Solution1 › Stations 名称 　StationBackups 　Solution1.rspag 　Solution1.rsstn

2. 虚拟工作站解包操作

解包就是将封装 .rspag 格式的虚拟工作站文件解压到本地计算机里。操作步骤见表 3-6。

表 3-6　虚拟工作站解包操作步骤

步骤	操作内容	示　意　图
1	在 RobotStudio 软件中，单击"文件"菜单，选择左侧"共享"功能，在"共享数据"中单击"解包"	ABB RobotStudio 6.08 文件　基本　建模　仿真　控制器(C)　RAPID　Add-Ins 保存 保存为 打开 关闭 信息 最近 新建 打印 共享 在线 共享数据 打包 创建一个包含虚拟控制器、库和附加选项媒体的原有活动工作站包。 解包 解包"Pack and Go"文件，启动并恢复虚拟控制器并打开工作站。 保存工作站画面 将工作站和所有记录的仿真打包，以供在未安装 RobotStudio 的客户查看。 内容共享 访问 RobotStudio、库、插件和来自社区的更多信息。与他人共享内容。 会议

（续）

步骤	操作内容	示　意　图
2	选择虚拟工作站打包文件的存放目录,选择好目标文件夹,继续单击"下一个"按钮就可以将打包的虚拟工作站解压到目标文件夹了	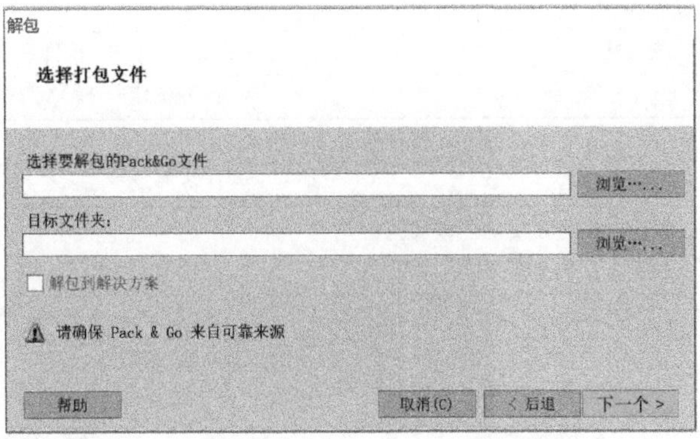
3	解压后在视图中就会出现工作站	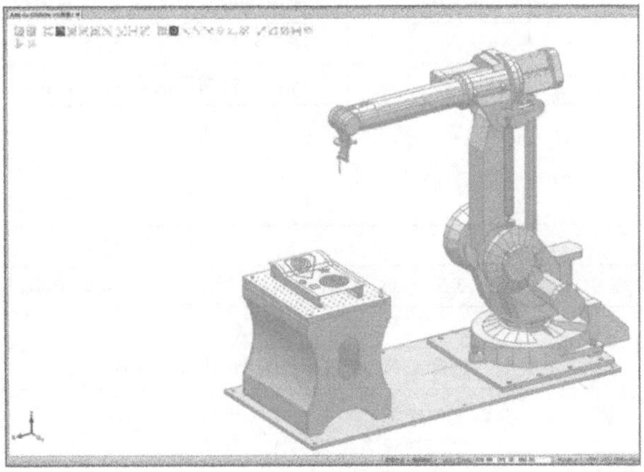
4	工作站程序已编写完成,可单击"仿真"菜单,选择"播放",即可看到工业机器人的工作流程	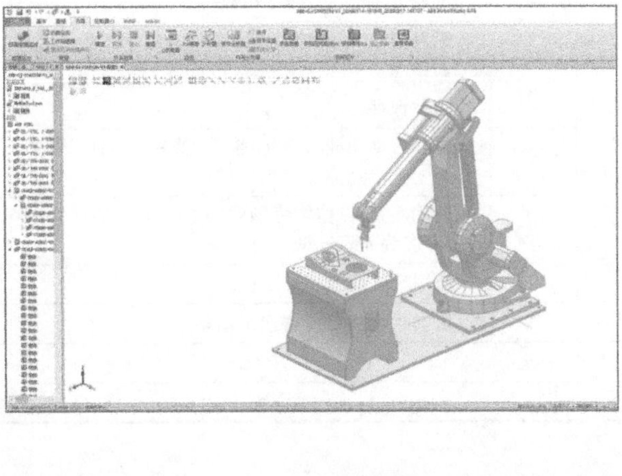

让你试试看——项目测试

项目任务操作测试

任务编号	3-3
任务名称	安装 RobotStudio 软件和虚拟工作站的创建与使用
任务概述	
按任务内容要求完成 RobotStudio 软件的安装和使用	
任务要求	

1. 操作过程中严格遵守安全操作规范
2. 操作过程中注意职业素养

板　块	序　号	任务内容
安装 RobotStudio 软件和虚拟工作站的创建与使用	1	口述 RobotStudio 的版本
	2	下载 RobotStudio 软件安装包
	3	正确安装 RobotStudio 程序并能成功打开软件
	4	使用软件创建一个 IRB 1410 型机器人虚拟工作站并保存
	5	重新启动 RobotStudio 软件，使用"文件"菜单打开上一步创建的虚拟工作站
	6	使用"共享"功能将创建的虚拟工作站打包保存，命名为 super robot
	7	使用软件解包指定工作站
	8	仿真运行指定的虚拟工作站

确认你会干——项目操作评价

学号			姓名		单位	
任务编号	3-3	任务名称	安装 RobotStudio 软件和虚拟工作站的创建与使用			
板块	序号	考核点		分值标准	得分	备注
职业素养	1	遵守纪律，尊重指导老师，违反一次扣1分				
	2	工位清洁： 1）系统设备上没有多余的工具 2）工作区域地面上没有垃圾 发现一处扣 0.5 分				
手动操作	3	口述 RobotStudio 的版本				
	4	下载 RobotStudio 软件安装包				
	5	正确安装 RobotStudio 程序并能成功打开软件				
	6	使用软件创建一个 IRB 1410 型机器人虚拟工作站并保存				
	7	重新启动 RobotStudio 软件，使用"文件"菜单打开上一步创建的虚拟工作站				
	8	使用"共享"功能将创建的虚拟工作站打包保存，命名为 super robot				
	9	使用软件解包指定工作站				
	10	仿真运行指定的虚拟工作站				
总分						
学生签字		考评签字		考评结束时间		

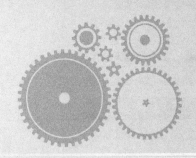

模块4

怎样操作工业机器人？

内容概述

　　本模块主要介绍工业机器人相关专业术语、ABB工业机器人操作的相关安全知识、ABB示教器（FlexPendant）、工业机器人本体手动操作、示教器的系统设置、手动操作机器人和坐标系设定等相关知识。本模块通过讲解示教器的各种控制使读者了解示教器的正确使用方式，掌握示教器的语言设置、时间设置、软件权限设置等；通过讲解机器人的手动操作，使读者了解机器人本体的单轴运动、线性运动和重定位运动；最后对工业机器人所涉及的各种类型坐标系进行阐述并且详细讲解了工业机器人工具坐标系和工件坐标系的设定方法。

知识目标

1. 了解工业机器人的专业术语。
2. 掌握工业机器人的安全操作规程。
3. 掌握示教器的使用方法。
4. 掌握工业机器人的基本操作方法。
5. 掌握工业机器人的系统设置方法。
6. 掌握工业机器人手动操作方法。
7. 掌握工业机器人坐标系设定方法。

能力目标

1. 能够识别常规的安全标识，安全操作工业机器人。
2. 能够掌握示教器按键、按钮、握持方法，以及屏幕界面的使用。
3. 能够正确启动和关闭工业机器人。
4. 能够设置示教器系统的语言、时间、工作状态、软件权限。
5. 能够对机器人系统进行备份与恢复。
6. 能够手动操作机器人进行单轴、线性和重定位运动。
7. 能够设定增量和运行速度。
8. 能够快速对准坐标。
9. 能够设定工具数据、工件坐标和有效载荷。

知识结构图

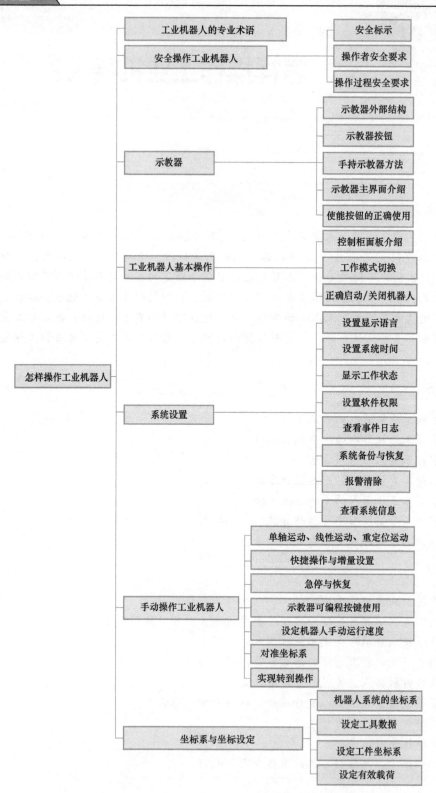

怎样操作工业机器人

- 工业机器人的专业术语
- 安全操作工业机器人
  - 安全标示
  - 操作者安全要求
  - 操作过程安全要求
- 示教器
  - 示教器外部结构
  - 示教器按钮
  - 手持示教器方法
  - 示教器主界面介绍
  - 使能按钮的正确使用
- 工业机器人基本操作
  - 控制柜面板介绍
  - 工作模式切换
  - 正确启动/关闭机器人
- 系统设置
  - 设置显示语言
  - 设置系统时间
  - 显示工作状态
  - 设置软件权限
  - 查看事件日志
  - 系统备份与恢复
  - 报警清除
  - 查看系统信息
- 手动操作工业机器人
  - 单轴运动、线性运动、重定位运动
  - 快捷操作与增量设置
  - 急停与恢复
  - 示教器可编程按键使用
  - 设定机器人手动运行速度
  - 对准坐标系
  - 实现转到操作
- 坐标系与坐标设定
  - 机器人系统的坐标系
  - 设定工具数据
  - 设定工件坐标系
  - 设定有效载荷

项目 4.1　工业机器人的专业术语有哪些?

ABB 机器人设计、生产使用等各个环节都会涉及一定的标准及专业术语,通过本项目的学习,我们可以了解 ABB 工业机器人应满足的工业标准有哪些,在我国标准中,针对机器人及机器人设备,使用的专业术语有哪些。

做什么

1) 了解 ABB 工业机器人的设计生产和使用过程中涉及并应满足的工业标准。

2) 了解我国国家标准 (GB/T 12643—2013、ISO 8373:2012) 中机器人与机器人装备的相关词汇。

讲给你听

工业机器人的设计、研发、生产、使用过程需要符合多种标准。ABB 工业机器人既符合机械安全、使用安全、气体排放指标、弧焊等特种工艺防护安全国际标准,也符合人体工程学机械结构、机器人双臂控制驱动器、可移动式装置防护安全等欧洲标准,同时还符合美国和加拿大关于工业机器人及机器人系统的安全要求、机器人及机械设备的安全标准、工业机器人的一般安全要求,具体可参考表 4-1~表 4-3。

表 4-1　ABB 工业机器人符合的国际标准

标准	描　　述
EN ISO 12100:2010	Safety of machinery-General principles for design-Risk assessment and risk reduction
EN ISO 13849-1:2015	Safety of machinery,safety related parts of control systems-Part 1:General principles for design
EN ISO 13850:2015	Safety of machinery-Emergency stop function-Principles for design
EN ISO 10218-1:2011	Robots and robotic devices-Safety requirements for industrial robots -Part 1: Robots
EN ISO 9787:2013	Robots and robotic devices-Coordinate systems and motion nomenclatures
EN ISO 9283:1998	Manipulating industrial robots-Performance criteria and related test methods
EN ISO 14644-1:2015	Cleanrooms and associated controlled environments-Part 1: Classification of air cleanliness by particle concentration
EN ISO 13732-1:2006	Ergonomics of the thermal environment-Methods for the assessment of human responses to contact with surfaces-Part 1: Hot surfaces
EN IEC 61000-6-4:2018	Electromagnetic compatibility (EMC)-Part 6-4:Generic standards-Emission standard for industrial environments
EN IEC 61000-6-2:2016	Electromagnetic compatibility (EMC)-Part 6-2: Generic standards-Immunity standard for industrial environments
EN IEC 60974-1:2017	Arc welding equipment-Part 1: Welding power sources
EN IEC 60974-10:2020	Arc welding equipment-Part 10: Electromagnetic compatibility (EMC) requirements
EN IEC 60529:1989+AMD1: 1999+AMD2:2013	Degrees of protection provided by enclosures (IP Code)

在国家标准 GB/T 12643—2013 中,对机器人与机器人装备相关词汇进行了国标规范处理。让我们一起来了解一下机器人以及机器人装备有关的专业术语。

表 4-2　ABB 工业机器人符合的欧洲标准

标准	描　述
EN614-1	Safety of machinery-Ergonomic design principles-Part 1：Terminology and general principles
EN 574	Safety of machinery-Two-hand control devices-Functional aspects-Principles for design
EN ISO14120：2015	Safety of machinery-Guards-General requirements for the design and construction of fixed and movable guards

表 4-3　ABB 工业机器人符合的欧洲安全标准

标准	描　述
ANSI/RIA R15.06-2012	Industrial Robots And Robot Systems-Safety Requirements
ANSI/UL 1740 Ed.4-2018	Standard For Robots And Robotic Equipment
CAN/CSA Z 434-03	Industrial robots and robot Systems-General safety requirements

1）机器人（robot）：具有两个或两个以上可编程轴，以及一定程度的自主能力，可在其环境内运动以执行预期的任务的执行机构。

2）控制系统（control system）：一套具有逻辑控制和动力功能的系统，能控制和监测机器人机械结构并与环境（设备和使用者）进行通信。

3）工业机器人（industrial robot）：自动控制的、可重复编程、多用途的操作机，可对三个或三个以上轴进行编程。它可以是固定式或移动式。在工业自动化中使用。

4）工业机器人系统（industrial robot system）：由（多）工业机器人、（多）末端执行器和为使机器人完成其任务所需的任何机械、设备、装置、外部辅助轴或传感器构成的系统。

5）操作员（operator）：指定从事机器人或机器人系统启动、监控和停机等预期操作的人员。

6）编程员（programmer）：指定进行任务程序编制的人员。

7）集成（integration）：将机器人和其他设备或另一个机器（含其他机器人）组合成能完成如零部件生产的有益工作的机器系统。

8）工业机器人单元（industrial robot cell）：包含相关机器、设备、相关的安全防护空间和保护装置的一个或多个机器人系统。

9）工业机器人生产线（industrial robot line）：由在单独的或相连的安全防护空间内执行相同或不同功能的多个机器人单元和相关设备构成。

10）协作机器人（collaborative robot）：为与人直接交互而设计的机器人。

11）智能机器人（intelligent robot）：具有依靠感知其环境、和/或与外部资源交互、调整自身行为来执行任务的能力的机器人。如：具有视觉传感器、用来拾放物体的工业机器人，避碰的移动机器人，不平地面行走的腿式机器人。

12）人-机器人交互（human-robot interaction，HRI）：人和机器人通过用户接口交流信息和动作来执行任务。如：通过语音、视觉和触觉方式交流。

13）末端执行器自动更换系统（automatic end effector exchange system）：位于机械接口和末端执行器之间能自动更换末端执行器的联结装置。

14）夹持器（gripper）：供抓取和握持用的末端执行器。

15）自动引导车（automated guided vehicle，AGV）：沿标记或外部引导命令指示的、沿预设路径移动的移动平台，一般应用在工厂。注：AGV 相关国家标准由 SAC/TC 332（ISO/TC 110）工业车辆标准化技术委员会制定。

16）示教编程（teach programming）：通过手工引导机器人末端执行器，或手工引导一个机械模拟装置，或用示教盒（示教器）来移动机器人逐步通过期望位置的方式实现编程。

17）离线编程（off-line programming）：在与机器人分离的装置上编制任务程序后再输入到机器人中的编程方法。

18）示教盒或示教器（pendant 或 teach pendant）：与控制系统相连，用来对机器人进行编程或使机器人运动的手持式单元。

19）示教再现操作（playback operation）：可以重复执行示教编程输入任务程序的一种机器人操作。

20）用户接口（user interface）：在人-机器人交互过程中人和机器人间交流信息和动作的装置。

21）机器人语言（robot language）：用于描述任务程序的编程语言。

22）正常操作条件（normal operating conditions）：为符合制造厂所给出的机器人性能而应具备的环境条件范围和可影响机器人性能的其他参数值（如电源波动、电磁场）。

23）负载（load）：在规定的速度和加速度条件下，沿着运动的各个方向，机械接口或移动平台处可承受的力和/或扭矩。

让你试试看——项目测试

理论题

1. 机器人：具有（　　）可编程轴，以及一定程度的自主能力，可在其环境内运动以执行预期的任务的执行机构。

A. 单个　　　　B. 两个　　　　C. 两个或两个以上　　　　D. 六个

2. 工业机器人系统：由工业机器人、末端执行器和为使机器人完成其任务所需的任何（　　）或传感器构成的系统。

A. 机械　　　　　　　　　　B. 设备装置
C. 外部辅助轴　　　　　　　D. 机械、设备、装置、外部辅助轴

3. 集成：将（　　）和其他设备或另一个机器（含其他机器人）组合成能完成如零部件生产的有益工作的机器系统。

A. 机器人　　B. 电气设备　　C. 机械装置　　　　D. 液压装置

4. 人-机器人交互：人和机器人通过（　　）交流信息和动作来执行任务。如：通过语音、视觉和触觉方式交流。

A. 喇叭　　　B. 语言　　　C. 用户接口　　　　D. 手势

5. 机器人语言：用于描述任务程序的（　　）语言。

A. 编程　　　B. 汇编　　　C. basic　　　　D. fortune

6. 示教编程：通过手工引导机器人末端执行器，或手工引导一个机械模拟装置，或用（　　）来移动机器人逐步通过期望位置的方式实现编程。

A. 软件　　　B. 键盘　　　C. 鼠标　　　　D. 示教盒（示教器）

7. 在与机器人分离的装置上编制任务程序后再输入到机器人中的编程方法称为（　　）。

A. 在线编程　　　B. 离线编程　　　C. 示教编程　　　　　　D. 手动编程

8. 为与人直接交互而设计的机器人称为（　　　）。

A. 协作机器人　　B. 移动机器人　　C. 工业机器人　　　　　D. 仿生机器人

9. （　　　）是一种只规定要完成的任务而不规定机器人的路径的编程方法。

A. 目标编程　　　B. 手动编程　　　C. 离线编程　　　　　　D. 在线编程

10. 自动引导车又称为（　　　），是沿标记或外部引导命令指示的、沿预设路径移动的移动平台，一般应用在工厂。

A. 平板车　　　　B. AGV　　　　　C. 电动车　　　　　　　D. 牵引车

11. 与控制系统相连，用来对机器人进行编程或使机器人运动的手持式单元是（　　　）。

A. 示教器　　　　B. 末端执行器　　C. 控制器　　　　　　　D. 控制柜

12. 将机器人和其他设备或另一个机器（含其他机器人）组合成能完成如零部件生产的有益工作的机器系统称为（　　　）。

A. 装配系统　　　B. 控制系统　　　C. 集成

13. 由（多）工业机器人、（多）末端执行器和为使机器人完成其任务所需的任何机械、设备、装置、外部辅助轴或传感器构成的系统称为（　　　）。

A. 应用系统　　　B. 控制系统　　　C. 工业机器人系统

14. 在规定的速度和加速度条件下，沿着运动的各个方向，机械接口或移动平台处可承受的力和/或扭矩称为（　　　）。

A. 极限负载　　　B. 额定负载　　　C. 负载

项目 4.2　怎样安全操作工业机器人？

2015 年，德国大众汽车公司位于卡塞尔附近的一家工厂发生悲剧，一名技术人员因突遭机器人"攻击"不幸丧生。事发时这名技术人员正与同事一起安装机器人，但原本处于静止状态的机器人却突然"抓住"他的胸部，然后"使劲压在"一块铁板上（也有媒体使用"用一块金属片击穿了他的胸部"的说法），最后该技术人员因伤重不治而亡，事后调查为工人违规操作所致。

安全生产，人人有责；安全生产，重于泰山。安全是人们从事各类生产活动的第一要务，作为一名工业机器人操作使用人员，应怎样安全操作工业机器人呢？通过本项目的学习，我们可以了解常见的安全标示，以及工业机器人的安全操作规程。

4.2.1　常见的安全标示有哪些？

做什么

在施工现场，我们需要注意各种安全标示，了解它们所代表的含义，如工业机器人操作手册、工业机器人设备及附件上的安全标示等，这样才能正确操作工业机器人。

讲给你听

在安装调试工业机器人之前，需要阅读工业机器人的安装使用手册，在使用手册中我们会见到一些特定的标示，应了解它们所代表的含义。表4-4中列出了常见的ABB工业机器人安全手册收录使用的标示与含义。

表4-4　ABB工业机器人安全手册标示与含义

标　示	名　称	含　义
	危险 （红色标示）	警告如果不依照说明操作,就会发生事故,并导致严重或致命的人员伤害和/或严重的产品损坏。适用于以下险情:碰触高压电气装置、爆炸或火灾、吸入有毒气体、挤压、撞击和从高处跌落等
	警告 （黄色标志）	警告如果不依照说明操作,可能会发生事故,造成严重的伤害(可能致命)和/或重大的产品损坏。适用于以下险情:触碰高压电气单元、爆炸、火灾、吸入有毒气体、挤压、撞击、高空坠落等
	电击	针对可能会导致严重的人身伤害或死亡的电气危险的警告
	小心	警告如果不依照说明操作,可能会发生能造成伤害和/或产品损坏的事故。适用于以下险情:灼伤、眼部伤害、皮肤伤害、听力损伤、挤压或滑倒、跌倒、撞击、高空坠落等。此外,它还适用于某些涉及功能要求的警告消息,即在装配和移除设备过程中出现有可能损坏产品或引起产品故障的情况时,就会采用这一标示
	提示	描述从何处查找附加信息或如何以更简单的方式进行操作
	静电放电（ESD）	针对可能会导致严重产品损坏的电气危险的警告
	注意	描述重要的事实和条件

　　除了上述使用手册中常见的安全标示外，在工业机器人设备及附件上也会有相应的安全标示，在施工现场也会看到不同的安全标示。表4-5中列出了工业机器人设备附件及施工现场常见的安全标示。

表4-5　设备附件及施工现场常见安全标示

标　示	描　述	标　示	描　述
	旋转更大 此轴的旋转范围(工作区域)大于标准范围		在拆卸之前,请参阅产品手册
	高温 存在可能导致灼伤的高温风险		高压危险

（续）

标 示	描 述	标 示	描 述
	控制器内的 ESD 敏感元件		挤压 挤压伤害风险
	当心机械伤人		机器人移动 机器人可能会意外移动
	当心碰头		不得踩踏 警告如果踩踏这些部件,可能会造成损坏
	当心弧光		当心触电
	必须穿防护鞋		噪声有害
	必须佩戴护目镜		注意粉尘
	必须佩戴防尘口罩		
	制动闸释放 按此按钮将会释放制动闸。这意味着机器人可能会掉落		必须戴安全帽
	拧松螺栓有倾翻风险 如果螺栓没有固定牢靠,机器人可能会翻倒		必须佩戴护耳器
	不得拆卸 拆卸此部件可能会导致受伤		必须穿工作服

4.2.2 操作者安全要求有哪些?

做什么

在操作工业机器人之前,操作、运维、管理人员必须经过专业的安全培训,操作者必须明确安全要求有哪些。

讲给你听

1. 操作者着装要求

对机器人进行操作、编程、维护等工作的人员，统称为作业人员。在对工业机器人及相关设备进行操作、维护时，作业人员必须穿上适合作业的工作服、安全鞋，戴好安全帽，扣紧工作服的衣扣、领口、袖口，衣服和裤子要整洁，下肢不能裸露，鞋子要防滑、绝缘，如图4-1所示。

2. 操作者分类及岗位范围

作业人员分为三类：操作人员、编程人员和维护人员。

1）操作人员：能对机器人电源进行打开/关闭操作，能使用控制柜操作面板启动机器人。

2）编程人员：能进行机器人的操作，在安全栅栏内进行机器人的示教、外围设备的调试等。

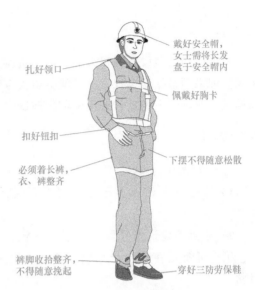

图4-1 作业人员安全着装图

3）维护人员：可以进行机器人的操作，在安全栅栏内进行机器人的示教、外围设备的调试等，进行机器人的维护（修理、调整、更换）作业。

操作人员不能在安全栅栏内作业，编程人员和维护人员可以在安全栅栏内进行移机、设置、示教、调整、维护等工作。表4-6列出了在安全栅栏内外的各种人员操作权限，符号"★"表示该作业可以由相应人员完成。

表4-6 安全栅栏内外各种人员操作权限

操作内容	操作人员	编程人员	维护技术人员
打开/关闭控制柜电源	★	★	★
选择操作模式（AUTO、T1、T2）		★	★
选择 Remote/Local 模式		★	
用示教器（TP）选择机器人程序		★	★
用外部设备选择机器人程序		★	★
在操作面板上启动机器人程序	★	★	★
用示教器（TP）启动机器人程序		★	★
用操作面板复位报警		★	★
用示教器（TP）复位报警		★	★
在示教器（TP）上设置数据	★	★	
用示教器（TP）示教	★	★	
用操作面板紧急停止		★	★
用示教器（TP）紧急停止		★	★
打开安全门紧急停止		★	
操作面板的维护		★	
示教器（TP）的维护			★

4.2.3 操作过程安全要求有哪些？

做什么

　　机器人和其他设备有很大的不同，机器人能以很高的速度、不可预知的轨迹移动很长的距离。如果不遵循安全规章，可能会给人身带来致命伤害，对设备造成重大损失。本节从现场调试工业机器人出发，按调试前、调试中、调试后的规律讲解工业机器人操作过程。

讲给你听

　　1. 总体原则

　　1）永远不要认为自己比机器人强大，即使是看起来弱小的机器人也能够带来致命伤害。

　　2）永远不要认为机器人处于静止状态时人就可以靠近。一定要记住，机器人没有移动，很有可能是在等待让它继续移动的输入信号，条件一旦满足，机器人将毫无征兆地启动。

　　3）一定要先熟练操作如何停止机器人，而不是如何启动机器人。

　　4）进入机器人工位前，必须用安全锁将插销锁定，取下并带走钥匙。

　　5）永远记得给自己预留撤退的路线和空间，并确认路线上没有其他障碍物，以避免机器人给人身带来伤害。

　　2. 示教前安全规定

　　1）检查机器人的本体、控制柜等设备设施的完整程度，一旦发现任何异常应及时处理。

　　2）示教人员应目检机器人系统和安全防护空间，确保不存在产生危险的外界条件。应对示教盒（器）的运动控制和急停控制进行功能测试，以保证正常操作。示教操作开始前，应排除故障和失效。编程时，应关断机器人驱动器不需要的动力。

　　3）示教人员进入工作区域前，应确保所有的安全防护装置正常，急停按钮应能正常工作，且能在预期的示教方式下起作用。

　　4）将控制柜上的钥匙开关选择到本地，防止操作过程中外围信号输入，引起机器人在操作者不知道的情况下进行误操作。

　　5）在示教前，为安全起见，应设立示教锁。

　　6）在安全围栏内示教操作时，必须在机器人慢速并保证人员安全的前提下进行。

　　7）所有相关操作人员需要进行专业的培训并考核合格后才允许操作。

　　8）为了防止示教人员之外的其他人员误操作各按钮，示教人员应挂出警示牌以防止误启动。

　　9）确认在安全围栏内没有任何其他人。

　　10）机器人系统有异常或故障时，禁止带病作业，应将故障排除后再进行操作。

　　11）确认安全保护装置能够正确运行。

　　12）如果出现任何异常情况，均应停止操作。

3. 示教安全规定

1）示教期间仅允许示教编程人员在防护空间内，其他人员禁止入内。

2）示教时，操作者要确保自己有足够的空间后退，并且后退空间没有障碍物，禁止倚靠示教。

3）禁止戴手套操作示教盒，避免误操作按键。

4）操作机器人时，确保机器人运动空间内没有人员。如果必须进入机器人运动空间才能示教，依照"谁拿示教盒谁靠近机器人"的原则，禁止不拿示教盒的人员指挥拿示教盒的人员进行操作。如果控制柜离机器人较远，必须两人配合示教，禁止使用呼喊的方式进行指挥，需要使用打手势的方式。

5）示教期间，机器人运动只能受示教装置控制。机器人不能接收其他设备的控制命令。

6）示教人员应具有单独控制在安全防护空间内的其他设备运动的控制权，且这些设备的控制应与机器人的控制分开。

7）示教期间，如果防护空间内有多台机器人，应保证示教其中一台时，其他机器人均处于切断使能的状态。

8）若在安全防护空间内有多台机器人，而栅栏的联锁门开着或现场传感装置失去作用时，所有的机器人都应禁止进行自动操作。

9）机器人系统中所有的急停装置都应保持有效。

10）示教时，机器人的运动速度应低于 250mm/s，具体的速度选择应考虑万一发生危险，示教人员有足够的时间脱离危险或停止机器人的运动。

11）在机器人等设备的动作范围内进行示教作业时，在动作范围之外要有人进行监护，并站在控制柜旁随时准备按下急停按钮，或让人拿着示教盒站在防护区域外进行监护，随时准备按下急停按钮。

12）示教人员应保持从正面观察机器人进行示教的姿势，看着示教点，手动示教。

13）示教人员应预先选择好退避场所和退避途径。

14）示教人员离开示教场地，必须关闭工作站电源，防止其他工作人员误操作伤人。

15）在启动机器人系统进行自动操作前，示教人员应将暂停使用的安全防护装置功效恢复。

4. 自动执行安全规定

1）预期的安全防护装置都在原位，并且全部有效。

2）在开始执行前，确保人员处在安全区域内。

3）操作者要在机器人运行的最大范围外。

4）保持从正面观看机器人，确保发生紧急情况时有安全退路。

5）开始运行之前，应保证其他设备均处于安全位置，例如电线等处于线槽中，示教器处于安全位置等。

6）示教盒（器）使用后，一定要放回原来的位置。如果不慎将示教盒（器）放在夹具或地上，当机器人工作时，示教盒（器）会碰到机器人或工具上，有人身伤害或设备损坏的危险。

7）操作者的手要放在急停按钮上，随时准备按下急停按钮。

8）运行时速度应注意从慢逐渐到快，从最慢的速度开始运行，观察运行路径是否有问题，然后逐步加速。

9）在自动运行时严禁人员进入机器人等设备的动作范围内。

5. 其他安全操作规定

1）不要将脚搭放在机器人的某一部分上，也不要爬到机器人上面。这样不仅会给机器人造成不良影响，还有可能因为踩空而受伤。

2）需要注意，伺服电动机和控制柜内部会发热。在发热的状态下必须触摸设备时，应准备好耐热手套等保护用具。

3）在设备运转过程中，即使机器人看上去已经停止，也有可能是因为机器人在等待启动信号而处在即将动作的状态。即使在这样的状态下，也应视为机器人处在操作状态。为了确保作业人员的安全，应能够以警报灯等的显示或者响声来告知作业人员机器人处在操作之中。

4）应根据需要采取必要措施，使得除负责操作的作业人员以外者，不能接通机器人的电源。

5）进入车间生产区域应穿工作服（不准敞怀）、长裤、劳保鞋，工作牌不准挂在衣服外侧。

6）操作者应认真做好在岗事故隐患的排查工作，及时发现各类事故隐患，及时汇报、处理。对当时不能处理的应做好记录，及时向相关人员汇报。对已发生的事故，组织召开事故分析会、查原因、定措施、限期整改、验收。分清责任，落实到人。

7）在安全功能或防护装置取消激活或被拆下的情况下，不允许运行工业机器人。

8）万一发生火灾，使用二氧化碳灭火器。

9）在机器人发生意外或运行不正常的情况下，均可使用急停按钮，停止运行。

10）机器人长时间停机时，夹具上不应置物，必须空机。

11）在得到停电通知时，要预先关断机器人的主电源及气源。

12）突然停电后，要赶在再次来电之前，预先关闭机器人的主电源开关，并及时取下夹具上的工件。

13）在进行编程、测试及维修等工作时，必须将机器人置于手动模式，在手动模式下调试机器人。不需要移动机器人时，必须及时释放使能开关。

14）调试人员进入机器人工作区域时，必须随身携带示教盒，以防他人误操作。

15）示教盒不使用时，必须放置于控制柜的固定卡槽内。

16）严禁踩踏电缆，并注意避免尖锐物穿刺及高温对电缆造成损伤。

让你试试看——项目测试

理论题

1. ⚠️符号的含义是（　　）。

A. 小心烟火　　　　B. 注意噪声　　　　C. 注意高温　　　　D. 小心粉尘

2. 👓符号的含义是（　　）。

A. 戴护目镜　　　　B. 有强光　　　　C. 小心烟火　　　　D. 注意粉尘

3. ⚠ 符号的含义是（　　　）。

　　A. 注意夹手　　　　　　B. 静电释放（ESD）C. 禁止夹紧　　　　D. 禁止用手操作

4. ⚠ 符号的含义是（　　　）。

　　A. 注意弧光　　　　　　B. 注意照明　　　　　C. 戴护目镜　　　　　D. 注意烟火

5. ⚠ 符号的含义是（　　　）。

　　A. 当心地滑　　　　　　B. 注意脚下　　　　　C. 穿雨鞋　　　　　　D. 进入现场穿防护鞋

6. ⚠ 符号的含义是（　　　）。

　　A. 注意粉尘　　　　　　B. 注意烟火　　　　　C. 深呼吸　　　　　　D. 注意弧光

7. ⚠ 符号的含义是（　　　）。

　　A. 禁止进入生产现场　　　　　　　　　　　　B. 必须穿工作服

　　C. 穿背心　　　　　　　　　　　　　　　　　D. 必须戴安全帽

8. ⚠ 符号的含义是（　　　）。

　　A. 噪声有害　　　　　　B. 静音　　　　　　　C. 注意照明　　　　　D. 注意弧光

9. 下列关于机器人安全操作说法不正确的是（　　　）。

　　A. 机器人长时间停机时，夹具上不应置物，必须空机。

　　B. 示教盒不使用时，必须放置于控制柜上固定卡槽内。

　　C. 调试人员进入机器人工作区域时，必须随身携带示教盒，以防他人误操作。

　　D. 万一发生火灾，使用泡沫灭火器。

10. 下列关于示教前安全操作说法不正确的是（　　　）。

　　A. 检查机器人本体、控制柜等设备设施的完整程度，如果发现任何异常请立即联系相关专业人员处理。

　　B. 在示教前，为安全起见，应该设立示教锁。

　　C. 在安全围栏内示教操作时，必须在机器人慢速并保证人员安全的前提下进行。

　　D. 所有相关操作人员不必进行专业的培训并考核合格后才允许操作。

11. 在设备运转之中，以下说法不正确的是（　　　）。

　　A. 即使机器人看上去已经停止，也有可能是因为机器人在等待启动信号而处在即将动作的状态。

　　B. 在设备运转之中，即使看见机器人在停止状态下，也应该视为机器人处在操作状态。

　　C. 为了确保作业人员的安全，应能够以警报灯等的显示或者响声来告知作业人员机器人处在操作之中。

　　D. 只要看见工业机器人未动，就可以进入安全护栏内操作。

12. 关于急停按钮说法不正确的是（　　　）。

　　A. 急停按钮不允许被短接。

　　B. 在运行时，将急停按钮短接。

　　C. 在机器人发生意外或运行不正常的情况下，均可使用急停按钮，停止运行。

13. 下列关于机器人安全操作说法不正确的是（　　　）。

　　A. 在机器人发生意外或运行不正常的情况下，均可使用急停按钮，停止运行。

B. 机器人长时间停机时，夹具上不应置物，必须空机。

C. 在得到停电通知时，要预先关断机器人的主电源及气源。

D. 进入安全围栏时，不用带示教器（盒）。

14. 关于自动运行时的安全操作，说法错误的是（　　）。

A. 示教器随意放置。

B. 在开始执行前，确保人员处在安全区域内。

C. 操作者要在机器人运行的最大范围外。

D. 保持从正面观看机器人，确保发生紧急情况时有安全退路。

15. 进入施工现场，关于操作人员着装说法不正确的是（　　）。

A. 必须穿工作服　　　　　　B. 必须戴安全帽

C. 必须穿三防鞋　　　　　　D. 在操作示教时戴手套

16. 进入施工现场，关于操作人员着装说法不正确的是（　　）。

A. 领口需扣紧　　　　　　　B. 袖口需扣紧

C. 天气热可以挽起裤腿　　　D. 女性操作人员头发应盘在安全帽内

17. 进入施工现场，关于操作人员着装说法不正确的是（　　）。

A. 女性可以穿高跟鞋　　　　B. 禁止穿短裤进入现场

C. 佩戴胸牌　　　　　　　　D. 穿指定工作服

18. 下列关于示教过程中的说法不正确的是（　　）。

A. 在示教时，戴手套进行示教操作。

B. 示教人员应保持从正面观察机器人进行示教的姿势，看着示教点，手动示教。

C. 示教人员应预先选择好退避场所和退避途径。

D. 示教人员离开示教场地，必须关闭工作站电源，防止其他工作人员误操作伤人。

19. 下列关于示教前的说法不正确的是（　　）。

A. 检查所有急停按钮能否正常工作。

B. 非专业工作人员可以参与示教。

C. 为了防止示教者之外的其他人员误操作各按钮，示教人员应挂出警示牌以防止误启动。

D. 确认在安全围栏内没有任何其他人。

20. 下列关于示教器操作不正确的说法是（　　）。

A. 不使用时，应将示教器放置在指定的示教器挂架上。

B. 示教器不可以用酒精清洗，只能用柔软的湿毛巾进行擦拭。

C. 可以戴手套操作示教器。

D. 避免踩踏示教器线缆。

21. 关于示教安全操作，错误的说法是（　　）。

A. 不能用尖锐的器物操作示教器触摸屏。

B. 不能戴手套操作示教器。

C. 操作人员需经过专业培训，方可进行示教操作。

D. 示教完成后，示教器可随意放置。

22. 下列关于机器人操作说法错误的是（　　）。

A. 机器人长期不操作时，应调至规定姿态

B. 机器人长期不工作时，夹具上不应置物

C. 万一发生火灾，使用二氧化碳灭火器

D. 急停开关允许被短接

23. 下列关于机器人安全操作说法错误的是（　　　）。

A. 突然停电后，要赶在再次来电之前，预先关闭机器人的主电源开关，并及时取下夹具上的工件。

B. 在进行编程、测试及维修等工作时，必须将机器人置于手动模式，在手动模式下调试机器人。不需要移动机器人时，必须及时释放使能开关。

C. 未经培训人员，可进入安全操作区域内。

D. 示教盒不使用时，必须放置于控制柜的固定卡槽内。

24. 下列关于机器人示教安全操作，说法错误的是（　　　）。

A. 示教期间，机器人运动只能受示教装置控制。机器人不能接收其他设备的控制命令。

B. 示教人员应具有单独控制在安全防护空间内的其他设备运动的控制权，且这些设备的控制应与机器人的控制分开。

C. 示教期间，如果防护空间内有多台机器人，应保证示教其中一台时，其他机器人均处于切断使能的状态。

D. 将示教器滞留在其他工作台架上。

25. 下列关于机器人示教安全操作，说法错误的是（　　　）。

A. 若在安全防护空间内有多台机器人，而栅栏的联锁门开着或现场传感装置失去作用时，所有的机器人都应禁止进行自动操作。

B. 进入安全围栏示教时，操作人员应将示教器随身携带，以防他人误操作。

C. 示教期间，机器人运动只能受示教装置控制。机器人不能接受其他设备的控制命令。

D. 可以用螺钉旋具触碰示教器触摸屏。

项目4.3　什么是示教器?

示教器又称为示教编程器，是机器人控制系统的核心部件，是一个用来注册和存储机械运动或处理数据的设备，主要由液晶屏幕和操作按钮组成，可由操作者手持移动，是机器人的人机交互接口。工业机器人的所有操作基本上都可以通过示教器来完成，如点动机器人，编写、调试和运行机器人程序，设置、查询机器人状态等。

4.3.1　示教器有哪些外部结构?

做什么

认识示教器的主要结构。

讲给你听

在机器人的使用过程中，为了方便控制机器人，并对机器人进行现场编程调试，机器人

厂商一般都会配有自己品牌的手持式编程器，作为用户与机器人之间的人机对话工具。机器人手持式编程器常被称为示教器。示教器的结构如图 4-2 所示。下面介绍各组成部分的功能，见表 4-7。

图 4-2　示教器的组成

表 4-7　示教器构成（对应图 4-2 中标示）

序号	名称	功能
1	触摸屏	示教器的操作界面显示屏
2	手动快捷按钮	机器人手动操作时,运动模式的快速切换按钮
3	紧急停止按钮	按下按钮,紧急停止所有操作
4	控制杆	手动模式下,拨动控制杆可控制机器人的运动
5	使能按钮	手动模式下,控制电动机上电的状态
6	数据备份 USB 口	用于外接 U 盘等设备,传送机器人备份数据
7	触摸屏用笔	操作触摸屏的工具
8	示教器复位按钮	此按钮可解决示教器死机或示教器硬件异常的问题

4.3.2　示教器的按钮有哪些？

做什么

　　了解示教器上各个按钮的位置及功能。

讲给你听

　　在使用示教器控制工业机器人的过程中，主要通过不同的功能按钮来实现机器人的灵活控制，除了了解示教器的组成之外，还需要认识示教器硬件按钮的各个功能。示教器硬件按钮如图 4-3 所示，其功能见表 4-8。

表 4-8　示教器按钮功能说明（对应图 4-3 中标示）

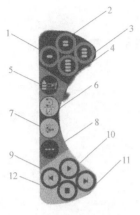

图 4-3　示教器硬件按钮

序号	功能
1~4	可编程按钮,可由操作人员配置某些特定功能,以简化编程和测试
5	选择机械单元
6	切换运动模式(重定位或线性)
7	切换运动关节轴(轴 1~3 或轴 4~6)
8	切换增量
9	步退(step backward)按钮,使程序后退一步
10	启动(start)按钮,开始执行程序
11	步进(step forward)按钮,使程序前进一步
12	停止(stop)按钮,停止程序执行

4.3.3　怎样手持示教器?

做什么

掌握正确手持示教器的方法。

讲给你听

手持示教器的正确方法为左手握示教器,四指穿过示教器绑带,松弛地按在使能按钮上。

做给你看

正确手持示教器的操作见表 4-9。

表 4-9　正确手持示教器的操作

操作内容	示意图
左手持设备,四指按在使能按钮上,右手在触摸屏上操作	

4.3.4　示教器屏幕主界面有哪些?

做什么

了解示教器主要界面各个部分的名称及功能。

讲给你听

示教器触摸屏的初始界面如图 4-4 所示，其各个部分的名称及功能见表 4-10。

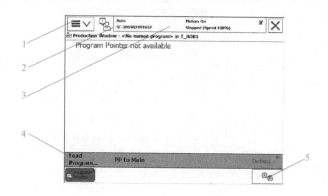

图 4-4　初始界面

表 4-10　初始界面各部分的名称及功能（对应图 4-4 中标示）

序号	名称	功能
1	菜单栏	菜单栏包括 HotEdit、备份与恢复、输入和输出、校准、手动操纵、控制面板、自动生产窗口、事件日志、程序编辑器、FlexPendant 资源管理器、程序数据、系统信息等
2	操作员窗口	操作员窗口显示来自工业机器人程序的消息
3	状态栏	状态栏显示与系统状态有关的重要信息，如操作模式、电动机开启/关闭、程序状态等
4	任务栏	通过 ABB 菜单可以打开多个视图，但一次只能操作一个；任务栏显示所有打开的视图，并可用于视图切换
5	快速设置菜单	快速设置菜单包含对微动控制和程序执行进行的设置

4.3.5　怎样正确使用使能按钮？

做什么

掌握使能按钮的使用方法。

讲给你听

使能按钮是为保证工业机器人操作人员的人身安全而设置的。使能按钮分为两挡，在手动状态下按至第一挡，工业机器人将处于电动机开启状态；继续按至第二挡（按紧）后，工业机器人又会处于完全停止状态。当发生危险时，操作人员将使能按钮松开或按紧，工业机器人均会立即停止运行，从而保证操作人员安全。

让你试试看——项目测试

项目任务操作测试

任务编号	4-1
任务名称	正确使用示教器
任务概述	
认识示教器的各个部分及功能,正确安全地操作示教器	
任务要求	
1. 操作过程中严格遵守安全操作规范 2. 操作过程中注意职业素养	

板块	序号	任务内容
手动操作	1	正确手持示教器
	2	正确使用使能按钮

理论题

1. 以下哪个不属于示教器的外部结构？（　　　）

A. 触摸屏　　　　　B. 控制杆　　　　　C. 状态栏　　　　　D. 使能按钮

2. 下列对示教器复位的主要功能描述正确的是（　　　）。

A. 解决示教器死机或示教器硬件异常的问题

B. 运动模式的快速切换

C. 操作界面显示

D. 紧急停止所有操作

3. 下列选项中不属于示教器按键的是（　　　）。

A. 可编程按钮　　　B. 步退按钮　　　C. 步进按钮　　　D. 使能按钮

4. 下列哪个按钮可以实现运动关节轴的切换？（　　　）

A. ⊙　　　　　　　B. ⊙　　　　　　　C. ☰　　　　　　　D. ▶

5. ☰按钮实现的功能是（　　　）。

A. 切换增量　　　B. 选择机械单元　　C. 启动　　　　　D. 停止

6. ⋯按钮实现的功能是（　　　）。

A. 切换增量　　　B. 切换运动模式　　C. 选择机械单元　　D. 步退

7. ⊙按钮可以实现（　　　）。

A. 程序步退　　　B. 程序停止　　　C. 运动模式的切换　　D. 机械单元的选择

8. 以下哪个不属于示教器屏幕主要界面内容？（　　　）

A. 菜单栏　　　　B. 状态栏　　　　C. 操作员窗口　　　D. 工具栏

9. 使能按钮分为几个挡位？（　　　）

A. 一　　　　　　B. 二　　　　　　C. 三　　　　　　D. 四

10. 当使能按钮继续按至第二挡时,机器人处于什么状态？（　　　）

A. 手动状态　　　B. 停止状态　　　C. 手动全速状态　　D. 自动运行状态

确认你会干——项目操作评价

学号			姓名		单位	
任务编号	4-1	任务名称		正确使用示教器		
板块	序号	考核点		分值标准	得分	备注
职业素养	1	遵守纪律,尊重指导教师,违反一次扣1分				
	2	工位清洁(若违反,每项扣0.5分): 1)系统设备上没有多余的工具 2)工作区域地面上没有垃圾				
	3	着装要求(若违反,每项扣0.5分): 1)裤子为长裤,裤口收紧 2)鞋子为绝缘三防鞋 3)上衣为长袖,袖口收紧 4)佩戴安全帽 5)长发扎紧,放于安全帽内,短发无要求				
操作不当破坏设备	4	工业机器人碰撞,导致夹具损坏				
	5	工业机器人碰撞,导致工件损坏				
	6	工业机器人碰撞,夹具及工件损坏				
	7	破坏设备,无法继续进行考核				
违反考核纪律	8	在发出开始指令前,提前操作				
	9	不服从指导教师指令				
	10	在发出结束考核指令后,继续操作				
	11	擅自离开考核工位				
	12	与其他工位的学员交流				
	13	在教室大声喧哗、无理取闹				
	14	携带纸张、U盘、手机等不允许携带的物品进场				
	15	其他违反纪律的情况				
机器人操作	16	正确手持示教器				
	17	口述示教器各个按钮名称及功能				
	18	正确使用使能按钮				
总分						
学生签字		考评签字		考评结束时间		

项目4.4 工业机器人的基本操作有哪些?

工业机器人主要由控制柜、机器人本体、示教器和连接电缆构成,而控制柜是很重要的设备,用于安装各种控制单元,进行数据处理及存储,执行程序,是机器人的大脑。

4.4.1 控制柜面板怎么使用?

做什么

学会正确使用控制柜面板。

讲给你听

机器人控制柜的操作面板如图4-5所示,各按钮名称及功能功能介绍见表4-11。

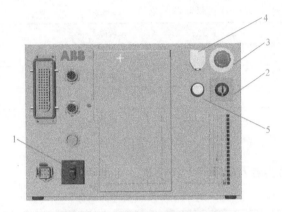

图4-5 机器人控制柜的操作面板

表4-11 机器人控制柜各按钮名称及功能(对应图4-5中标示)

序号	名称	功能
1	电源开关	旋转此开关,可以实现机器人系统的开启和关闭
2	模式开关	旋转此开关,可切换机器人手动/自动运行模式
3	紧急停止按钮	按下此按钮,可立即停止机器人的动作,此按钮的控制操作优先于机器人任何其他的控制操作
4	松开抱闸按钮	解除电动机抱死状态,机器人姿态可以随意改变
5	伺服电动机上电按钮	按下此按钮,机器人电动机上电,处于开启的状态

4.4.2 工作模式怎么切换?

做什么

切换机器人的三种工作模式。

讲给你听

工业机器人有三种不同的工作模式:自动模式、手动慢速模式和手动全速模式。手动模式适用于调试工作。调试工作是指所有为使机器人系统可进入自动模式,而必须在其上所执行的工作。三种工作模式可通过控制柜面板上的模式开关来进行选择,如图4-6及表4-12所示。

图 4-6　模式开关

表 4-12　模式开关说明（对应图 4-6 中标示）

序号	名称
1	自动模式
2	手动慢速模式
3	手动全速模式

做给你看

通过模式开关切换机器人的不同工作模式，见表 4-13。

表 4-13　模式开关的操作

操作内容	示意图
在手动模式下，模式开关状态如左图所示(此时上电指示灯闪亮)，转动模式开关到自动模式，如右图所示	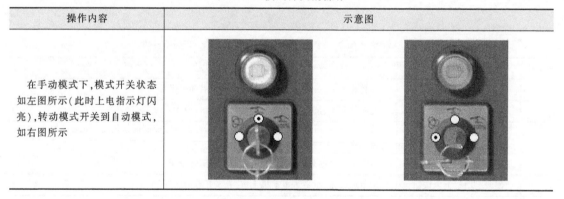

4.4.3　怎么启动和关闭机器人？

做什么

通过一系列操作完成工业机器人的正常启动和关闭。

讲给你听

通过操作控制柜按钮启动工业机器人系统，使示教器显示开机界面。通过操作示教器界面和控制柜按钮关闭机器人系统。

做给你看

通过示教器和控制柜面板实现机器人的正常启动，见表 4-14。

表 4-14 机器人正常启动的操作步骤

步骤	操作内容	示意图
1	按照如图所示将机器人电源开关由 OFF 旋转至 ON 的位置	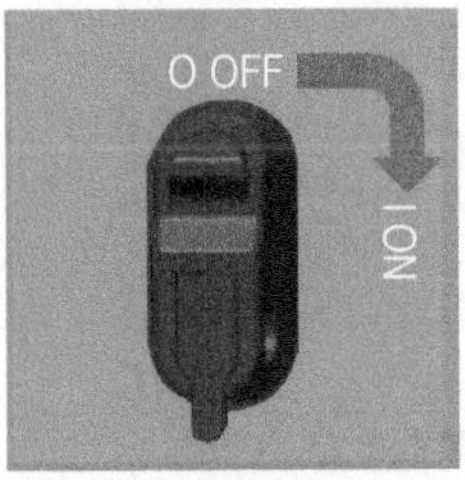
2	机器人开始启动,等待片刻,观察示教器出现图示界面则开机成功	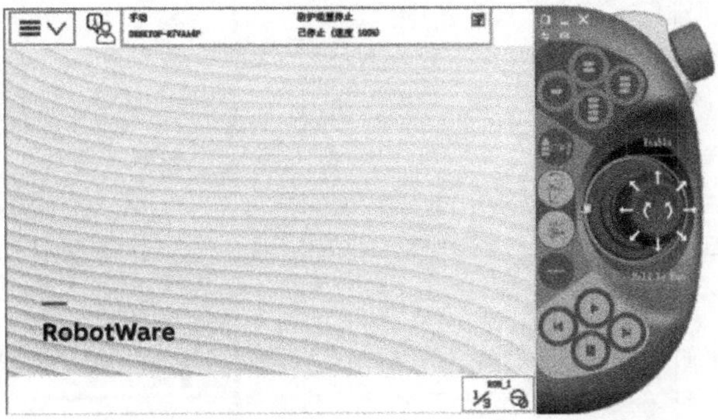

通过操作示教器界面和控制柜按钮关闭机器人系统,见表 4-15。

表 4-15 关闭机器人系统的操作步骤

步骤	操作内容	示意图
1	按照图所示,点击示教器界面左上角的"主菜单"按钮,然后点击"重新启动"按钮	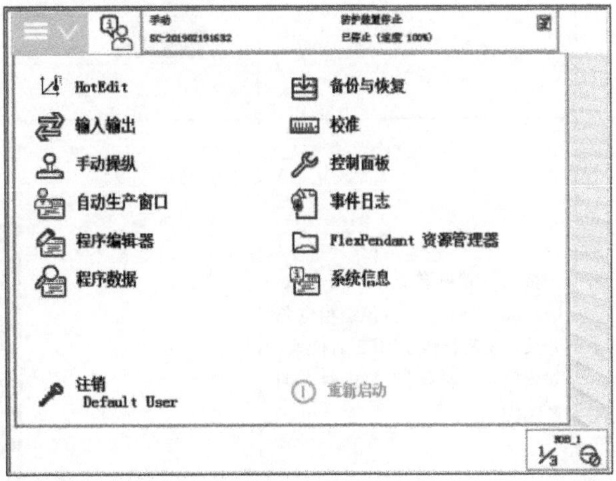

（续）

步骤	操作内容	示意图
2	示教器弹出图示界面,点击左下角的"高级..."按钮	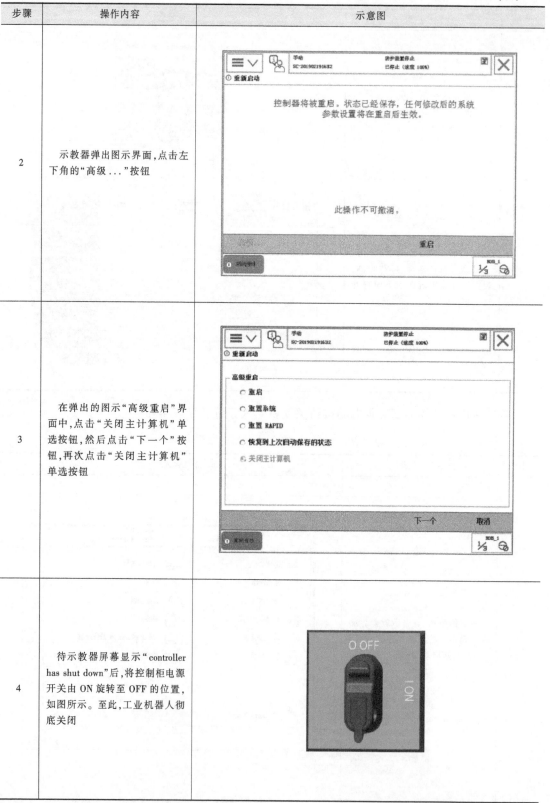
3	在弹出的图示"高级重启"界面中,点击"关闭主计算机"单选按钮,然后点击"下一个"按钮,再次点击"关闭主计算机"单选按钮	
4	待示教器屏幕显示"controller has shut down"后,将控制柜电源开关由 ON 旋转至 OFF 的位置,如图所示。至此,工业机器人彻底关闭	

让你试试看——项目测试

项目任务操作测试

任务编号	4-2
任务名称	正确启动和关闭机器人
任务概述	
认识控制柜面板的各个部分及功能,正确安全地操作控制柜面板,使用示教器正确启动和关闭机器人	
任务要求	

1. 操作过程中严格遵守安全操作规范
2. 操作过程中注意职业素养

板块	序号	任务内容
手动操作	1	口述控制柜操作面板各部分名称及功能
	2	手动切换机器人的三种工作模式
	3	启动和关闭机器人

理论题

1. 以下哪个不在机器人控制柜面板上？（　　）

A. 触摸屏　　　　　B. 电源开关　　　　　C. 上电按钮　　　　　D. 紧急停止按钮

2. 松开抱闸按钮的功能是（　　）。

A. 解决示教器死机　　　　　　　　B. 电动机上电

C. 操作界面显示　　　　　　　　　D. 解除电动机抱死状态

3. 机器人控制柜中优先级最高的操作是（　　）。

A. 上电操作　　　B. 模式选择操作　　　C. 松开抱闸操作　　　D. 紧急停止操作

4. 以下不属于机器人工作模式的是（　　）。

A. 步进模式　　　B. 自动模式　　　C. 手动慢速模式　　　D. 手动全速模式

5. 下列哪个按钮可以实现机器人工作模式的切换？（　　）

A. ▢　　　　　　B. ⬤　　　　　　C. ▢　　　　　　D. ▢

6. 当对机器人进行调试工作时，此时应将机器人切换至哪种工作模式？（　　）

A. 步进模式　　　B. 自动模式　　　C. 手动慢速模式　　　D. 手动全速模式

7. 正常启动机器人时首先应操作下列哪个按钮？（　　）

A. ▢　　　　　　B. ▢　　　　　　C. ▢　　　　　　D. ⬤

8. 工业机器人的组成不包含下列哪个选项？（　　）

A. 控制柜　　　B. 示教器　　　C. 工作台　　　D. 机器人本体

9. 关闭机器人，观察到示教器显示"controller has shut down"，需要继续哪个操作？
（　　）

A. ▢　　　　　　B. ⬤　　　　　　C. ▢　　　　　　D. ▢

10. 通过哪个设备可以正常关闭机器人？（　　）

A. 工作台　　　B. 机器人本体　　　C. 示教器　　　D. 连接电缆

确认你会干——项目操作评价

学号			姓名		单位	
任务编号	4-2		任务名称		正确启动和关闭机器人	
板块	序号	考核点		分值标准	得分	备注
职业素养	1	遵守纪律,尊重指导教师,违反一次扣1分				
	2	工位清洁(若违反,每项扣0.5分): 1)系统设备上没有多余的工具 2)工作区域地面上没有垃圾				
	3	着装要求(若违反,每项扣0.5分): 1)裤子为长裤,裤口收紧 2)鞋子为绝缘三防鞋 3)上衣为长袖,袖口收紧 4)佩戴安全帽 5)长发扎紧,放于安全帽内,短发无要求				
操作不当破坏设备	4	工业机器人碰撞,导致夹具损坏				
	5	工业机器人碰撞,导致工件损坏				
	6	工业机器人碰撞,夹具及工件无损坏				
	7	破坏设备,无法继续进行考核				
违反考核纪律	8	在发出开始指令前,提前操作				
	9	不服从指导教师指令				
	10	在发出结束考核指令后,继续操作				
	11	擅自离开考核工位				
	12	与其他工位的学员交流				
	13	在教室大声喧哗、无理取闹				
	14	携带纸张、U盘、手机等不允许携带的物品进场				
	15	其他违反纪律的情况				
机器人操作	16	开机启动机器人				
	17	关闭机器人				
	18	正确切换机器人至手动模式				
总分						
学生签字		考评签字		考评结束时间		

项目 4.5 工业机器人的系统怎么设置?

示教器系统设置包含了语言、系统时间、工作状态、软件权限、工业机器人事件日志和系统的备份与恢复等。

4.5.1 怎样设置显示语言？

做什么

通过示教器的设置改变示教器的语言类型。

讲给你听

示教器的出厂默认显示语言为英文，为了方便操作，将显示语言修改为中文显示，如图4-7所示。

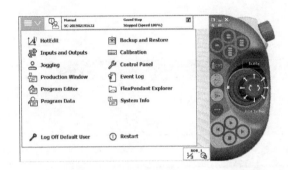 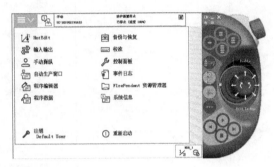

图 4-7 示教器不同语言类型的显示

做给你看

通过示教器控制面板的设置将显示语言设置为中文，操作步骤见表4-16。

表 4-16 设置显示语言的操作步骤

步骤	操作内容	示意图
1	选择"language"选项	

（续）

步骤	操作内容	示意图
2	选择"Chinese"选项,点击"OK"按钮	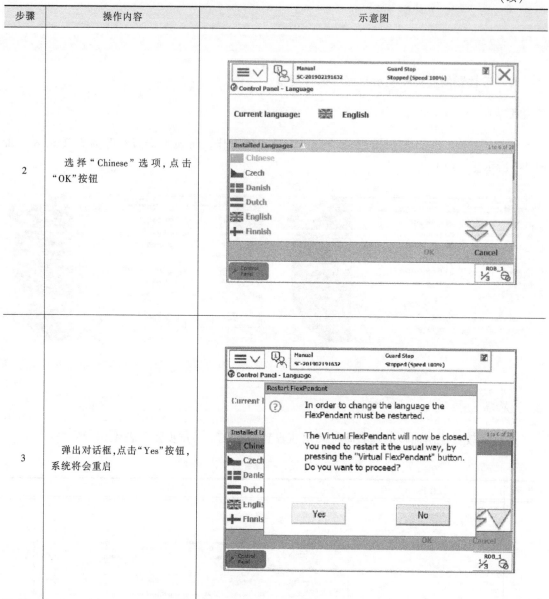
3	弹出对话框,点击"Yes"按钮,系统将会重启	

4.5.2 怎样设置系统时间?

做什么

通过示教器设定系统时间。

讲给你听

为方便管理文件和查阅故障,在进行各种操作之前要将工业机器人系统的时间设置为本地时区的时间,如图4-8所示。

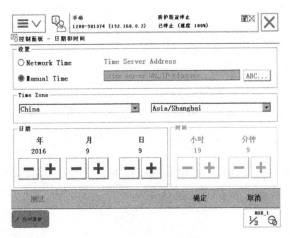

图 4-8　系统时间显示

做给你看

通过示教器将系统时间设定为本地时区的时间，操作步骤见表 4-17。

表 4-17　设置系统时间的操作步骤

步骤	操作内容	示意图
1	选择"日期和时间"选项，设置机器人控制器的日期和时间	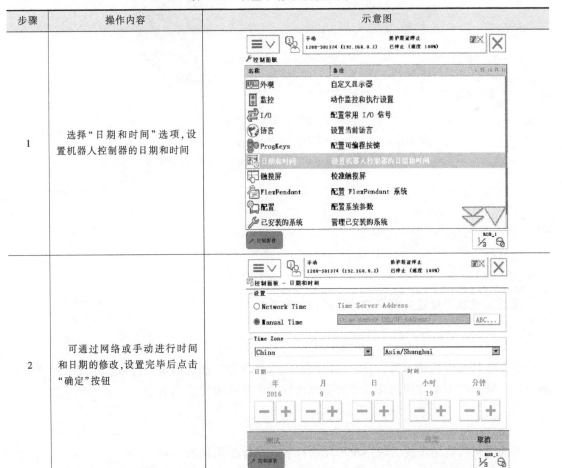
2	可通过网络或手动进行时间和日期的修改，设置完毕后点击"确定"按钮	

4.5.3 怎样显示工作状态？

做什么

示教器界面上的状态栏用于显示机器人的状态以及存在的问题。

讲给你听

示教器界面上的状态栏（图 4-9）用于显示机器人工作状态的信息，在操作过程中可以通过查看这些信息了解机器人当前所处的状态以及存在的一些问题。

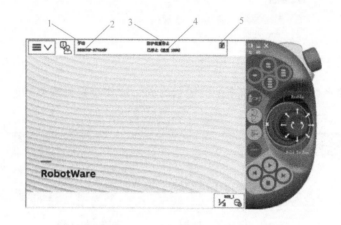

图 4-9　示教器界面上的状态栏

1—机器人的工作状态　2—机器人系统信息　3—机器人电动机状态
4—机器人程序运行状态　5—当前机器人或外轴的使用状态

4.5.4 怎样设置软件权限？

做什么

通过示教器的设置实现用户的不同访问权限。

讲给你听

设置软件权限是指示教器自定义由用户授权系统保护功能的系统行为。通过设置软件权限可以实现隐藏不可访问的功能或者尝试访问受保护功能时显示消息。

做给你看

可通过示教器的设置实现用户不同的权限，操作步骤见表 4-18。

表 4-18　设置软件权限的操作步骤

步骤	操作内容	示意图
1	在控制面板界面中,选择"FlexPendant"	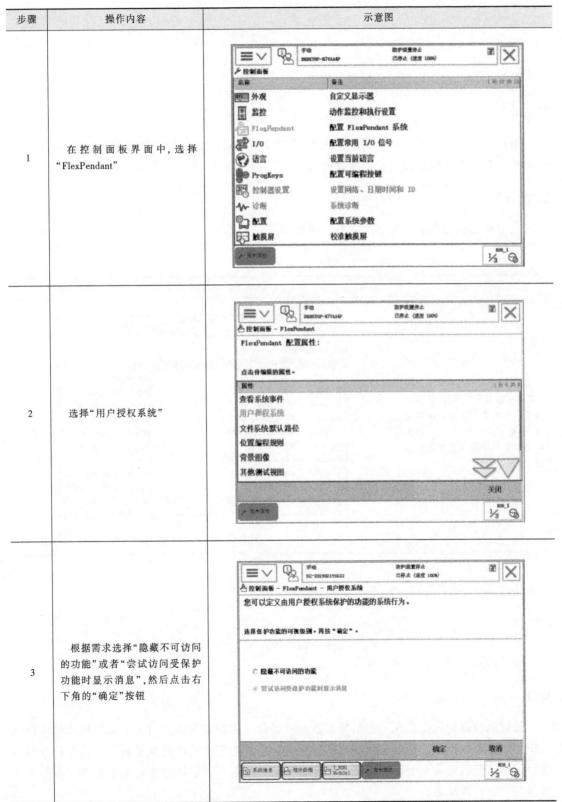
2	选择"用户授权系统"	
3	根据需求选择"隐藏不可访问的功能"或者"尝试访问受保护功能时显示消息",然后点击右下角的"确定"按钮	

4.5.5 怎样查看事件日志？

做什么

查看机器人的常用信息和事件日志。

讲给你听

通过使用触摸屏用笔，在示教器上查看机器人当前的信息和事件日志，包括事件代码、电动机状态、操作模式及对应的具体时间。

做给你看

完成常用信息和事件日志的查看，操作步骤见表 4-19。

表 4-19 查看事件日志的操作

操作内容	示意图
点击"状态栏"之后即可进入"事件日志-公用"界面，该界面会显示出机器人运行的事件记录，包括日期和时间等，为分析相关事件和问题提供准确的信息，如图所示	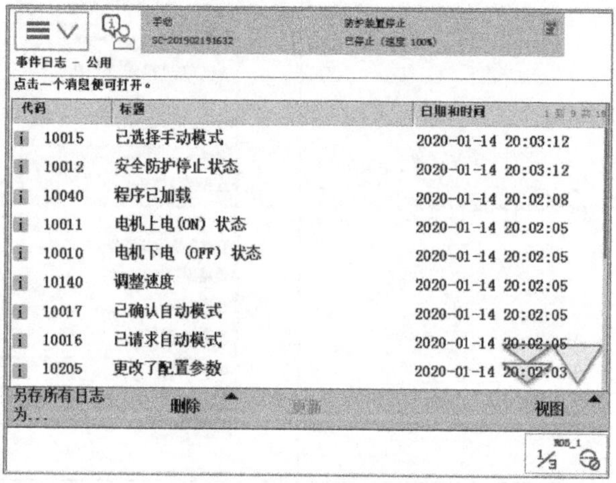

4.5.6 怎样实现机器人系统的备份与恢复？

做什么

实现机器人系统的备份与恢复。

讲给你听

通过示教器的设置实现工业机器人数据的备份。数据备份是为防止系统出现操作失误或系统故障导致数据丢失，而将全部或部分数据集合从应用主机的硬盘复制到其他存储介质的过程。当工业机器人系统出现错乱或者重新安装系统后，可以通过备份快速地将工业机器人恢复到备份时的状态。

做给你看

完成工业机器人数据的备份，操作步骤见表 4-20。

表 4-20 数据备份的操作步骤

步骤	操作内容	示意图
1	点击示教器主菜单,选择"备份与恢复"选项,在弹出的界面中选择"备份当前系统..."选项	
2	在弹出的选择备份位置的界面中点击"ABC..."按钮,设定存放备份文件夹的名称。点击"..."按钮,选择存放备份的路径。备份路径选择完成后,点击"备份"按钮进行备份	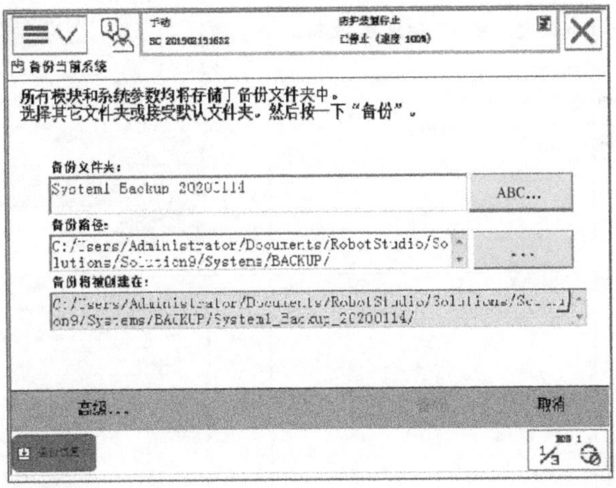
3	弹出等待界面,等待备份的完成。备份完成后,系统自动返回备份与恢复界面	

完成工业机器人数据的恢复，操作步骤见表 4-21。

表 4-21　数据恢复的操作步骤

步骤	操作内容	示意图
1	参考前面的操作,在示教器中打开"备份与恢复"界面,然后选择"恢复系统..."选项	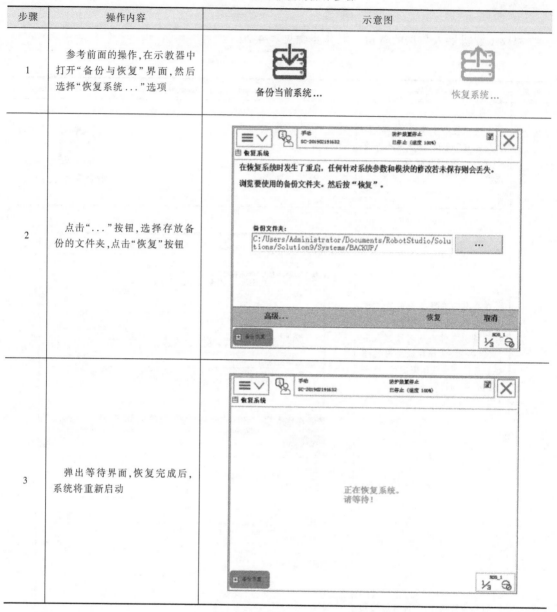 备份当前系统...　　恢复系统...
2	点击"..."按钮,选择存放备份的文件夹,点击"恢复"按钮	
3	弹出等待界面,恢复完成后,系统将重新启动	

4.5.7　怎样清除报警?

做什么

查看示教器中的报警信息并且清除。

讲给你听

在使用示教器操作机器人的过程中不可避免地会出现一些状况,需要查看当前的报警信息并且手动进行清除。

做给你看

通过示教器查看报警信息并完成报警信息的清除，操作步骤见表4-22。

表4-22　查看和清除报警信息的操作步骤

步骤	操作内容	示意图
1	点击状态栏,显示详细的报警信息,然后点击"确认"按钮	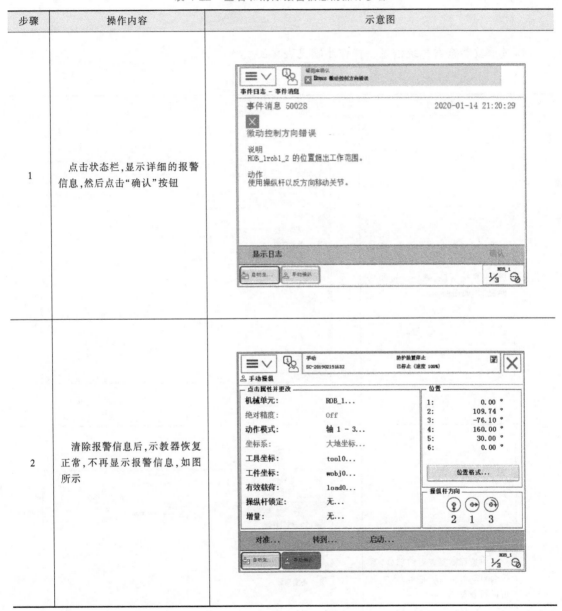
2	清除报警信息后,示教器恢复正常,不再显示报警信息,如图所示	

4.5.8　怎样查看系统信息？

做什么

通过示教器查看工业机器人的系统信息。

讲给你听

工业机器人的系统信息包含了控制器的属性、系统属性、硬件设备的组成和软件资源等，应实时掌握当前所操作工业机器人的一些必要信息，以便操控和维护。

做给你看

通过示教器查看系统信息，操作步骤见表4-23。

表 4-23　查看系统信息的操作步骤

步骤	操作内容	示意图
1	选择"系统信息"选项，在弹出的对话框中，可以看到控制器属性、系统属性、硬件设备和软件资源，如图所示	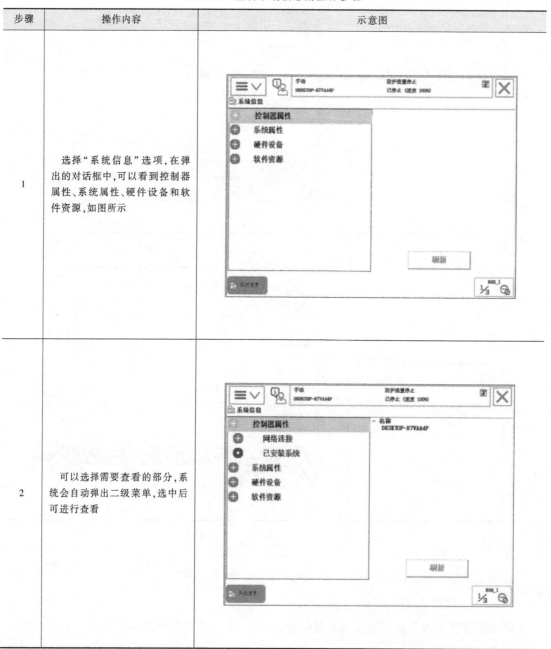
2	可以选择需要查看的部分，系统会自动弹出二级菜单，选中后可进行查看	

让你试试看——项目测试

项目任务操作测试

任务编号	4-3
任务名称	正确进行系统设置
任务概述	
使用示教器进行语言和时间等设置，并进行系统备份与恢复	
任务要求	

1. 操作过程中严格遵守安全操作规范
2. 操作过程中注意职业素养

板块	序号	任务内容
手动操作	1	示教器设置显示语言
	2	设置系统时间
	3	设置软件权限
	4	机器人系统进行备份与恢复
	5	手动清除示教器报警信息

理论题

1. 通过哪个设备可以实现机器人显示语言的改变？（　　）

A. 机器人本体　　　　B. 示教器　　　　C. 控制柜　　　　D. 连接电缆

2. 示教器控制器的设置不包括下列哪个选项？（　　）

A. 日期和时间　　　　B. 工具坐标　　　　C. 网络　　　　D. ID

3. 示教器的状态栏中显示的信息不包括哪个选项？（　　）

A. 工作状态　　　　B. 系统信息　　　　C. 操作员状态　　　　D. 电动机状态

4. 当需要查看机器人的外轴使用状态时可以查看哪部分？（　　）

A. 操作员状态　　　　B. 菜单栏　　　　C. 任务栏　　　　D. 状态栏

5. 示教器控制面板中"FlexPendant"可以实现（　　）。

A. 显示语言的设置　　　　　　　　B. 软件权限的设置

C. 日期和时间的设定　　　　　　　D. 工具坐标的设置

6. 通过点击示教器的状态栏可以实现（　　）信息的查看。

A. 事件代码　　　　B. 工作模式　　　　C. 当前日期　　　　D. 系统信息

7. 当机器人系统出现错乱时，可以通过以下哪个操作将机器人恢复到之前状态？（　　）

A. 配置 IO 信号　　　　　　　　B. 系统的配置

C. 系统参数的配置　　　　　　　D. 系统的备份与恢复

8. 当机器人出现报警事件时，以下哪个操作可以实现报警事件的查看与清除？（　　）

A. 点击菜单栏　　　　B. 点击状态栏　　　　C. 关闭电源　　　　D. 点击程序员窗口

9. 示教器中系统信息不包含下列哪个选项？（　　）

A. 硬件设备　　　　B. 软件资源　　　　C. IO 分配资源　　　　D. 控制器属性

10. 当需要对机器人系统进行备份时，不能选择以下哪个选项？（　　）

A. 备份文件夹　　　　　　　　B. 备份路径

C. 备份将被创建路径　　　　　D. 备份系统

确认你会干——项目操作评价

学号			姓名		单位	
任务编号	4-3		任务名称		正确进行系统设置	
板块	序号	考核点		分值标准	得分	备注
职业素养	1	遵守纪律,尊重指导教师,违反一次扣1分				
	2	工位清洁(若违反,每项扣0.5分): 1)系统设备上没有多余的工具 2)工作区域地面上没有垃圾				
	3	着装要求(若违反,每项扣0.5分): 1)裤子为长裤,裤口收紧 2)鞋子为绝缘三防鞋 3)上衣为长袖,袖口收紧 4)佩戴安全帽 5)长发扎紧,放于安全帽内,短发无要求				
操作不当破坏设备	4	工业机器人碰撞,导致夹具损坏				
	5	工业机器人碰撞,导致工件损坏				
	6	工业机器人碰撞,夹具及工件损坏				
	7	破坏设备,无法继续进行考核				
违反考核纪律	8	在发出开始指令前,提前操作				
	9	不服从指导教师指令				
	10	在发出结束考核指令后,继续操作				
	11	擅自离开考核工位				
	12	与其他工位的学员交流				
	13	在教室大声喧哗,无理取闹				
	14	携带纸张、U盘、手机等不允许携带的物品进场				
	15	其他违反纪律的情况				
机器人操作	16	示教器设置为中文显示语言				
	17	设置系统为当前时间				
	18	正确查看工业机器人的事件日志				
	19	机器人系统的备份与恢复				
	20	报警查看与清除				
总分						
学生签字		考评签字		考评结束时间		

项目 4.6 怎样手动操作工业机器人？

工业机器人本体分为六个关节轴，机器人通过六个伺服电动机分别驱动机器人的六个关节轴，每根轴可以单独运动。此外，机器人可以在空间中沿坐标轴做线性运动。除了以上两种运行方式之外，机器人还可以进行重定位运动。机器人的重定位运动是指 TCP 在空间中绕着坐标轴旋转的运动。

4.6.1 怎样单轴运动？

做什么

使用手动操纵杆，操作机器人进行单轴运动，如图 4-10 所示。

讲给你听

通过示教器手动操纵模式，操作工业机器人六个关节单独运动。

做给你看

通过示教器中的手动操纵杆实现六个关节轴的独立运动，操作步骤见表 4-24。

图 4-10 各个关节运动示意图

表 4-24 实现单轴运动的操作步骤

步骤	操作内容	示意图
1	动作模式选中"轴 1-3"，然后点击"确定"按钮，就可以对机器人轴 1～3 进行操作。同样，也可以对轴 4～6 进行操作	

（续）

步骤	操作内容	示意图
2	操纵机器人示教器上的手动操纵杆,完成单轴运动	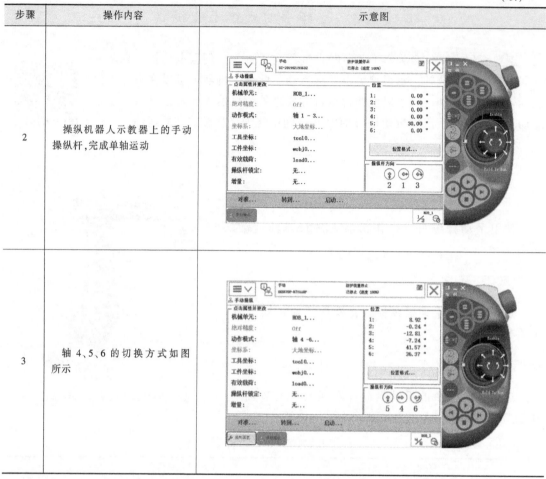
3	轴 4、5、6 的切换方式如图所示	

4.6.2　怎样线性运动?

做什么

通过示教器操作机器人进行线性运动。

讲给你听

某些时刻需要机器人在直角坐标系下进行移动,选择线性运动是最为快捷方便的操作,如图 4-11 所示。

做给你看

通过示教器将机器人设定为线性运动模式,操作示教器上的操纵杆实现机器人线性运动,操作步骤见表 4-25。

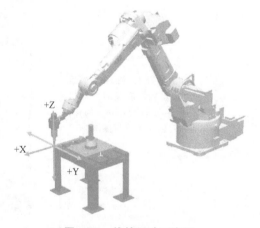

图 4-11　线性运动示意图

表 4-25　实现线性运动的操作步骤

步骤	操作内容	示意图
1	在图示动作模式中选择"线性"，然后点击"确定"按钮	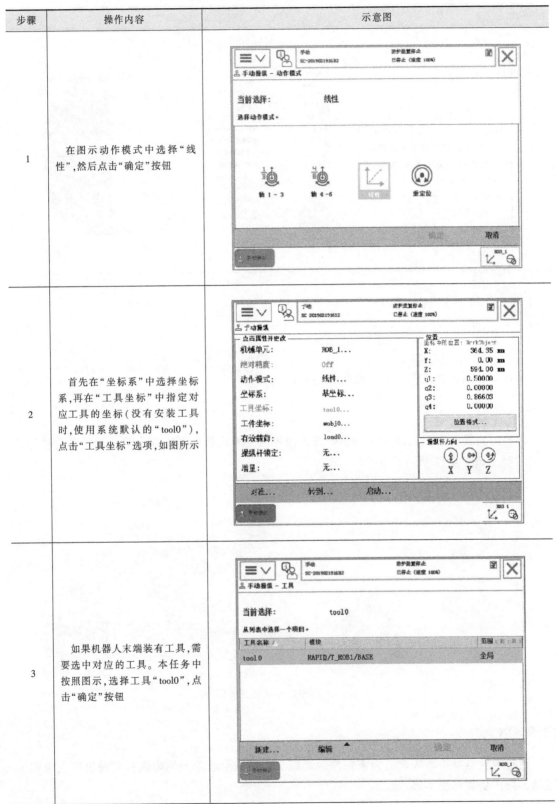
2	首先在"坐标系"中选择坐标系，再在"工具坐标"中指定对应工具的坐标（没有安装工具时，使用系统默认的"tool0"），点击"工具坐标"选项，如图所示	
3	如果机器人末端装有工具，需要选中对应的工具。本任务中按照图示，选择工具"tool0"，点击"确定"按钮	

（续）

步骤	操作内容	示意图
4	按下使能按钮,并在状态栏中确认"电机开启",如图所示。手动操纵机器人控制手动操纵杆,完成所选坐标系轴 X、Y、Z 方向上的线性运动	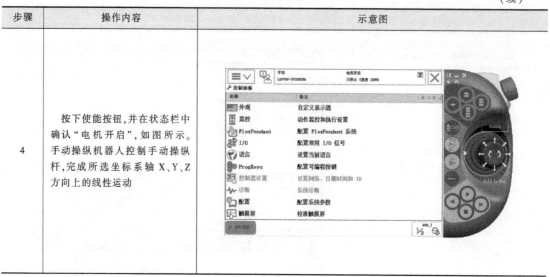

4.6.3 怎样重定位运动?

做什么

通过示教器操作机器人进行重定位运动。

讲给你听

某些时刻需要改变机器人的运动姿态,而不改变末端执行器末端点的位置,需要进行重定位运动,如图 4-12 所示。

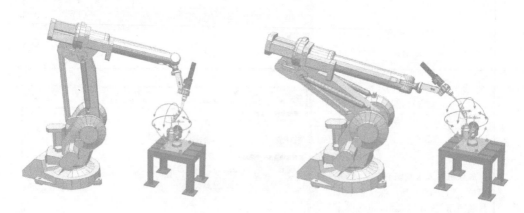

图 4-12 重定位运动示意图

做给你看

通过示教器将机器人设定为重定位运动模式,操作示教器上的操纵杆实现机器人重定位运动,操作步骤见表 4-26。

表 4-26 实现重定位运动的操作步骤

步骤	操作内容	示意图
1	在图示动作模式中选择"重定位"，然后点击"确定"按钮	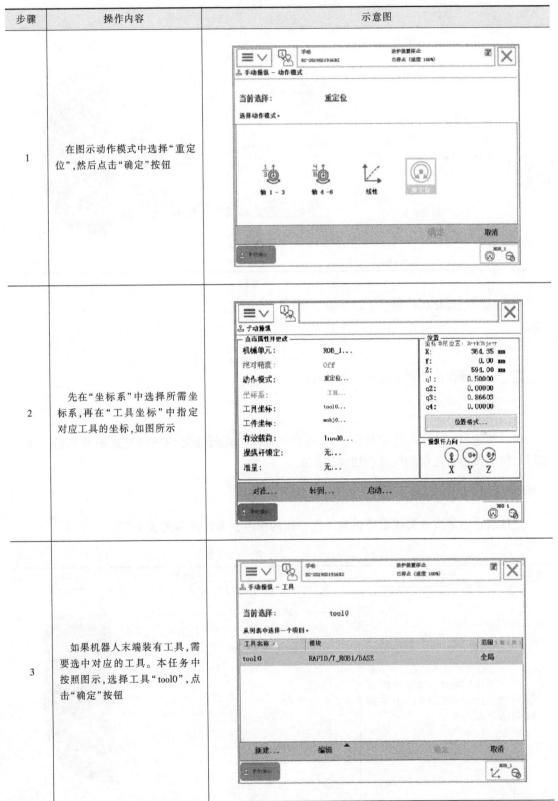
2	先在"坐标系"中选择所需坐标系，再在"工具坐标"中指定对应工具的坐标，如图所示	
3	如果机器人末端装有工具，需要选中对应的工具。本任务中按照图示，选择工具"tool0"，点击"确定"按钮	

（续）

步骤	操作内容	示意图
4	按下使能按钮,并在状态栏中确认"电机开启",如图所示。手动操纵机器人控制手动操纵杆,完成重定位运动	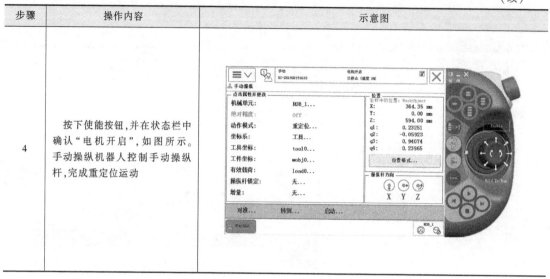

4.6.4　怎样快速切换重定位与线性运动?

做什么

通过示教器快速切换重定位和线性运动模式。

讲给你听

通过前述内容的学习已知如何通过"手动操纵"进行重定位和线性运动的选择,本节学习如何实现重定位与线性运动的快速切换。

做给你看

通过示教器的按钮实现重定位与线性运动的切换,操作步骤见表 4-27。

表 4-27　重定位与线性运动切换的操作步骤

步骤	操作内容	示意图
1	按照图示,在示教器显示屏幕一侧的手动线性快捷按钮中,找到线性/重定位运动快捷切换按钮	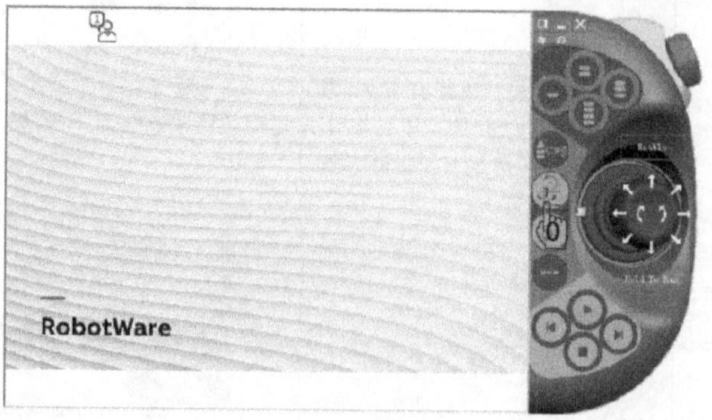

（续）

步骤	操作内容	示意图
2	除了使用线性/重定位运动快捷切换按钮之外，还可以点击"手动运行快捷设置菜单"按钮，在手动操纵的"显示详情"中点击相应运动模式的按钮，即可完成线性/重定位运动的快捷切换，如图所示	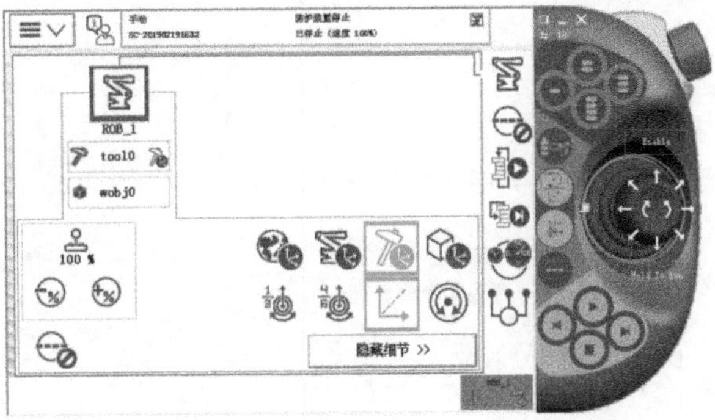

4.6.5　怎样快捷操作与增量设置？

做什么

通过设置增量模式下增量的大小，调整工业机器人的步进速度。

讲给你听

当增量模式选择"无"时，工业机器人运行速度与手动操纵杆的幅度成正比，选择增量的大小后，运行速度是稳定的，所以可以通过调整增量大小来控制机器人的步进速度。

做给你看

通过示教器中的设置，实现工业机器人步进速度的调整，操作步骤见表4-28。

表4-28　增量设置的操作步骤

步骤	操作内容	示意图
1	打开"增量"菜单，如图所示	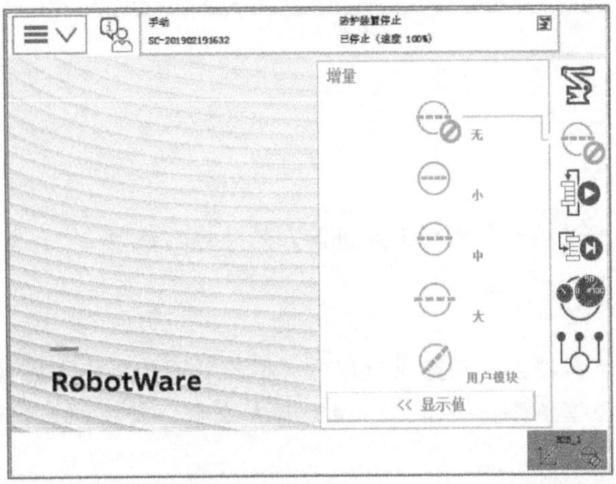

（续）

步骤	操作内容	示意图
2	按照图示，点击"显示值"按钮，可以展开"增量"菜单界面	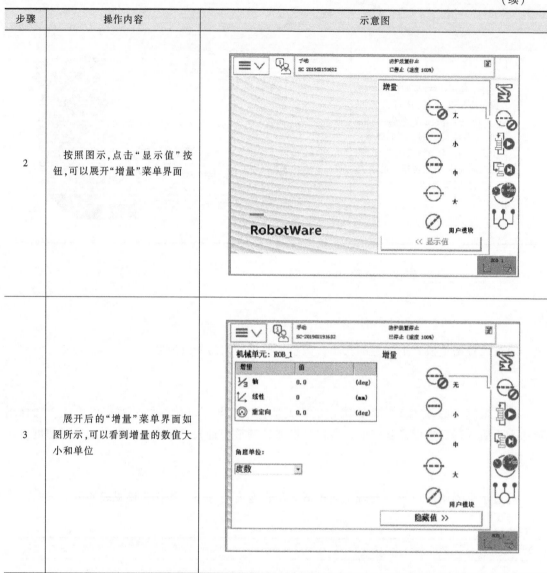
3	展开后的"增量"菜单界面如图所示，可以看到增量的数值大小和单位	

4.6.6　怎样急停与恢复？

做什么

通过示教器实现工业机器人的急停与恢复。

讲给你听

在机器人手动操纵过程中，操作者因为操作不熟练引起碰撞或者发生其他突发状况时，会按下紧急停止按钮，启动机器人安全保护机制。当解除安全隐患后，恢复机器人的正常运行。

做给你看

完成工业机器人的急停与恢复，操作步骤见表4-29。

表 4-29　急停与恢复的操作步骤

步骤	操作内容	示意图
1	按下示教器右上角的红色按钮后，机器人进入紧急停止状态，此时状态栏显示"紧急停止"	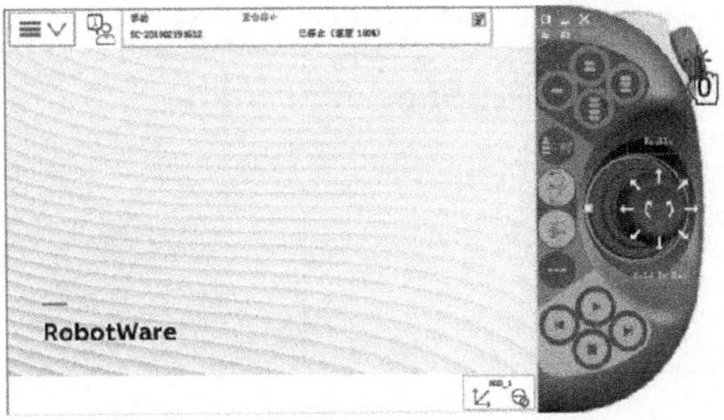
2	要恢复机器人手动操作，首先旋转紧急停止按钮使其复位，然后在机器人控制柜上找到右图所示白色的"电机开启"按钮，并按下	

4.6.7　怎样使用示教器可编程按键？

做什么

使用示教器上的可编程按键。

讲给你听

可编程按键可由操作人员配置某些特定功能，简化编程和测试。

做给你看

下面为可编程按键1配置一个数字输出信号do1，具体操作步骤见表4-30。

表 4-30　为可编程按键 1 配置功能的操作步骤

步骤	操作内容	示意图
1	选择"ProgKeys"选项,可以选择对按键 1~4 进行配置。这里点击"按键 1"选项卡,在"类型"下拉列表框中选择"输出"	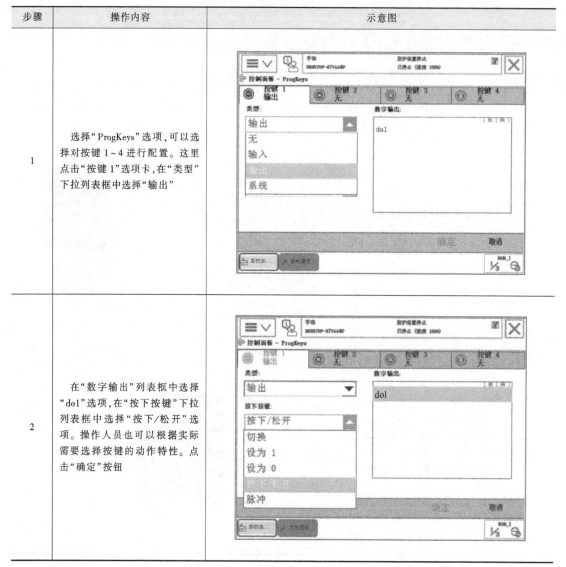
2	在"数字输出"列表框中选择"do1"选项,在"按下按键"下拉列表框中选择"按下/松开"选项。操作人员也可以根据实际需要选择按键的动作特性。点击"确定"按钮	

4.6.8　怎样设定机器人手动运行速度?

做什么

设定机器人手动运行速度。

讲给你听

在不同的速度设定下,实现机器人手动运行的快慢调节。

做给你看

设定机器人手动模式下的不同运行速度,操作步骤见表 4-31。

表 4-31 设定机器人手动模式下的不同运行速度的操作步骤

步骤	操作内容	示意图
1	按照图示点击速度按钮	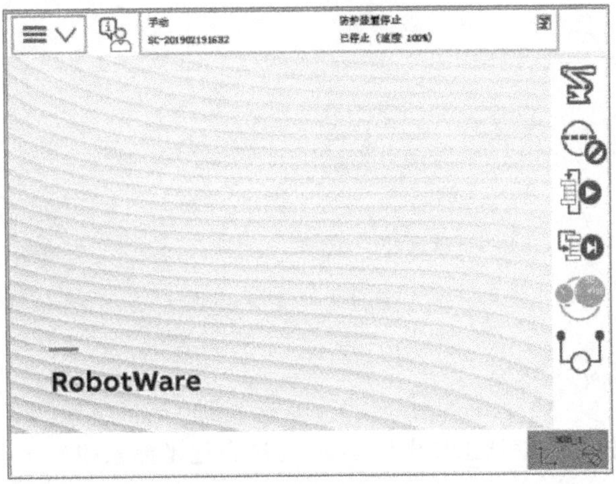
2	在弹出的"速度"界面中,根据不同的需要设定机器人手动运行速度。设定完成后状态栏中会显示当前的设定速度。其中,0%、25%、50%和100%分别表示全速运动的百分比,±1%和±5%表示在当前速度基础之上的增减	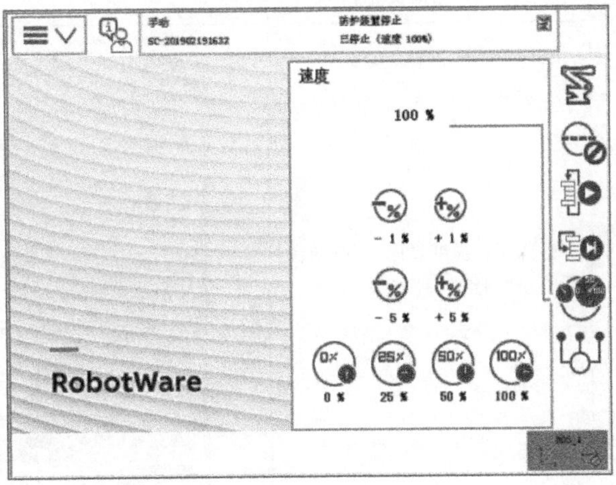

4.6.9 怎样对准坐标系?

做什么

使工业机器人当前使用的工具坐标系与其他坐标系快速对准。

讲给你听

机器人对准:在机器人调试过程中,有时会用到机器人对准功能,该功能可使当前工具坐标各轴方向快速与大地坐标系(基坐标系或工件坐标系)的 X、Y、Z 坐标轴平行对齐,且机器人的对准坐标系动作必将围绕当前工具坐标系中的 TCP 点来调整机器人姿态。图 4-13 所示为默认 tool0 工具坐标快速对准大地坐标系的前后效果比较。

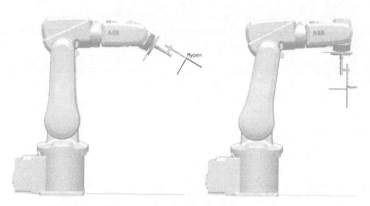

图 4-13 默认 tool0 对准大地坐标系的前后效果比较

做给你看

机器人默认工具坐标 tool0 对准大地坐标系的操作步骤见表 4-32。

表 4-32 对准大地坐标系的操作步骤

步骤	操作内容	示意图
1	进入手动操纵界面后,按照图示点击"对准…"选项	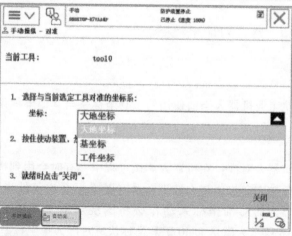
2	在弹出的"对准"界面中,在"坐标:"下拉列表中选择"大地坐标"	

（续）

步骤	操作内容	示意图
3	点击下方的"开始对准"按钮，即可完成坐标系的对准工作	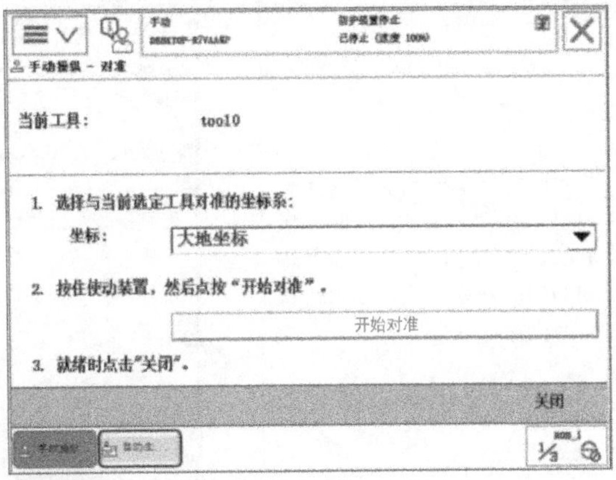

4.6.10　怎样实现转到操作？

做什么

使用示教器使机器人到达已示教的点。

讲给你听

在机器人操作中，有时为了方便，需要机器人回到已示教点的位置，可以通过转到操作命令来快速实现。

做给你看

通过转到操作命令快速实现机器人回到已示教的点，操作步骤见表4-33。

表 4-33　回到已示教点的操作步骤

步骤	操作内容	示意图
1	进入手动操纵界面后，按照图示点击"转到..."选项	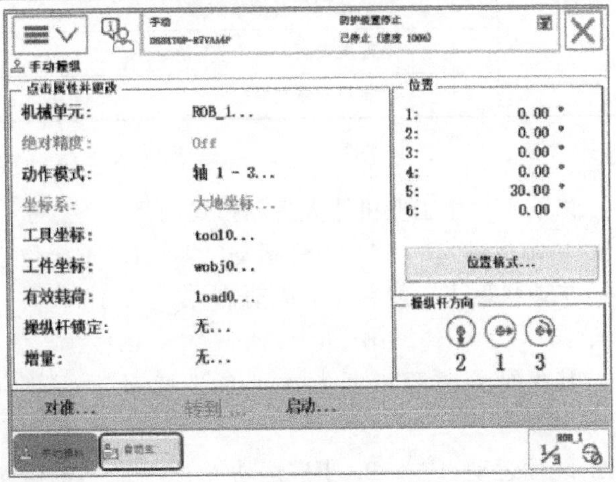

（续）

步骤	操作内容	示意图
2	在弹出的界面中,先点击左侧想要到达的示教点,这里选择Target_20点,再长按右侧"转到"按钮,机器人就可以到达指定的位置	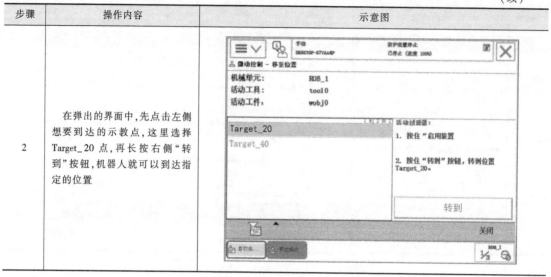

让你试试看——项目测试

项目任务操作测试

任务编号	4-4
任务名称	机器人的手动操纵
任务概述	
示教器操作机器人的单轴运动、线性运动和重定位运动	
任务要求	
1. 操作过程中严格遵守安全操作规范 2. 操作过程中注意职业素养	

板块	序号	任务内容
手动操作	1	机器人手动、线性和重定位运动
	2	快速切换重定位与线性运动
	3	快捷操作与增量设置
	4	速度设定
	5	急停与恢复

理论题

1. 以下不属于工业机器人运动模式的是（　　）。

A. 单轴运动　　　　B. 线性运动　　　　C. 重定位运动　　　　D. 步进运动

2. 工业机器人一般有几个运动轴？（　　）

A. 四　　　　　　　B. 五　　　　　　　C. 六　　　　　　　　D. 七

3. 某些时刻需要机器人在直角坐标系下运动时，可以将机器人切换到哪种运动？（　　）

A. 线性运动　　　　B. 步进运动　　　　C. 单轴运动　　　　D. 重定位运动

4. 某些时刻需要改变机器人的运动姿态，而不改变末端执行器末端点的位置，可以将机器人切换到哪种运动？（　　）

  A. 线性运动   B. 单轴运动   C. 步进运动   D. 重定位运动

5. 通过哪个操作可以实现机器人步进速度的调节？（　　）

  A. 增量设置   B. 操纵杆   C. 使能按钮   D. 运动模式切换按钮

6. 机器人除了切换到重定位模式之外，还需要哪些操作？（　　）

  A. 坐标系选择   B. 有效载荷的设定

  C. 工具坐标选择   D. 工件坐标选择

7. 当增量模式选择"无"时，工业机器人运行速度与哪些参数成正比？（　　）

  A. 使能按钮的幅度   B. 操纵杆的幅度

  C. 运动模式   D. 有效载荷

8. 操作者因为操作不熟练引起碰撞或者发生其他突发状况时，应立即按下（　　）。

  A.   B.   C.   D.

9. 需要机器人快速回到已示教过的点可以通过哪个操作实现？（　　）

  A. 转到操作 B. 定向操作 C. 对准操作   D. 调用服务例行程序

10. 需要机器人快速对准已存在的坐标系时可以通过哪个操作实现？（　　）

  A. 调用服务例行程序   B. 转到操作

  C. 定向操作   D. 对准操作

确认你会干——项目操作评价

学号		姓名		单位			
任务编号	4-4	任务名称		机器人的手动操纵			
板块	序号	考核点		分值标准	得分	备注	
职业素养	1	遵守纪律，尊重指导教师，违反一次扣1分					
	2	工位清洁(若违反，每项扣0.5分)： 1)系统设备上没有多余的工具 2)工作区域地面上没有垃圾					
	3	着装要求(若违反，每项扣0.5分)： 1)裤子为长裤，裤口收紧 2)鞋子为绝缘三防鞋 3)上衣为长袖，袖口收紧 4)佩戴安全帽 5)长发扎紧，放于安全帽内，短发无要求					
操作不当破坏设备	4	工业机器人碰撞，导致夹具损坏					
	5	工业机器人碰撞，导致工件损坏					
	6	工业机器人碰撞，夹具及工件损坏					
	7	破坏设备，无法继续进行考核					

（续）

板块	序号	考核点	分值标准	得分	备注
违反考核纪律	8	在发出开始指令前,提前操作			
	9	不服从指导教师指令			
	10	在发出结束考核指令后,继续操作			
	11	擅自离开考核工位			
	12	与其他工位的学员交流			
	13	在教室大声喧哗、无理取闹			
	14	携带纸张、U盘、手机等不允许携带的物品进场			
	15	其他违反纪律的情况			
机器人操作	16	正确启动机器人			
	17	手动操纵机器人以线性运动模式,将机器人TCP位置向Z轴正方向偏移100mm			
总分					
学生签字		考评签字		考评结束时间	

项目4.7 怎样设定工业机器人坐标系?

坐标系是从一个被称为原点的固定点通过轴定义的平面或空间。机器人目标和位置是通过沿坐标系轴的测量来定位。在机器人系统中可使用若干坐标系,每一坐标系都适用于特定类型的控制或编程。机器人系统常用的坐标系有大地坐标系、基坐标系、工具坐标系和工件坐标系,它们均属于笛卡儿坐标系。

4.7.1 机器人系统的坐标系有哪些?

做什么

了解机器人系统坐标系。

讲给你听

1. 大地坐标系

如图4-14所示,A为ABB机器人1的基坐标系,B为大地坐标系,C为ABB机器人2的基坐标系。大地坐标系在工作单元或工作站中的固定机器人驱动器位置有其相应的零点。这有助于处理若干个ABB机器人或由外轴移动的ABB机器人。

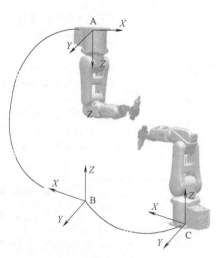

图4-14　大地坐标系

2. 基坐标系

基坐标系一般位于机器人基座，是便于机器人本体从一个位置移动到另一个位置的坐标系（常应用于机器人扩展轴），如图 4-15 所示。在默认情况下，大地坐标系与基坐标系是一致的。

3. 工具坐标系

将机器人第六轴法兰盘上携带工具的参照中心点设为坐标系原点，创建一个坐标系，即工具坐标系，该参照点称为 TCP（Tool Center Point），即工具中心点。TCP 与机器人所携带的工具有关。机器人出厂时末端未携带工具，此时机器人默认的 TCP 为第六轴法兰盘中心点，如图 4-16 所示。

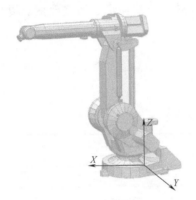

图 4-15　基坐标系

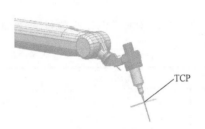

图 4-16　工具坐标系

4. 工件坐标系

工件坐标系用于定义工件相对于大地坐标系或者其他坐标系的位置。通常，定义工件坐标系具有两个作用：一是方便用户以工件平面方向为参考手动操纵调试；二是当工件位置更改后，通过重新定义该坐标系，机器人即可正常作业，不需要对机器人程序进行修改。工业机器人可以有若干工件坐标系，即能表示不同工件，又能表示同一工件在不同位置的若干副本，如图 4-17 所示。

图 4-17　工件坐标系

4.7.2 怎样设定工具数据？

做什么

通过示教器设置工业机器人工具的相关数据。

讲给你听

工具数据（tooldata）用于描述安装在机器人第六轴上工具的 TCP、质量、重心等参数。一般，不同的机器人应用配置不同的工具。在执行机器人程序时，就是机器人将 TCP 移至编程位置。那么，如果更改工具以及工具坐标系，机器人的移动也会随之改变，以便新的 TCP 到达目标。

做给你看

设定工具数据，操作步骤见表 4-34。

表 4-34　设定工具数据的操作步骤

步骤	操作内容	示意图
1	在"手动操纵"界面下新建工具坐标系时，点击图示左下角"初始值"按钮，进入工具数据 tooldata 参数界面，翻页可看到所有 tframe 值	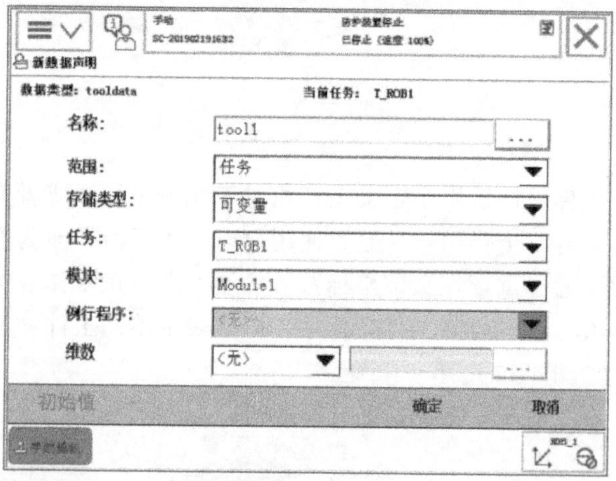
2	使用触摸屏用笔点击相应的 tframe 值即可对工具数据进行修改。点击右下角按钮，可进行翻页，如图所示	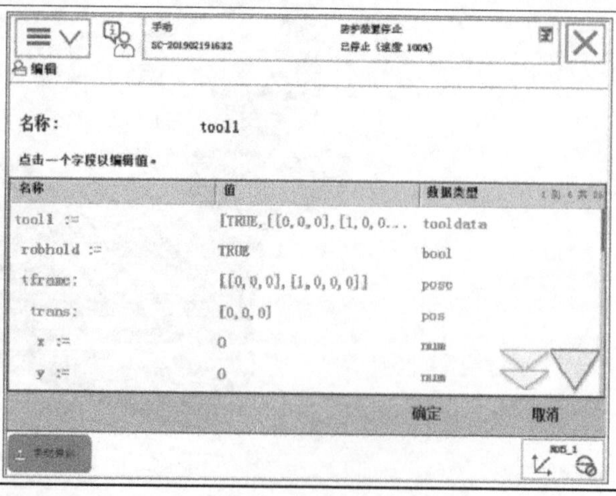

4.7.3　怎样设定工件坐标系？

做什么

通过示教器建立工件坐标系。

讲给你听

工件坐标系用于定义工件相对于大地坐标系或者其他坐标系的位置，具有两个作用：一是方便用户以工件平面方向为参考手动操纵调试；二是当工件位置更改后，只要重新定义该坐标系，机器人即可正常作业，不需要对机器人程序进行修改。工件坐标系如图 4-18 所示。

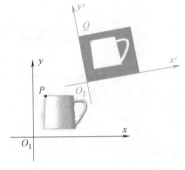

图 4-18　工件坐标系的偏移

做给你看

通过三点法实现工件坐标系的建立，具体操作步骤见表 4-35。

表 4-35　建立工件坐标系的操作步骤

步骤	操作内容	示意图
1	选择"工件坐标"选项	

（续）

步骤	操作内容	示意图
2	点击"新建"按钮	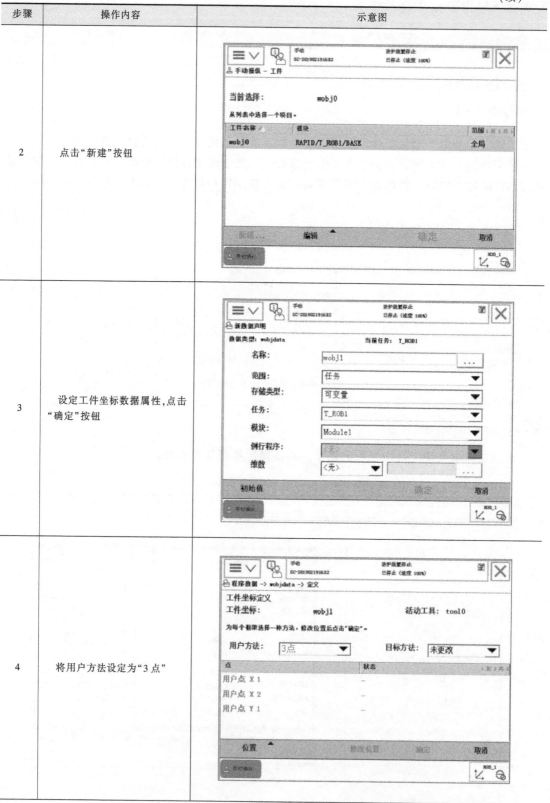
3	设定工件坐标数据属性,点击"确定"按钮	
4	将用户方法设定为"3点"	

（续）

步骤	操作内容	示意图
5	手动操纵机器人，在工件表面或边缘的位置找到一点 $X1$，作为坐标系的原点	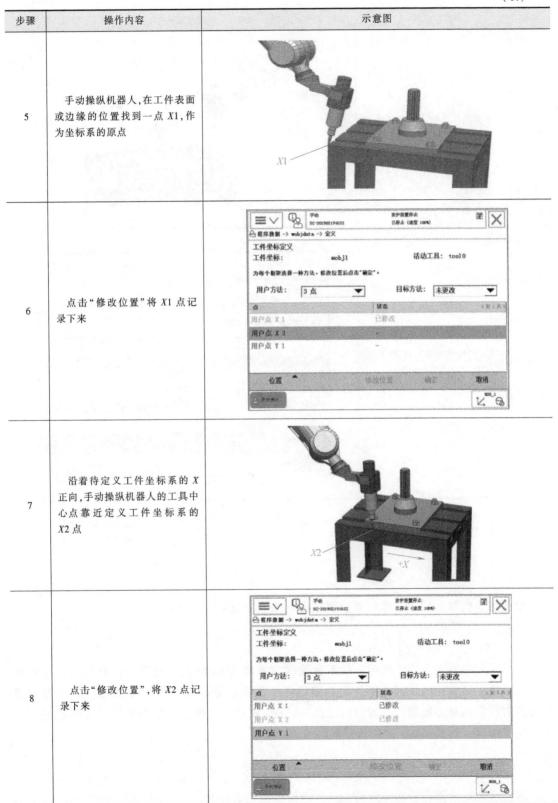
6	点击"修改位置"将 $X1$ 点记录下来	
7	沿着待定义工件坐标系的 X 正向，手动操纵机器人的工具中心点靠近定义工件坐标系的 $X2$ 点	
8	点击"修改位置"，将 $X2$ 点记录下来	

（续）

步骤	操作内容	示意图
9	手动操纵机器人的工具中心点靠近定义工件坐标系的 Y1 点	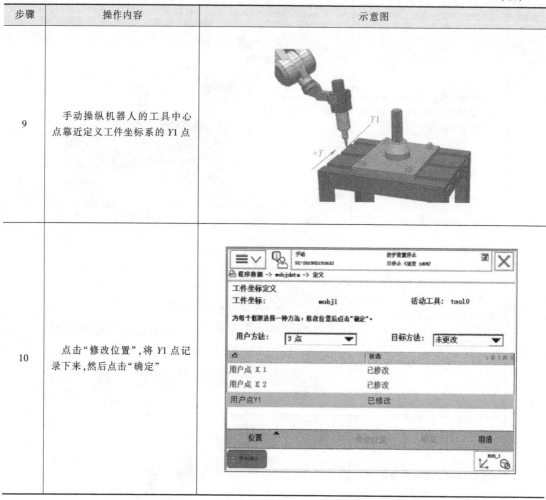
10	点击"修改位置"，将 Y1 点记录下来，然后点击"确定"	

4.7.4 怎样设定有效载荷？

做什么

设置工业机器人搬运对象的质量和重心数据 loaddata。

讲给你听

如果工业机器人是用于搬运，就需要设置有效载荷 loaddata。对于搬运机器人，手臂承受的重量是不断变化的，因此不仅要正确设定夹具的质量和重心数据 tooldata，还要设置搬运对象的质量和重心数据。有效载荷数据 loaddata 就记录了搬运对象的质量和重心数据。如果不用于搬运，则 loaddata 设置就是默认的 load0。

做给你看

通过示教器设置有效载荷数据，具体操作步骤见表 4-36。

表 4-36　设置有效载荷数据的操作步骤

步骤	操作内容	示意图
1	点击"有效载荷",在弹出的界面中点击"新建"按钮	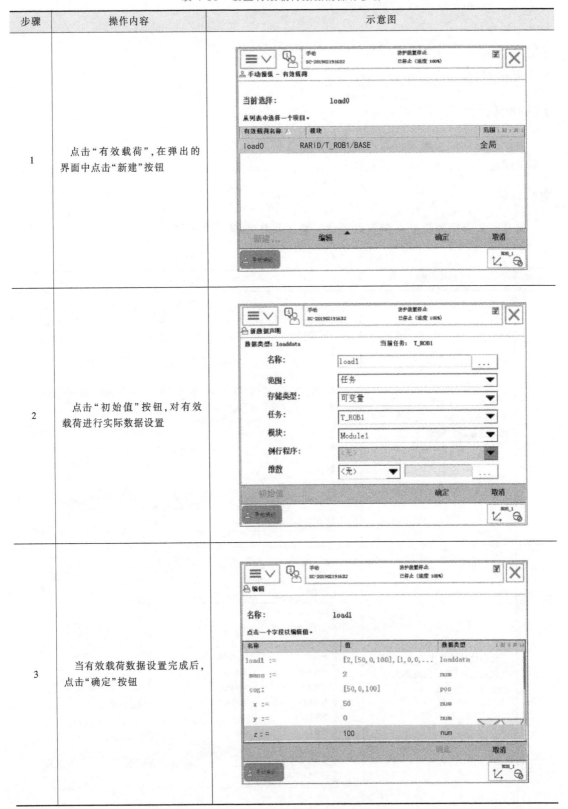
2	点击"初始值"按钮,对有效载荷进行实际数据设置	
3	当有效载荷数据设置完成后,点击"确定"按钮	

4.7.5 怎样让机器人绕定点运动？

做什么

使用示教器控制机器人绕定点运动。

讲给你听

通过绕定点运动改变机器人在不同位置的姿态，避免奇点现象的出现，使机器人能连续流畅地运动。

做给你看

通过示教器实现机器人绕定点运动，具体操作步骤见表 4-37。

表 4-37 实现机器人绕定点运动的操作步骤

步骤	操作内容	示意图
1	点击"工具坐标"，在弹出的界面中，选择已设定的工具坐标，之后点击"确定"按钮	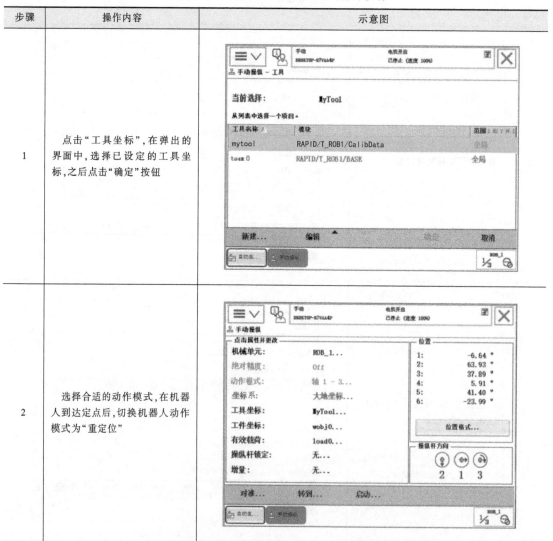
2	选择合适的动作模式，在机器人到达定点后，切换机器人动作模式为"重定位"	

（续）

步骤	操作内容	示意图
3	选择"重定位"模式后，点击"确定"按钮	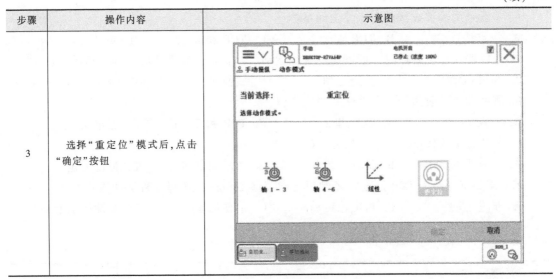

让你试试看——项目测试

项目任务操作测试

任务编号	4-5
任务名称	坐标的设定

任务概述
通过示教器实现机器人不同坐标系的设定

任务要求
1. 操作过程中严格遵守安全操作规范 2. 操作过程中注意职业素养

板块	序号	任务内容
手动操作	1	设定工具数据 tooldata
	2	设定有效载荷 loaddata
	3	机器人绕指定点运动

理论题

1. 机器人系统坐标系有哪些？（　　）

A. 大地坐标系　　　　B. 基坐标系　　　　C. 工具坐标系　　　　D. 极地坐标系

2. 工具坐标系是将机器人第几轴上的参照中心点设为坐标系原点？（　　）

A. 四　　　　　　　　B. 五　　　　　　　　C. 六　　　　　　　　D. 七

3. 一般来说不同类型的坐标系只有一个，哪个坐标系除外？（　　）

A. 基坐标系　　　　B. 工具坐标系　　　　C. 工件坐标系　　　　D. 大地坐标系

4. 以下哪个选项不属于工具数据？（　　）

A. 材料　　　　　　B. 质量　　　　　　　C. 重心　　　　　　D. TCP

5. 当工业机器人用于搬运时，以下哪个选项不属于有效载荷 loaddata 的设置？（　　）

A. 力矩轴方向　　　　B. 材料　　　　　C. 质量　　　　　D. 重心

6. 一般采用哪种方法设定工件坐标系？（　　　）

A. 三点法　　　　　B. TCP 和 Z　　　C. TCP 和 Z、X　　　D. 测量法

7. 当机器人出现奇点时，可以通过哪种运动解除奇点，实现连续流畅的运动？（　　　）

A. 单轴运动　　　　B. 步进运动　　　C. 线性运动　　　　D. 绕定点运动

8. 哪种方法一般用于工具坐标系的设定？（　　　）

A. 三点法　　　　　B. TCP 和 Z　　　C. TCP 和 Z、X　　　D. 测量法

9. 下列哪个选项不属于工具数据？（　　　）

A. 工具重心　　　　B. 工具重量　　　C. 力矩轴方向　　　D. 弹性力矩

10. 需要将机器人 TCP 位置向 Z 轴正方向偏移 100mm，选择哪种运动模式？（　　　）

A. 步进运动　　　　B. 重定位运动　　　C. 单轴运动　　　D. 线性运动

确认你会干——项目操作评价

学号			姓名		单位	
任务编号	4-5	任务名称	坐标的设定			
板块	序号	考核点	分值标准	得分	备注	
职业素养	1	遵守纪律,尊重指导教师,违反一次扣1分				
	2	工位清洁(若违反,每项扣0.5分): 1)系统设备上没有多余的工具 2)工作区域地面上没有垃圾				
	3	着装要求(若违反,每项扣0.5分): 1)裤子为长裤,裤口收紧 2)鞋子为绝缘三防鞋 3)上衣为长袖,袖口收紧 4)佩戴安全帽 5)长发扎紧,放于安全帽内,短发无要求				
操作不当破坏设备	4	工业机器人碰撞,导致夹具损坏				
	5	工业机器人碰撞,导致工件损坏				
	6	工业机器人碰撞,夹具及工件损坏				
	7	破坏设备,无法继续进行考核				
违反考核纪律	8	在发出开始指令前,提前操作				
	9	不服从指导教师指令				
	10	在发出结束考核指令后,继续操作				
	11	擅自离开考核工位				
	12	与其他工位的学员交流				
	13	在教室大声喧哗,无理取闹				
	14	携带纸张、U 盘、手机等不允许携带的物品进场				
	15	其他违反纪律的情况				

（续）

板块	序号	考核点	分值标准	得分	备注
机器人操作	16	设定工具数据 tooldata			
	17	设定有效载荷 loaddata			
	18	机器人绕指定点运动			
总分					
学生签字		考评签字		考评结束时间	

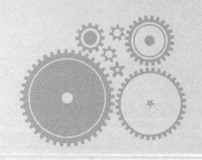

模块5

工业机器人怎样通信交流?

内容概述

本模块主要介绍工业机器人与其他设备之间的交流方式,着重讲解了ABB工业机器人常用的标准I/O板、机器人信号的配置方法及监控与操作的方式,以及DSQC651板卡配置的相关操作。

知识目标

1. 了解ABB工业机器人的通信种类。

2. 理解ABB工业机器人常用的标准I/O板。

能力目标

1. 能够进行I/O信号的监控与操作。

2. 能够通过示教器配置DSQC651板。

知识结构图

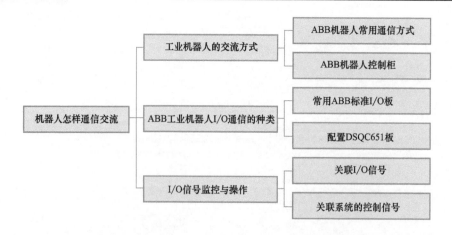

项目 5.1 工业机器人交流方式有哪些？

随着工业机器人的日益普及，工业机器人承担的任务越来越复杂。工业机器人与其他设备之间需要进行通信。通过本项目的学习，可了解工业机器人常用的通信方式。

5.1.1 ABB 机器人常用通信方式有哪些？

做什么

了解工业机器人主要的通信方式

讲给你听

工业机器人与外部设备进行交流时，需要进行相应的通信，ABB 机器人提供了丰富的通信接口，如 ABB 的标准通信、与 PLC 等智能设备的现场总线通信，还有与 PC 的数据通信。图 5-1 所示为常用通信方式，可以轻松地实现与周边设备的通信。

1. ABB 的标准通信

ABB 的标准通信是 ABB 机器人控制柜上最常见的模块之一，或者说是默认必备的模块。最常见的有 8 输入和 8 输出，或者 16 输入和 16 输出。在小型系统中，它用来快速连接电磁阀及传感器，实现夹具等的控制，非常方便。在较复杂的 I/O 应用中，可以使用 Cross-Function 将数个 I/O 信号通过固定的逻辑关系组合在一起，通过一个 I/O 信号来控制。少数的情况下，可以将数个单独的 I/O 信号合并为一个 Group（组），用于传送较为复杂的信号。如 4 个 I/O 信号组合在一起为 0100（二进制数），就表增 4（十进制数）。

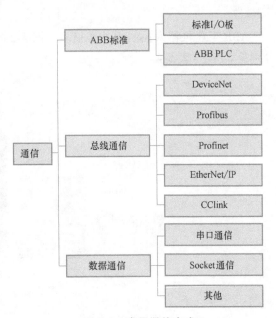

图 5-1 常用通信方式

2. 总线通信

总线通信，从系统的角度来看，是用于不同工业设备之间通信的可靠接口，如机器人和 PLC 的通信；从控制方式的角度来看，是作为普通 I/O 的扩展。

是否使用总线，以及使用何种总线，一般取决于系统中除机器人系统之外的设备能够支持的通信方式。如电气控制系统中的 PLC 支持 Profinet，而且 PLC 和机器人系统有控制系统的交互，则机器人也一般会选配 Profinet 通信功能。总线的配置方式各有不同，使用方式基本类似普通 I/O。

3. 数据通信

数据通信包括串口通信和 Socket 通信等方式，其中 Socket 是一种非常好用的通信方式，能够以字符串的形式发送各种数据，甚至可以一次将各种数据以特定的形式打包后发送。如让机器人 1 在工位 2 抓取工件后在工位 3 放下，可以表示为："robot1；pickPosition2；placePosition3"。信息的具体格式可以自定义，从而具有极强的柔性。Socket 是基于 TCP/IP 的通信方式，底层都会有握手信号确定信息的完整。需要注意的是，Socket 通信的连接状态，只有在通信时才能真正判断。因此，在某些对系统实时状态监控要求较高的情况下，可能需要单独建立"心跳"机制。ABB 机器人系统所支持的最大 Socket 字符串长度为 1024B。虽然系统只支持不超过 80B 的字符串，我们仍可以使用自定义字符数组或者 rawdata 等方式实现更大的 Socket 通信长度。

5.1.2 ABB 机器人控制柜有哪些？

做什么

了解常用的几种控制柜，熟悉不同控制柜的技术参数。

讲给你听

ABB 工业机器人控制柜种类很多，图 5-2 所示就是几种典型的控制柜，它们的技术参数分别见表 5-1~表 5-4。

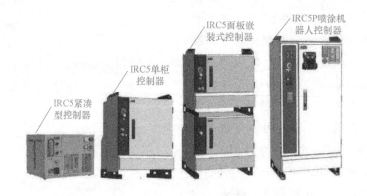

图 5-2 典型控制柜

表 5-1 IRC5 紧凑型控制器参数

项目	参数
尺寸(高/mm×宽/mm×深/mm)	310×449×442
电气接口	220~230V,50~60Hz,单相
防护等级	标配:IP20
IRB 机器人支持	IRB120,IRB140,IRB260,IRB360

表 5-2 IRC5 单柜控制器参数

项目	参数	传动模块
尺寸(高/mm×宽/mm×深/mm)	970×725×710	720×725×710
电气接口	200~600V	200~600V
防护等级	标配:IP54	标配:IP54
IRB 机器人支持	全部机器人	全部机器人

表 5-3 IRC5 面板嵌装式控制器参数

项目	参数
尺寸(高/mm×宽/mm×深/mm)	1450×725×710
电气接口	200~600V,50~60Hz
防护等级	标配:IP54(后隔间为IP33)
IRB 机器人支持	喷涂机器人

表 5-4 IRC5P 喷涂机器人控制器参数

项目	控制模块	小型传动模块	大型传动模块	工艺模块
尺寸(高/mm×宽/mm×深/mm)	375×498×271	375×498×299	658×498×425	小型 720×725×710
电气接口	200~600V,50~60Hz	200~600V,50~60Hz	200~600V,50~60Hz	空柜
防护等级	标配:IP20	标配:IP20	标配:IP20	标配:IP54

让你试试看——项目测试

理论题

1. 本地 IO 模块中,常见的 I/O 通信有那种?(   )

A. 8 输入和 8 输出　　　　　　　　B. 10 输入和 10 输出

C. 12 输入和 12 输出　　　　　　　D. 18 输入和 18 输出

2. 数字量端口输入输出电压是多少伏?(   )

A. 3.3V　　　　B. 5V　　　　C. 24V　　　　D. 36V

3. 哪一块板是 I/O 通信板?(   )

A. STM32　　　B. MSP430　　　C. DSQC651　　　D. 89S51

4. IRC5 紧凑型控制柜所用电压是多大?(   )

A. 36V　　　　B. 110V　　　　C. 220V　　　　D. 380V

5. IRC5 单柜控制器支持的机器人类型有(   )。

A. IRB120　　　B. IRB260　　　C. 全部机器人　　　D. IRB1600

6. IRC5 单柜控制器电气接口是多少伏?(   )

A. 50~110V　　B. 110~220V　　C. 220~380V　　D. 200~600V

7. 以下哪种控制柜适用于喷涂机器人?(   )

A. IRC5P 喷涂机器人　　　　　　B. IRC5 面板嵌装式控制器

C. IRC5 单柜控制器　　　　　　　D. IRC5 紧凑型控制器

8. IRC5 紧凑型控制器的尺寸是多少?(   )

A. 310×449×442   B. 970×725×710

C. 720×725×710   D. 1450×725×710

9. IRC5 紧凑型控制器防护等级是多少？（   ）

A. IP54   B. IP20   C. IP33   D. IP24

10. IRC5P 喷涂机器人控制器的大型传动模块的尺寸是多少？（   ）

A. 375×498×271   B. 375×498×299

C. 1450×725×710   D. 658×498×425

11. ABB 工业机器人的标准 I/O 板的输入输出是什么类型？（   ）

A. NPN 型   B. PNP 型

C. NPN 型和 PNP 型   D. CMOS 型

12. DSQC651 板用于（   ）个数字信号输入的处理。

A. 4 个   B. 8 个   C. 16 个   D. 32 个

13. DSQC652 板用于（   ）个数字信号输入的处理。

A. 4 个   B. 8 个   C. 16 个   D. 32 个

14. DSQC651 板 X1 端子 10 号脚是？（   ）

A. 0V   B. 24V

C. OUTPUT CH8   D. OUTPUT CH9

15. DSQC651 板 X5 端子 6 号脚是？（   ）

A. 0V   B. 24V   C. 屏蔽线   D. GND 公共端

16. DSQC651 板总线连接的相关参数中 Address 指的是（   ）。

A. 设定 I/O 板在系统中的名字   B. I/O 板连接的总线

C. 数据总线   D. 设定 I/O 板在总线中的地址

17. 摄像头连接机器人使用哪种通信模式？（   ）

A. Socket 通信   B. CClink   C. Profinet   D. Profibus

18. 用机器人控制气缸或电磁阀用什么通信？（   ）

A. DSQC651 板   B. CClink   C. Profinet   D. Profibus

项目 5.2   ABB 工业机器人 I/O 通信的种类有哪些？

随着工业机器人应用范围日益广泛，工业机器人承担的任务越来越复杂。工业机器人与其他设备之间，比如需要控制外部信号，或者接受外部信号时，就需要进行通信。通过本项目的学习，了解常用 I/O 板如何通信，掌握 I/O 板配置的方法。

5.2.1　常用 ABB 标准 I/O 板有哪些？

做什么

了解 ABB 标准 I/O 板的种类，掌握 ABB 标准 I/O 板的接口定义。

学习表 5-5 中常用的 ABB 标准 I/O 板（具体规格参数以 ABB 官方网站 www.abb.com.cn 最新公布为准）。

表 5-5　常用 ABB 标准 I/O 板

型号	说明
DSQC651	分布式 I/O 模块 di8do8/ao2
DSQC652	分布式 I/O 模块 di16/do16
DSQC653	分布式 I/O 模块 di8/do8 带继电器
DSQC355A	分布式 I/O 模块 ai4/ao4
DSQC377A	输送链跟踪单元

讲给你听

1. ABB 标准 I/O 板 DSQC651

DSQC651 板主要提供 8 个数字输入信号、8 个数字输出信号和 2 个模拟输出信号的处理。

1）DSQC651 模块如图 5-3 所示，各接口说明见表 5-6。

表 5-6　DSQC651 接口说明（对应图 5-3 中的标示）

标号	说明
A	数字输出信号指示灯
B	X1 数字输出接口
C	X6 模拟输出接口
D	X5 是 DeviceNet 接口
E	模块状态指示灯
F	X3 数字输入接口
G	数字输入信号指示灯

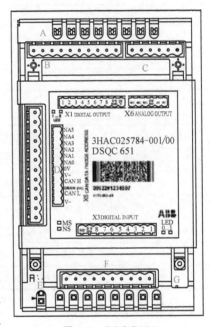

图 5-3　DSQC651

2）DSQC651 各接口端子说明见表 5-7～表 5-10。

表 5-7　X1 端子

X1 端子编号	使用定义	地址分配
1	OUTPUT CH1	32
2	OUTPUT CH2	33
3	OUTPUT CH3	34
4	OUTPUT CH4	35
5	OUTPUT CH5	36
6	OUTPUT CH6	37
7	OUTPUT CH7	38
8	OUTPUT CH8	39
9	0V	
10	24V	

表 5-8　X3 端子

X3 端子编号	使用定义	地址分配
1	INPUT CH1	0
2	INPUT CH2	1
3	INPUT CH3	2
4	INPUT CH4	3
5	INPUT CH5	4
6	INPUT CH6	5
7	INPUT CH7	6
8	INPUT CH8	7
9	0V	
10	24V	

表 5-9　X5 端子

X5 端子编号	使用定义	X5 端子编号	使用定义
1	0V(黑色)	7	模块 ID bit 0 (LSB)
2	CAN 信号线(淡蓝色)	8	模块 ID bit 1 (LSB)
3	屏蔽线	9	模块 ID bit 2 (LSB)
4	CAN 信号线(亮白色)	10	模块 ID bit 3 (LSB)
5	24V RED(红色)	11	模块 ID bit 4 (LSB)
6	GND 地址选择公共端		

　　ABB 标准 I/O 板是挂在 DeviceNet 网络上的, 所以要设定模块在网络中的地址。端子 X5 的 6~12 的跳线就是用来决定模块地址的, 地址可用范围为 10~63。如图 5-4 所示, 将第 8 脚和第 10 脚的跳线剪去, 2+8=10, 就可以获得 10 的地址。

表 5-10　X6 端子

X6 端子编号	使用定义	地址分配
1	未使用	
2	未使用	
3	未使用	
4	0V	
5	模拟输出 AO1	0~15
6	模拟输出 AO2	16~31

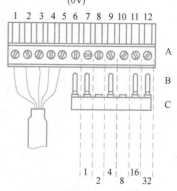

图 5-4　X5 端口跳线

2. ABB 标准 I/O 板 DSQC652

DSQC652 板主要用于 16 个数字输入信号和 16 个数字输出信号的处理。

1) DSQC652 模块如图 5-5 所示, 各接口说明见表 5-11。

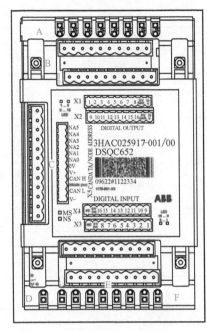

图 5-5　DSQC652

表 5-11　DSQC652 模块接口说明

A	数字输出信号指示灯
B	X1、X2 数字输出接口
C	X5 是 DeviceNet 接口
D	模块状态指示灯
E	X3、X4 数字输入接口
F	数字输入信号指示灯

2）DSQC652 模块接口端子（X1~X4）说明见表 5-12~表 5-15。

表 5-12　X1 端子

X1 端子编号	使用定义	地址分配
1	OUTPUT CH1	0
2	OUTPUT CH2	1
3	OUTPUT CH3	2
4	OUTPUT CH4	3
5	OUTPUT CH5	4
6	OUTPUT CH6	5
7	OUTPUT CH7	6
8	OUTPUT CH8	7
9	0V	
10	24V	

表 5-13　X2 端子

X2 端子编号	使用定义	地址分配
1	OUTPUT CH9	8
2	OUTPUT CH10	9
3	OUTPUT CH11	10
4	OUTPUT CH12	11
5	OUTPUT CH13	12
6	OUTPUT CH14	13
7	OUTPUT CH15	14
8	OUTPUT CH16	15
9	0V	
10	24V	

表 5-14　X3 端子

X3 端子编号	使用定义	地址分配
1	INPUT CH1	0
2	INPUT CH2	1
3	INPUT CH3	2
4	INPUT CH4	3
5	INPUT CH5	4
6	INPUT CH6	5
7	INPUT CH7	6
8	INPUT CH8	7
9	0V	
10	未使用	

表 5-15　X4 端子

X4 端子编号	使用定义	地址分配
1	INPUT　CH9	8
2	INPUT CH10	9
3	INPUT CH11	10
4	INPUT CH12	11
5	INPUT CH13	12
6	INPUT CH14	13
7	INPUT CH15	14
8	INPUT CH16	15
9	0V	
10	未使用	

5.2.2　怎样配置 DSQC651 板？

做什么

1. 定义 DSQC651 板。
2. 定义数字输入信号 di1。
3. 定义数字输出信号 do1。
4. 定义组输入信号 gi1。
5. 定义组输出信号 go1。
6. 定义模拟输出信号 ao1。

下面以 DSQC651 板为例，分别演示数字输入输出、组输入输出、模拟量输出的操作。假定 DSQC651 板在 DeviceNet 总线中的地址为 10，其名称为 board10，见表 5-16。

表 5-16 配置 DSQC651 板参数

参数名称	设定值	说明
Name	board10	设定 I/O 板在系统中的名字
Network	DeviceNet	I/O 板连接的总线
Address	10	设定 I/O 板在总线中的地址

做给你看

1. 定义 DSQC651 板

按表 5-16 所列参数,对 DSQC651 板进行定义,具体操作步骤见表 5-17。

表 5-17 定义 DSQC651 板的操作步骤

步骤	操作内容	示意图
1	点击左上角主菜单按钮,选择"控制面板"	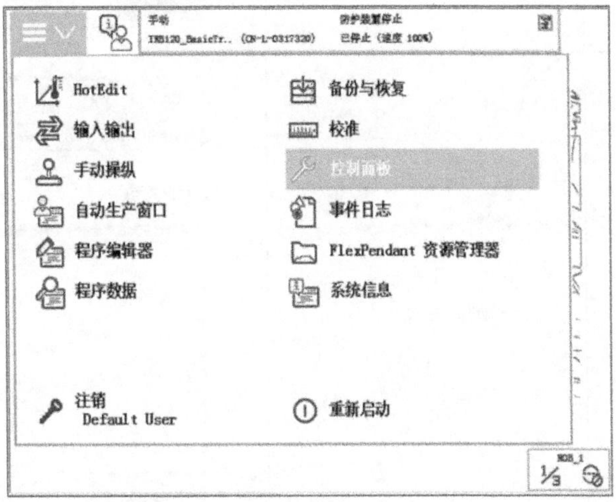
2	选择"配置"	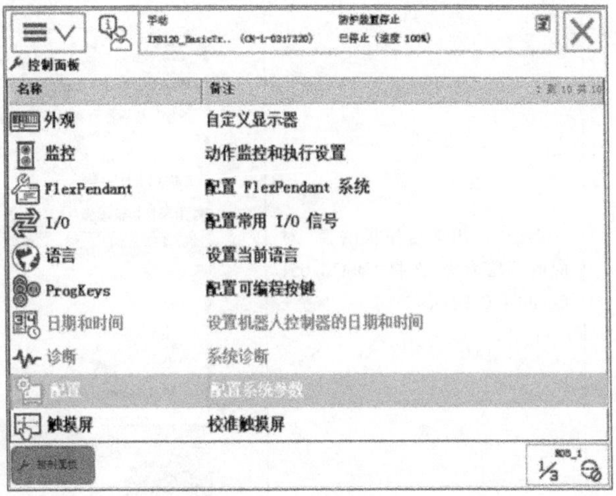

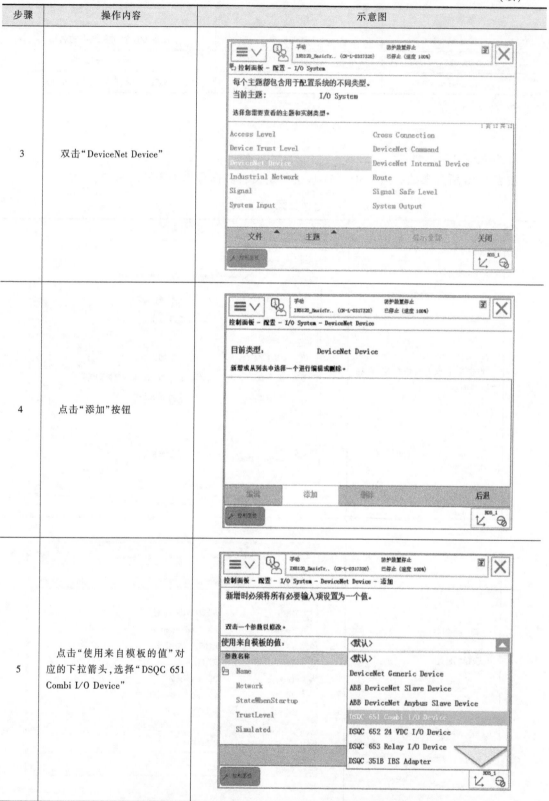

（续）

步骤	操作内容	示意图
3	双击"DeviceNet Device"	
4	点击"添加"按钮	
5	点击"使用来自模板的值"对应的下拉箭头，选择"DSQC 651 Combi I/O Device"	

（续）

步骤	操作内容	示意图
6	双击"Name"设定 DSQC651 板在系统中的名字（如果不修改，则名字是默认的"d651"）	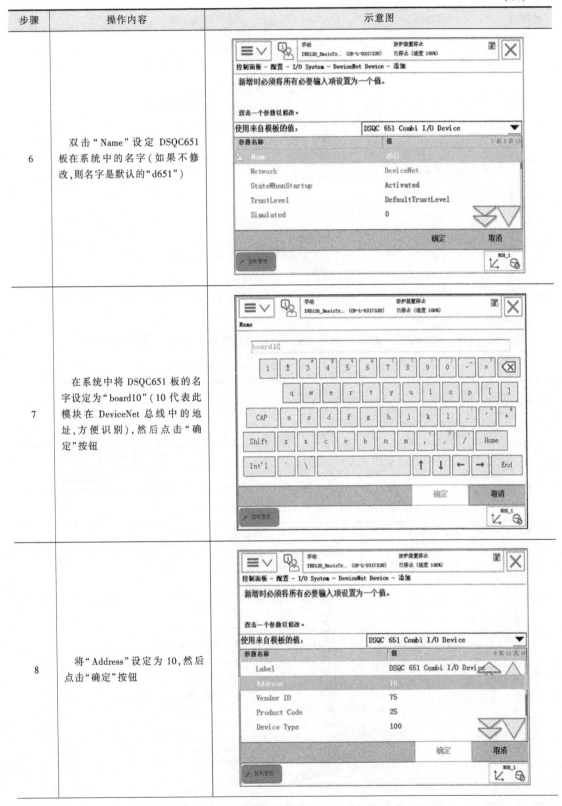
7	在系统中将 DSQC651 板的名字设定为"board10"（10 代表此模块在 DeviceNet 总线中的地址，方便识别），然后点击"确定"按钮	
8	将"Address"设定为 10，然后点击"确定"按钮	

（续）

步骤	操作内容	示意图
9	点击"是"按钮，这样 DSQC651 板的定义就完成了	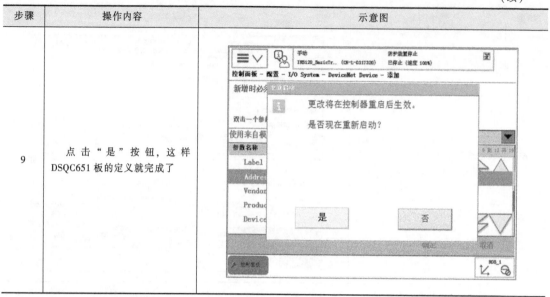

2. 定义数字输入信号 di1

数字输入信号 di1 的相关参数见表 5-18，定义 di1 的具体操作步骤见表 5-19。

表 5-18　定义数字输入信号 di1 参数设置说明

参数名称	设定值	说明
Name	di1	设定数字输入信号的名字
Type of Signal	Digital Input	设定信号的类型
Assigned to Device	board10	设定信号所在的 I/O 模块
Device Mapping	0	设定信号所占用的地址

表 5-19　定义数字输入信号 di1 的操作步骤

步骤	操作内容	示意图
1	点击左上角主菜单按钮，选择"控制面板"，再选择"配置"	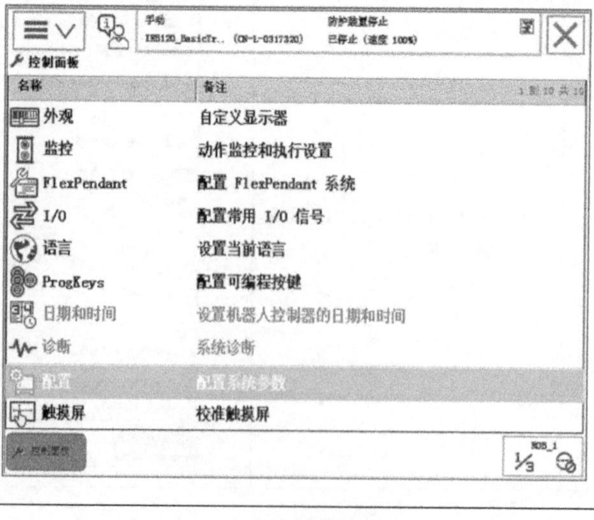

（续）

步骤	操作内容	示意图
2	双击"Signal"	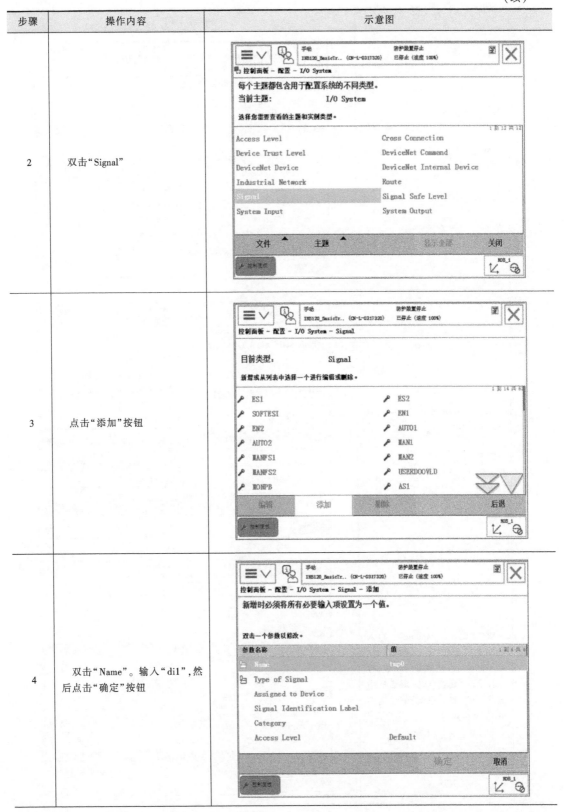
3	点击"添加"按钮	
4	双击"Name"。输入"di1"，然后点击"确定"按钮	

（续）

步骤	操作内容	示意图
5	双击"Type of Signal"，选择"Digital Input"	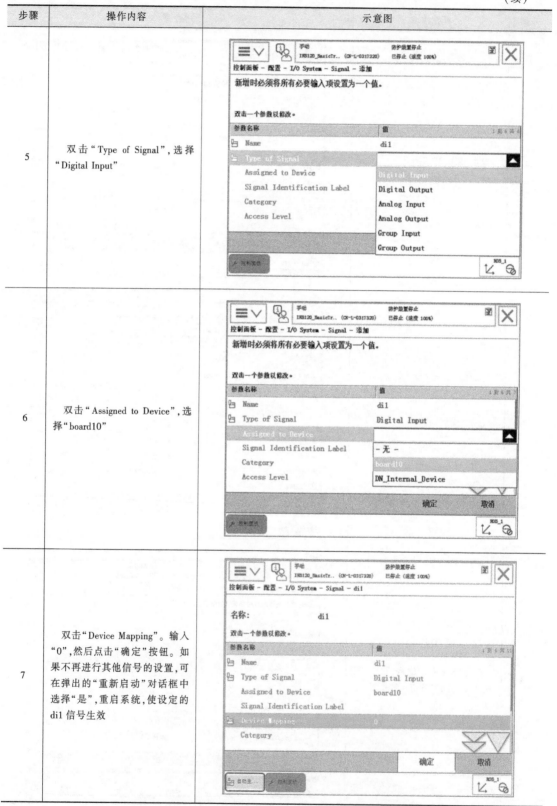
6	双击"Assigned to Device"，选择"board10"	
7	双击"Device Mapping"。输入"0"，然后点击"确定"按钮。如果不再进行其他信号的设置，可在弹出的"重新启动"对话框中选择"是"，重启系统，使设定的di1信号生效	

3. 定义数字输出信号 do1

数字输出信号 do1 的相关参数见表 5-20,定义 do1 的具体操作步骤见表 5-21。

表 5-20 定义数字输出信号 do1 参数设置说明

参数名称	设定值	说明
Name	do1	设定数字输出信号的名字
Type of Signal	Digital Output	设定信号的类型
Assigned to Device	board10	设定信号所在的 I/O 模块
Device Mapping	32	设定信号所占用的地址

表 5-21 定义数字输出信号 do1 的操作步骤

步骤	操作内容	示意图
1	点击左上角主菜单按钮,选择"控制面板",再选择"配置"	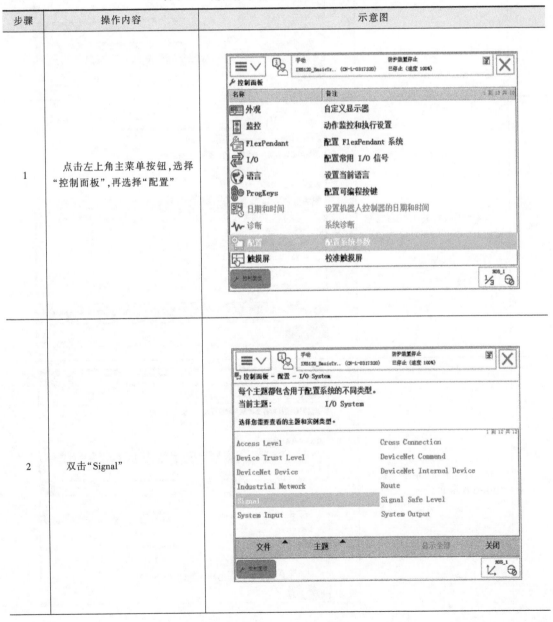
2	双击"Signal"	

（续）

步骤	操作内容	示意图
3	点击"添加"按钮	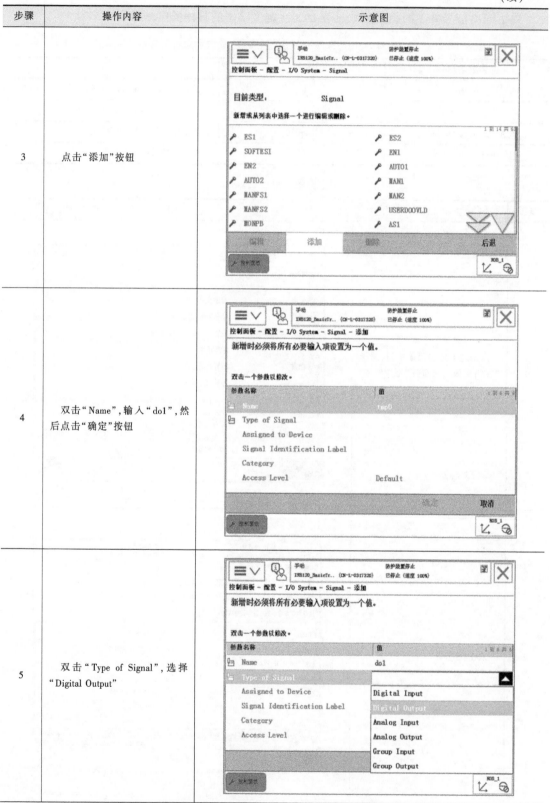
4	双击"Name"，输入"do1"，然后点击"确定"按钮	
5	双击"Type of Signal"，选择"Digital Output"	

（续）

步骤	操作内容	示意图
6	双击"Assigned to Device"，选择"board10"	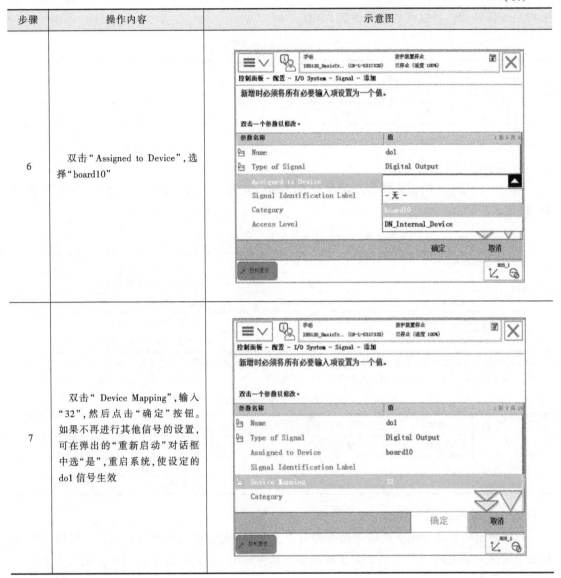
7	双击"Device Mapping"，输入"32"，然后点击"确定"按钮。如果不再进行其他信号的设置，可在弹出的"重新启动"对话框中选"是"，重启系统，使设定的do1信号生效	

4. 定义组输入信号 gi1

组输入信号 gi1 的相关参数及状态见表 5-22，其设置过程可参考表 5-19 数字输入信号 di1 的定义步骤。

表 5-22　定义组输入信号 gi1 参数设置说明

参数名称	设定值	说明
Name	gi1	设定组输入信号的名字
Type of Signal	Group Input	设定信号的类型
Assigned to Device	board10	设定信号所在的 I/O 模块
Device Mapping	1-4	设定信号所占用的地址

注：组输入信号就是将几个数字输入信号组合起来使用，用于接收外围设备输入的 BCD 编码的十进制数。

如表 5-23 中所列，gi1 占用地址 1~4 共 4 位，可以代表十进制数 0~15。依此类推，如果占用 5 位地址，可以代表十进制数 0~31。

表 5-23　BCD 码与十进制数之间的转换（1）

状态	地址 1	地址 2	地址 3	地址 4	十进制数
	1	2	4	8	
状态 1	0	1	0	1	2+8 = 10
状态 2	1	0	1	1	1+4+8 = 13

5. 定义组输出信号 go1

组输出信号 go1 的相关参数及状态见表 5-24，其设置过程可参考表 5-21 数字输出信号 do1 的定义步骤。

表 5-24　定义组输出信号 go1 参数设置说明

参数名称	设定值	说明
Name	go1	设定组输入信号的名字
Type of Signal	Group Output	设定信号的类型
Assigned to Device	board10	设定信号所在的 I/O 模块
Device Mapping	33-36	设定信号所占用的地址

注：组输出信号就是将几个数字输出信号组合起来使用，用于输出 BCD 编码的十进制数。如表 5-25 所列，go1 占用地址 33~36 共 4 位，可以代表十进制数 0~15。依此类推，如果占用 5 位地址，可以代表十进制数 0~31。

表 5-25　BCD 码与十进制数之间的转换（2）

状态	地址 33	地址 34	地址 35	地址 36	十进制数
	1	2	4	8	
状态 1	0	1	0	1	2+8 = 10
状态 2	1	0	1	1	1+4+8 = 13

6. 定义模拟输出信号 ao1

模拟输出信号常应用于控制焊接电源电压。这里以创建焊接电源电压输出与机器人输出电压的线性关系为例（图 5-6），定义模拟输出信号 ao1，相关参数见表 5-26。定义 ao1 的具体操作步骤见表 5-27。

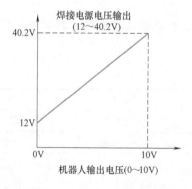

图 5-6　模拟输出信号实例

表 5-26 定义模拟输出信号 ao1 参数说明

参数名称	设定值	说明
Name	ao1	设定模拟输出信号的名字
Type of Signal	Analog Output	设定信号的类型
Assigned to Device	board10	设定信号所在的 I/O 模块
Device Mapping	0~15	设定信号所占用的地址
Default Value	12	默认值,不得小于最小逻辑值
Analog Encoding Type	Unsigned	默认值,不得小于最小逻辑值
Maximum Logical Value	40.2	最大逻辑值,焊机最大输出电压 40.2V
Maximum Physical Value	10	最大物理值,焊机最大输出电压所对应的 I/O 板最大输出电压值
Maximum Physical Value Limit	10	最大物理限值,I/O 板端口最大输出电压值
Maximum Bit Value	65535	最大逻辑位值,16 位
Minimum Logical Value	12	最小逻辑值,焊机最小输出电压 12V
Minimum Physical Value	0	最小物理值,焊机最小输出电压所对应的 I/O 板最小输出电压值
Minimum Physical Value Limit	0	最小物理限值,I/O 板端口最小输出电压
Minimum Bit Value	0	最小逻辑位值

表 5-27 定义模拟输出信号 ao1 的操作步骤

步骤	操作内容	示意图
1	点击左上角主菜单按钮,选择"控制面板",再选择"配置"	

（续）

步骤	操作内容	示意图
2	双击"Signal"	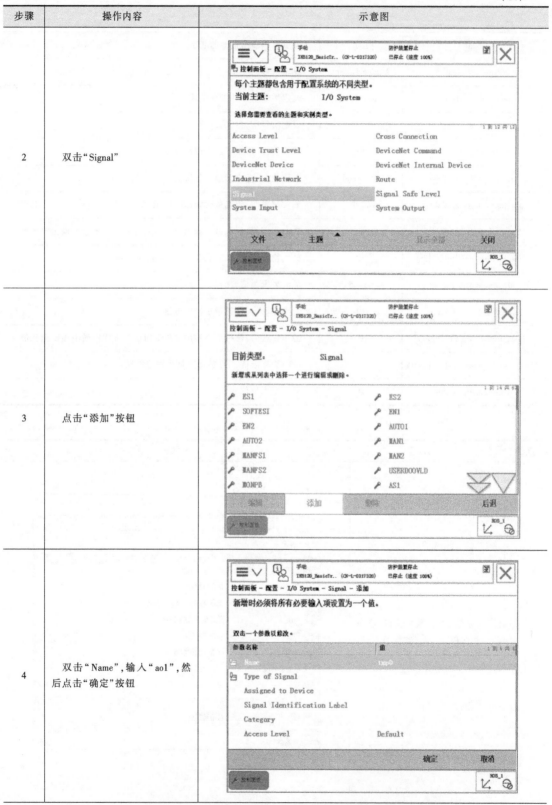
3	点击"添加"按钮	
4	双击"Name"，输入"ao1"，然后点击"确定"按钮	

（续）

步骤	操作内容	示意图
5	双击"Type of Signal"，选择"Analog Output"	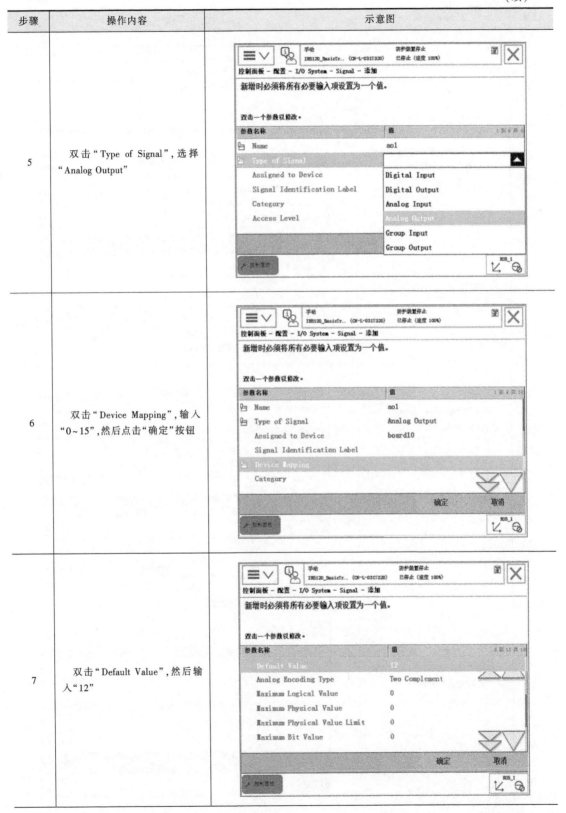
6	双击"Device Mapping"，输入"0~15"，然后点击"确定"按钮	
7	双击"Default Value"，然后输入"12"	

（续）

步骤	操作内容	示意图
8	双击"Analog Encoding Type"，然后选择"Unsigned"	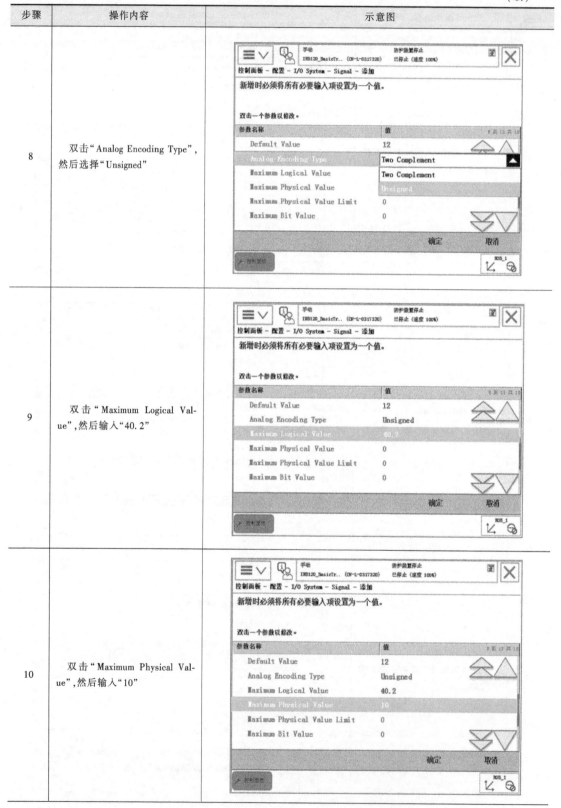
9	双击"Maximum Logical Value"，然后输入"40.2"	
10	双击"Maximum Physical Value"，然后输入"10"	

（续）

步骤	操作内容	示意图
11	双击"Maximum Physical Value Limit"，然后输入"10"	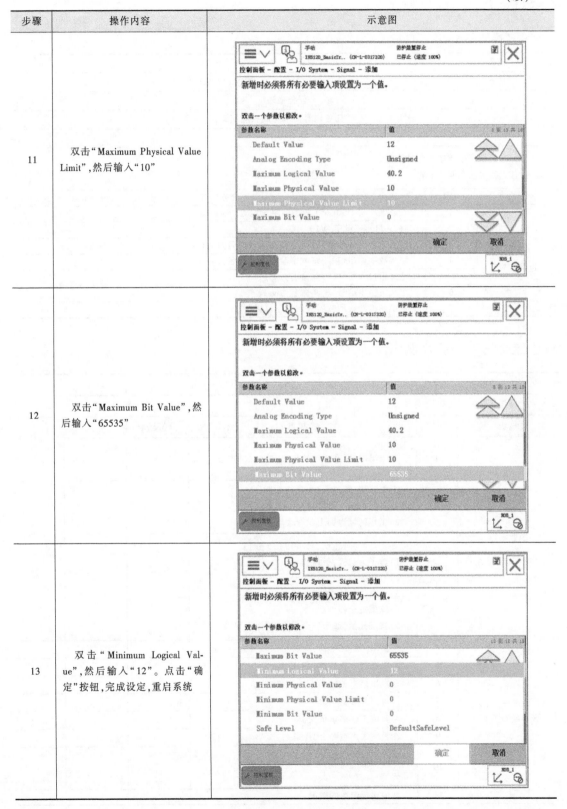
12	双击"Maximum Bit Value"，然后输入"65535"	
13	双击"Minimum Logical Value"，然后输入"12"。点击"确定"按钮，完成设定，重启系统	

让你试试看——项目测试

项目任务操作测试

任务编号	5-1
任务名称	DSQC651 板的配置
任务概述	
按任务内容要求完成相应配置	
任务要求	

1. 操作过程中严格遵守安全操作规范
2. 操作过程中注意职业素养

板块	序号	任务内容
DSQC651 板的配置	1	在系统中将 DSQC651 板的名字设定为"board10"
	2	将"Address"设定为 10
	3	定义数字输入信号,将数字输入信号命名为 di1
	4	定义数字输出信号,将数字输出信号命名为 do1
	5	定义组输入信号,将其命名为 gi1
	6	定义组输出信号,将其命名为 go1
	7	将工业机器人示教器放回指定位置

确认你会干——项目操作评价

学号			姓名		单位	
任务编号	5-1	任务名称	DSQC651 板的配置			
板块	序号	考核点		分值标准	得分	备注
职业素养	1	遵守纪律,尊重指导教师,违反一次扣 1 分				
	2	工位清洁(若违反,每项扣 0.5 分): 1)系统设备上没有多余的工具 2)工作区域地面上没有垃圾				
	3	着装要求(若违反,每项扣 0.5 分): 1)裤子为长裤,裤口收紧 2)鞋子为绝缘三防鞋 3)上衣为长袖,袖口收紧 4)佩戴安全帽 5)长发扎紧,放于安全帽内,短发无要求				
违反考核纪律	4	在发出开始指令前,提前操作				
	5	不服从指导教师指令				
	6	在发出结束考核指令后,继续操作				
	7	擅自离开考核工位				
	8	与其他工位的学员交流				
	9	在教室大声喧哗、无理取闹				
	10	携带纸张、U 盘、手机等不允许携带的物品进场				
	11	其他违反纪律的情况				

（续）

板块	序号	考核点	分值标准	得分	备注
DSQC651 板的配置	12	在系统中将 DSQC651 板的名字设定为 "board10"			
	13	将 "Address" 设定为 10			
	14	定义数字输入信号，将数字输入信号命名为 di1			
	15	定义数字输出信号，将数字输出信号命令为 do1			
	16	定义组输入信号，将其命名为 gi1			
	17	定义组输出信号，将其命名为 go1			
总分					
学生签字		考评签字		考评结束时间	

项目 5.3　怎样监控与操作 I/O 信号？

在对机器人进行调试和检修或需要进行仿真操作时，通常需要对 I/O 信号进行实时监控或者强制操作。通过本项目的学习，读者可掌握 I/O 信号的仿真监控及强制操作。

5.3.1　怎样仿真和强制 I/O 信号？

做什么

对 I/O 信号进行仿真和强制操作。

讲给你听

对 I/O 信号的状态或数值进行仿真或者强制操作时，输入信号是外部设备发送给机器人的信号，所以机器人并不能对此信号进行赋值。但是在机器人编程测试环境中，为了方便模拟外部设备的信号场景，可使用仿真操作来对输入信号进行赋值，消除仿真后，输入信号就可以回复为之前真正的值。对于输出信号，则可以直接进行强制赋值操作。

1. 打开"输入输出"界面（表 5-28）

表 5-28　操作步骤

步骤	操作内容	示意图
1	点击左上角主菜单按钮，选择"输入输出"	

（续）

步骤	操作内容	示意图
2	点击右下角"视图"菜单，选择"I/O 设备"	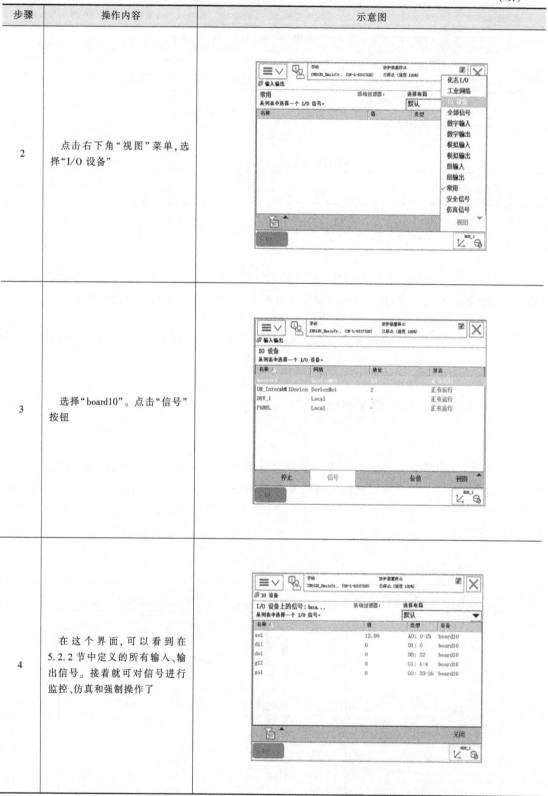
3	选择"board10"。点击"信号"按钮	
4	在这个界面，可以看到在 5.2.2 节中定义的所有输入、输出信号。接着就可对信号进行监控、仿真和强制操作了	

2. 对 I/O 信号进行仿真和强制操作

对 I/O 信号的状态或数值进行仿真和强制操作，以便在工业机器人调试和检修时使用。下面就来学习数字信号和组信号的仿真和强制操作。

1）对 di1 进行仿真操作，操作步骤见表 5-29。

表 5-29   对 di1 进行仿真操作的步骤

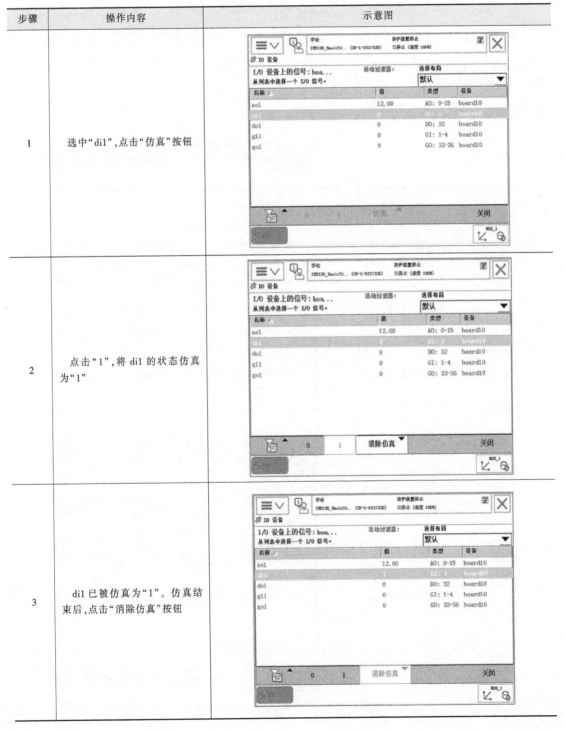

步骤	操作内容	示意图
1	选中"di1"，点击"仿真"按钮	
2	点击"1"，将 di1 的状态仿真为"1"	
3	di1 已被仿真为"1"。仿真结束后，点击"消除仿真"按钮	

2）对 do1 进行强制操作，操作步骤见表 5-30。

表 5-30　对 do1 进行强制操作

操作内容	示意图
选中"do1"，通过点击"0"和"1"，对 do1 的状态进行强制操作	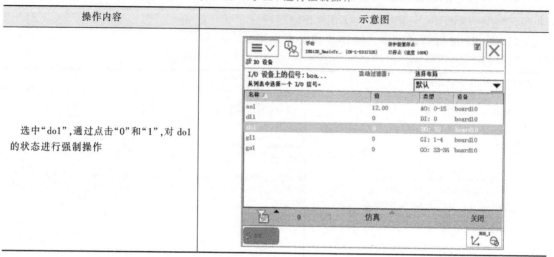

3）对 gi1 进行仿真操作，操作步骤见表 5-31。

表 5-31　对 gi1 进行仿真操作的步骤

步骤	操作内容	示意图
1	选中"gi1"，点击"仿真"按钮	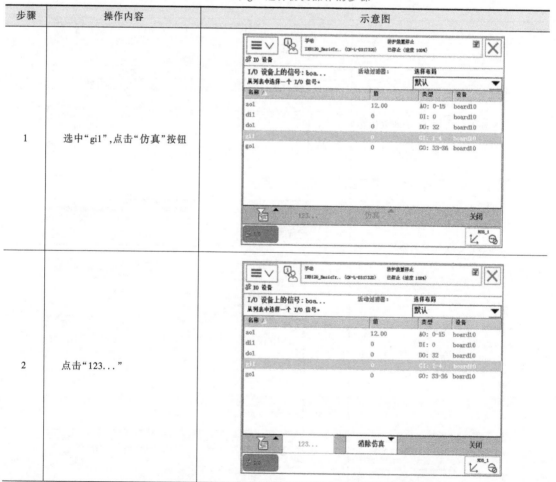
2	点击"123…"	

（续）

步骤	操作内容	示意图
3	输入需要的数值，然后点击"确定"按钮 注：gi1占用地址1~4共4位，可以代表十进制数0~15。依此类推，如果占用5位地址，可以代表十进制数0~31	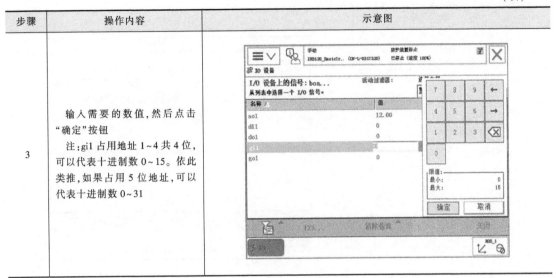

4）对go1进行强制操作，操作步骤见表5-32。

表5-32 对go1进行强制操作的步骤

步骤	操作内容	示意图
1	选中"go1"，点击"123..."	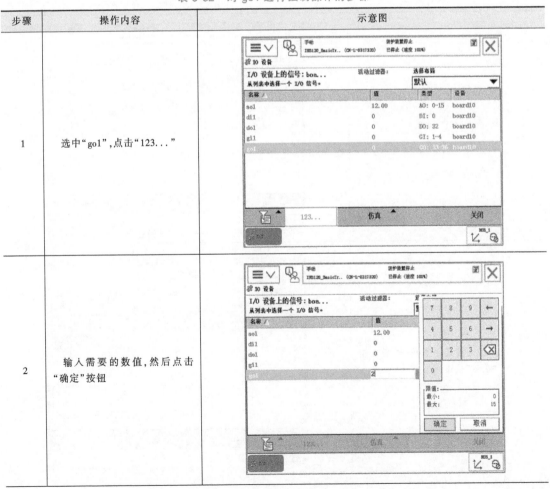
2	输入需要的数值，然后点击"确定"按钮	

（续）

步骤	操作内容	示意图
3	图中所示为 go1 的强制输出值	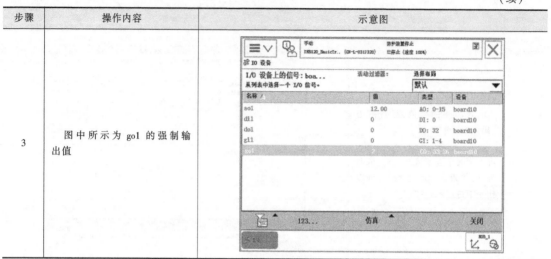

5）对 ao1 进行强制操作，操作步骤见表 5-33。

表 5-33　对 ao1 进行强制操作的步骤

步骤	操作内容	示意图
1	选中"ao1"，点击"123…"	
2	输入需要的数值，然后点击"确定"按钮	

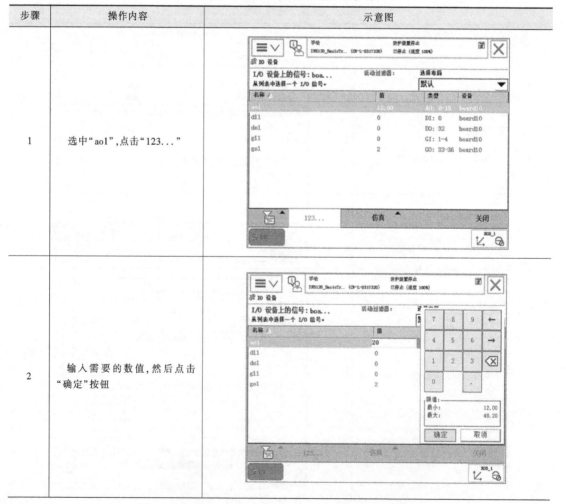

（续）

步骤	操作内容	示意图
3	图中所示为 ao1 的强制输出值	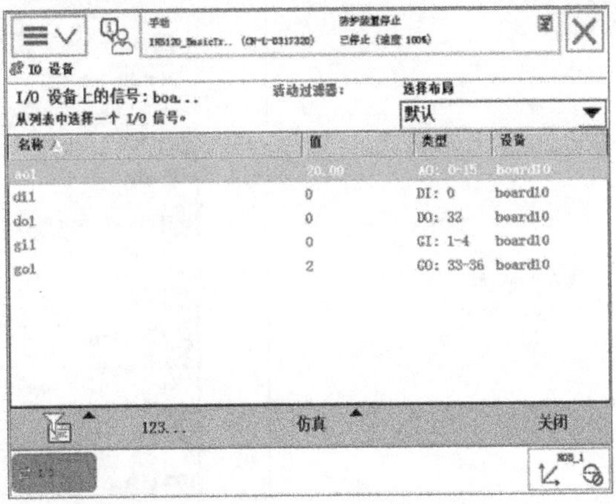

5.3.2　怎样关联系统的控制信号？

做什么

1. 建立系统输入"电机开启"状态与数字输入信号 di1 的关联。

2. 建立系统输出"电机开启"状态与数字输出信号 do1 的关联。

3. 将数字输入信号与系统的控制信号关联起来，就可以对系统进行控制（例如起动电动机、启动程序等）。

讲给你听

1）建立系统输入"电机开启"状态与数字输入信号 di1 的关联，操作步骤见表 5-34。

表 5-34　建立信号关联的操作步骤（1）

步骤	操作内容	示意图
1	单击左上角主菜单按钮，选择"控制面板"	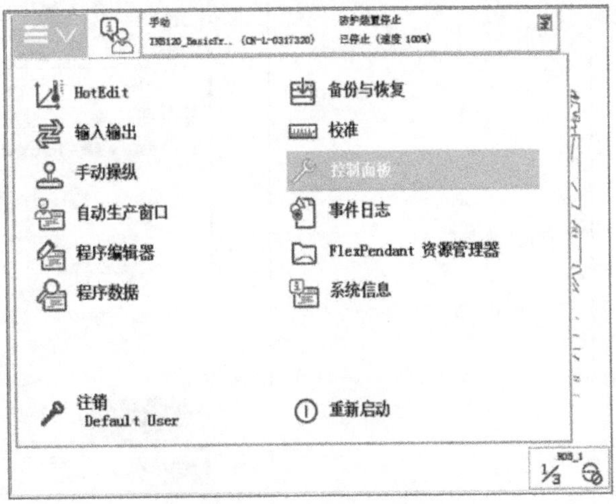

（续）

步骤	操作内容	示意图
2	选择"配置"	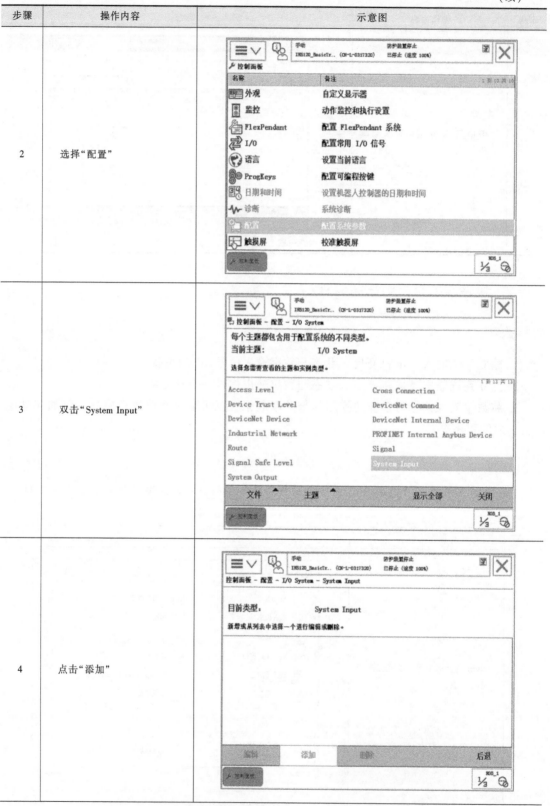
3	双击"System Input"	
4	点击"添加"	

（续）

步骤	操作内容	示意图
5	双击"Signal Name"	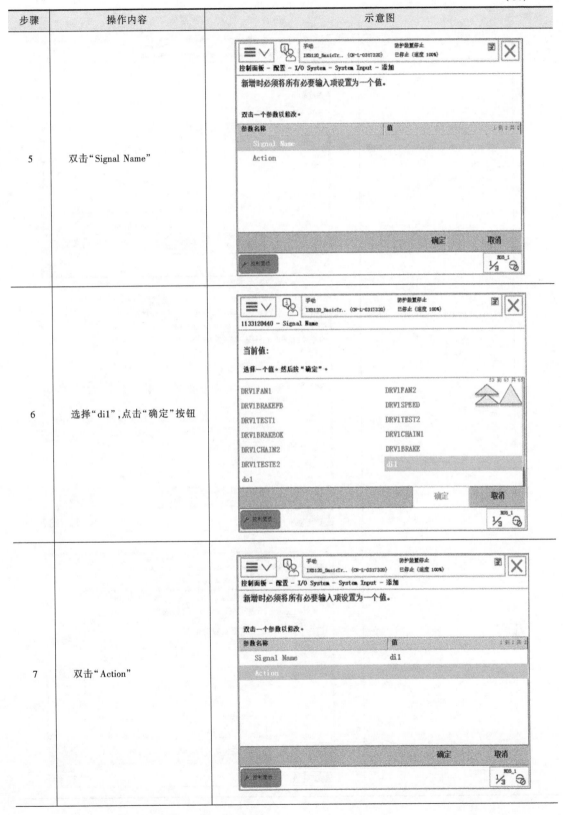
6	选择"di1"，点击"确定"按钮	
7	双击"Action"	

（续）

步骤	操作内容	示意图
8	选择"Motors On"，点击"确定"按钮	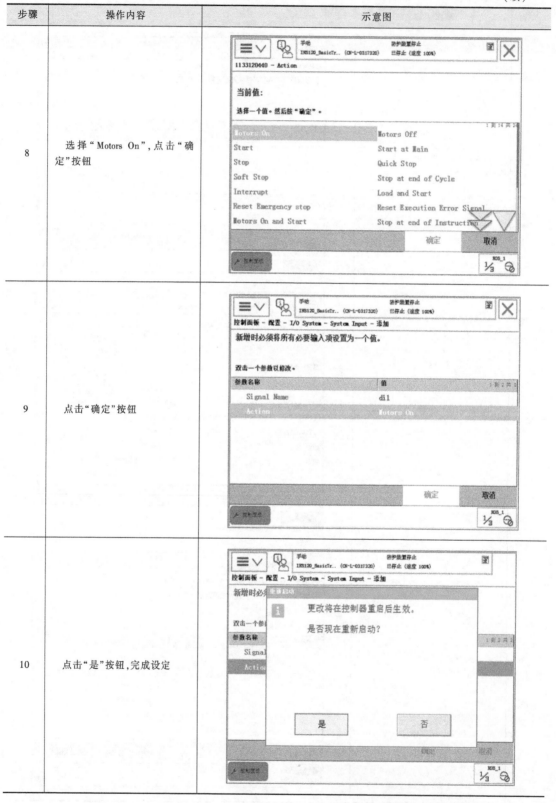
9	点击"确定"按钮	
10	点击"是"按钮，完成设定	

2）建立系统输出"电机开启"状态与数字输出信号 do1 的关联，操作步骤见表 5-35。

表 5-35　建立信号关联的操作步骤（2）

步骤	操作内容	示意图
1	点击左上角主菜单按钮，选择"控制面板"	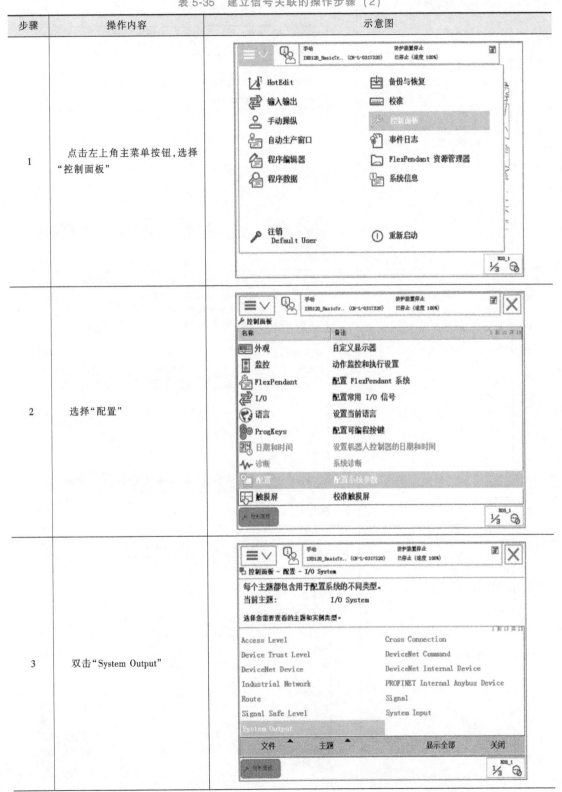
2	选择"配置"	
3	双击"System Output"	

（续）

步骤	操作内容	示意图
4	点击"添加"	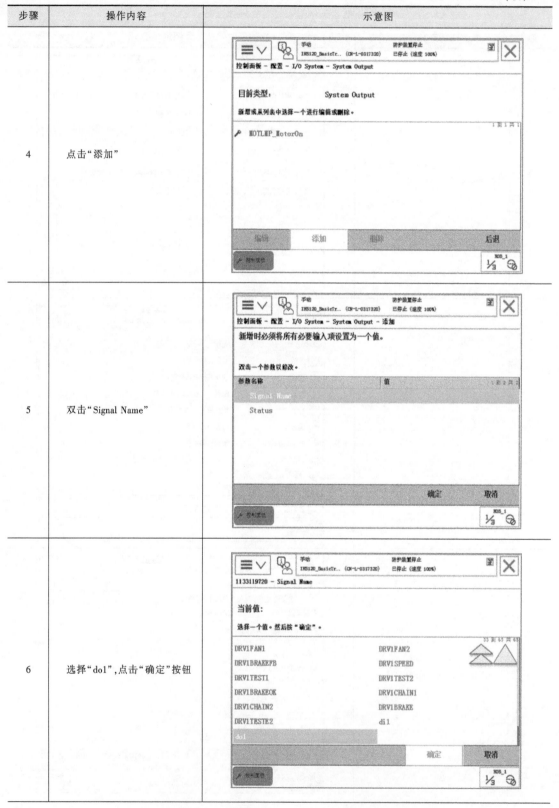
5	双击"Signal Name"	
6	选择"do1"，点击"确定"按钮	

（续）

步骤	操作内容	示意图
7	双击"Status"	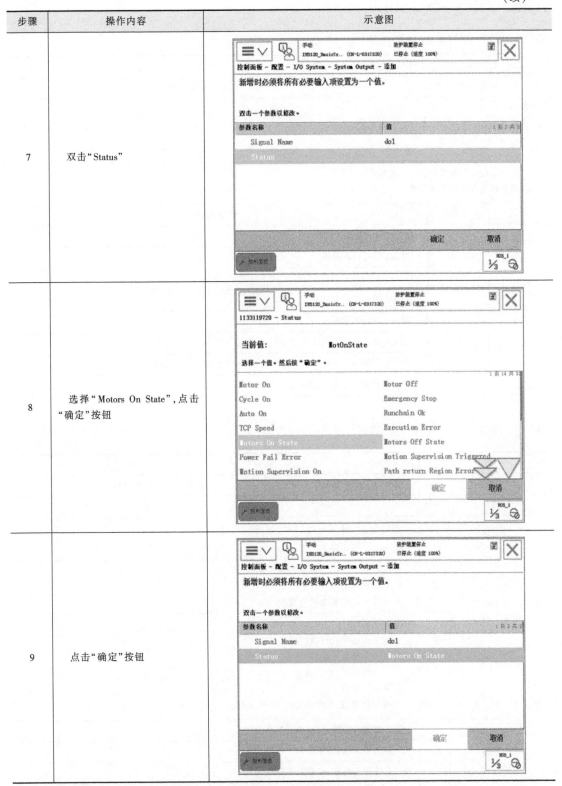
8	选择"Motors On State"，点击"确定"按钮	
9	点击"确定"按钮	

注：关于系统输入/输出的其他定义详情，请查看ABB机器人随机光盘说明书。

让你试试看——项目测试

项目任务操作测试

任务编号	5-3
任务名称	I/O 信号的监控与操作

任务概述
按任务内容要求完成 I/O 信号的监控与操作

任务要求
1. 操作过程中严格遵守安全操作规范 2. 操作过程中注意职业素养

板块	序号	任务内容
I/O 信号的监控与操作	1	打开"输入输出"界面
	2	对 di1 进行仿真操作
	3	对 do1 进行强制操作
	4	对 go1 进行强制操作
	5	对 ao1 进行强制操作
	6	建立系统输入"电机开启"状态与数字输入信号 di1 的关联
	7	建立系统输出"电机开启"状态与数字输出信号 do1 的关联
	8	将工业机器人示教器放回指定位置

确认你会干——项目操作评价

学号		姓名		单位	
任务编号	5-3	任务名称	I/O 信号的监控与操作		

板块	序号	考核点	分值标准	得分	备注
职业素养	1	遵守纪律,尊重指导教师,违反一次扣1分			
	2	工位清洁(若违反,每项扣0.5分): 1)系统设备上没有多余的工具 2)工作区域地面上没有垃圾			
	3	着装要求(若违反,每项扣0.5分): 1)裤子为长裤,裤口收紧 2)鞋子为绝缘三防鞋 3)上衣为长袖,袖口收紧 4)佩戴安全帽 5)长发扎紧,放于安全帽内,短发无要求			
操作不当破坏设备	4	工业机器人碰撞,导致夹具损坏			
	5	工业机器人碰撞,导致工件损坏			
	6	工业机器人碰撞,夹具及工件损坏			
	7	破坏设备,无法继续进行考核			

（续）

板块	序号	考核点	分值标准	得分	备注
违反考核纪律	8	在发出开始指令前,提前操作			
	9	不服从指导教师指令			
	10	在发出结束考核指令后,继续操作			
	11	擅自离开考核工位			
	12	与其他工位的学员交流			
	13	在教室大声喧哗、无理取闹			
	14	携带纸张、U盘、手机等不允许携带的物品进场			
	15	其他违反纪律的情况			
机器人操作	16	对di1进行仿真操作			
	17	对do1进行强制操作			
	18	对go1进行强制操作			
	19	对ao1进行强制操作			
	20	建立系统输入"电机开启"状态与数字输入信号di1的关联			
	21	建立系统输出"电机开启"状态与数字输出信号do1的关联			
总分					
学生签字		考评签字		考评结束时间	

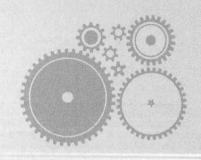

模块6

工业机器人怎样编程?

内容概述

本模块主要讲解怎样为 ABB 工业机器人编程的知识，包括机器人的 RAPID 编程语言与程序结构，运动指令及应用，程序数据的分类、定义与赋值，数学运算指令、逻辑判断指令及用法，I/O 控制指令，基础示教编程的综合运用，功能函数的编写，中断程序编写等相关知识。通过本模块的学习可以逐步了解并掌握怎样为 ABB 工业机器人编程并调试。

知识目标

1. 了解 RAPID 编程语言与程序结构。
2. 掌握基本运动指令的使用。
3. 理解程序数据及数据的类型与存储类型。
4. 掌握常用的数学运算指令、逻辑判断指令及用法。
5. 掌握常用的 I/O 控制指令及用法。
6. 了解功能函数的编写与调用。
7. 了解中断程序的编写与调用。

能力目标

1. 能新建程序模块与例行程序。
2. 能运用常用的运动指令编写简单轨迹程序。
3. 能运用数学运算指令、逻辑判断指令编写程序。
4. 能运用 I/O 控制指令编写程序。
5. 能根据需要编写 FUNC 函数程序。
6. 能编写 TRAP 中断程序。

知识结构图

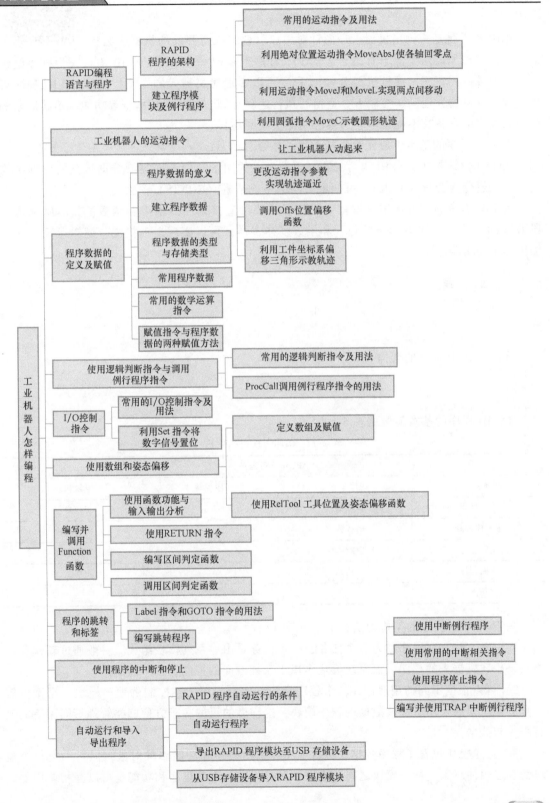

工业机器人怎样编程
- RAPID编程语言与程序
  - RAPID程序的架构
  - 建立程序模块及例行程序
    - 常用的运动指令及用法
    - 利用绝对位置运动指令MoveAbsJ使各轴回零点
    - 利用运动指令MoveJ和MoveL实现两点间移动
    - 利用圆弧指令MoveC示教圆形轨迹
    - 让工业机器人动起来
    - 更改运动指令参数实现轨迹逼近
    - 调用Offs位置偏移函数
    - 利用工件坐标系偏移三角形示教轨迹
- 工业机器人的运动指令
- 程序数据的定义及赋值
  - 程序数据的意义
  - 建立程序数据
  - 程序数据的类型与存储类型
  - 常用程序数据
  - 常用的数学运算指令
  - 赋值指令与程序数据的两种赋值方法
- 使用逻辑判断指令与调用例行程序指令
  - 常用的逻辑判断指令及用法
  - ProcCall调用例行程序指令的用法
- I/O控制指令
  - 常用的I/O控制指令及用法
  - 利用Set指令将数字信号置位
- 使用数组和姿态偏移
  - 定义数组及赋值
  - 使用RelTool工具位置及姿态偏移函数
- 编写并调用Function函数
  - 使用函数功能与输入输出分析
  - 使用RETURN指令
  - 编写区间判定函数
  - 调用区间判定函数
- 程序的跳转和标签
  - Label指令和GOTO指令的用法
  - 编写跳转程序
- 使用程序的中断和停止
  - 使用中断例行程序
  - 使用常用的中断相关指令
  - 使用程序停止指令
  - 编写并使用TRAP中断例行程序
- 自动运行和导入导出程序
  - RAPID程序自动运行的条件
  - 自动运行程序
  - 导出RAPID程序模块至USB存储设备
  - 从USB存储设备导入RAPID程序模块

项目 6.1 什么是 RAPID 编程语言与程序？

RAPID 语言是一种由机器人厂商针对用户示教编程所开发的机器人编程语言，其结构和风格类似于 C 语言。RAPID 程序就是把一连串的 RAPID 语言人为有序组织起来，形成应用程序。通过执行 RAPID 程序可以实现对机器人的操作控制。RAPID 程序可以实现操纵机器人运动、控制 I/O 通信、执行逻辑计算、重复执行指令等功能。不同厂家的机器人编程语言各有不同，但在实现的功能上大同小异。

RAPID 程序的基本组成元素包括数据、指令和函数。

RAPID 数据是在 RAPID 语言编程环境下定义的用于存储不同类型数据信息的数据结构类型，一般分为变量（VAR）、可变量（PERS）、常量（CONTS）三大类。

RAPID 语言为了方便用户编程，封装了一些可直接调用的指令和函数，其本质都是一段 RAPID 程序。RAPID 语言的指令和函数多种多样，可以实现运动控制、逻辑运算、输入输出等不同功能。

6.1.1 什么是 RAPID 程序的架构？

做什么

认识 RAPID 程序的架构。

讲给你听

RAPID 程序的基本架构见表 6-1。

表 6-1 RAPID 程序的架构

RAPID（任务程序）			
程序模块 1	程序模块 2	程序模块 3	系统模块
程序数据	程序数据	……	程序数据
主程序 main	例行程序	……	例行程序
例行程序	中断程序	……	中断程序
中断程序	功能	……	功能
功能			

关于 RAPID 程序的架构说明如下：

1）一个 RAPID 程序称为一个任务，一个任务是由一系列模块组成。一般通过新建程序模块来构建机器人的程序。而系统模块多用于系统方面的控制，且不能删除。

2）可以根据不同的用途创建多个程序模块，如专门用于主控制的程序模块、用于位置计算的程序模块及用于存放数据的程序模块，这样做的目的在于方便归类管理不同用途的例行程序与数据。

3）程序模块包含了程序数据、例行程序、中断程序和功能四种对象，但不一定每个模块都有这四种对象。程序模块之间的数据、例行程序、中断程序和功能是可以互相调用的。

4）在 RAPID 程序中，只有一个主程序 main，作为整个 RAPID 程序执行的起点。

6.1.2　怎样建立程序模块及例行程序？

做什么

建立程序模块及例行程序。

做给你看

ABB 工业机器人的 RAPID 语言提供了丰富的指令，执行这些指令可以实现对工业机器人的控制操作，实现各种简单或复杂的应用。接下来，我们就从常用的指令开始学习 RAP-ID 编程，领略 RAPID 丰富的指令集为编程提供的便利性。但学习指令前我们先要给指令搭建"房子"，即创建程序模块和例行程序。

用示教器创建程序模块和例行程序的基本操作步骤见表 6-2。

表 6-2　创建程序模块和例行程序的操作步骤

步骤	操作内容	示意图
1	点击左上角主菜单按钮，选择"程序编辑器"	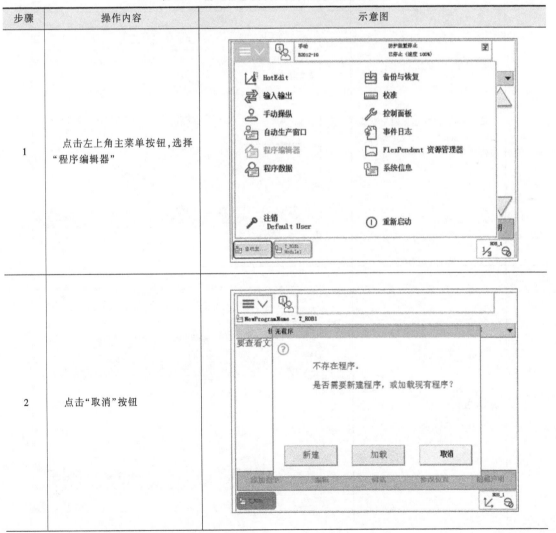
2	点击"取消"按钮	

（续）

步骤	操作内容	示意图
3	点击左下角"文件"菜单里的"新建模块"	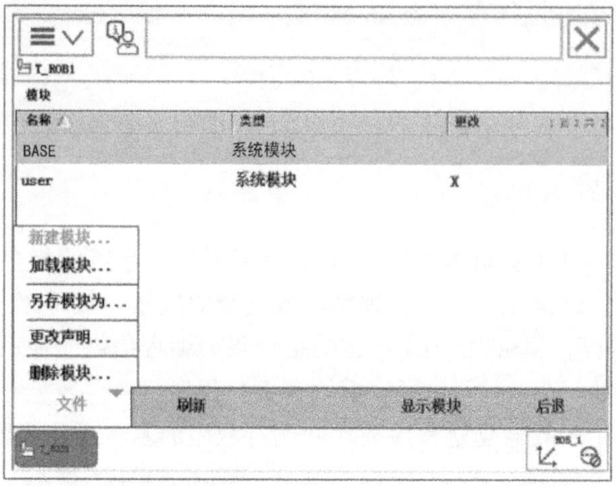
4	设定模块名称（这里使用默认名称"Module1"），点击"确定"按钮	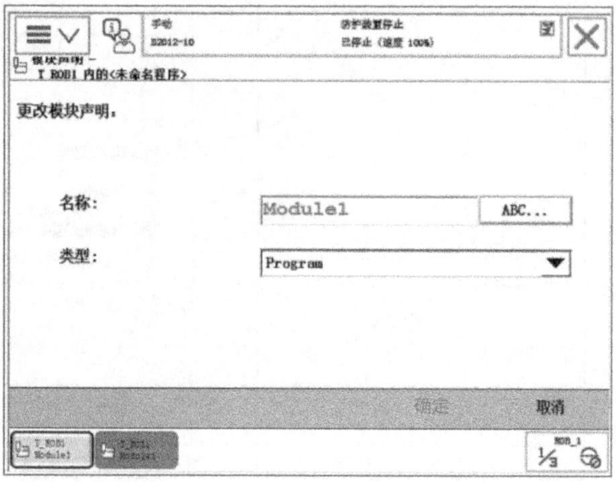
5	选中"Module1"，点击"显示模块"按钮	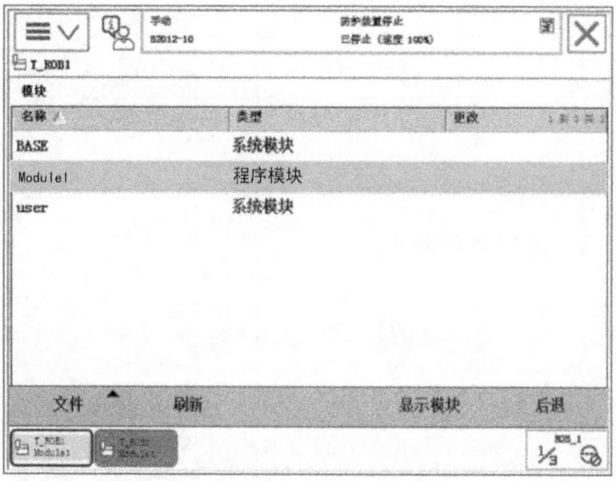

（续）

步骤	操作内容	示意图
6	点击"例行程序"	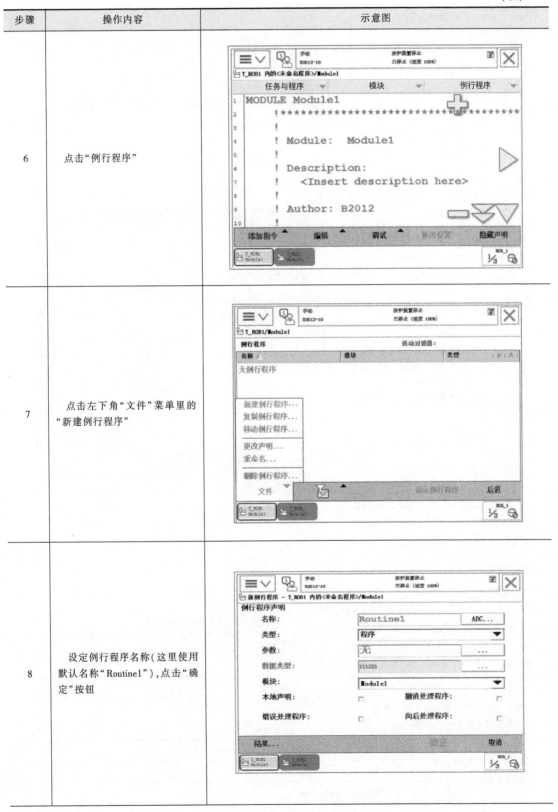
7	点击左下角"文件"菜单里的"新建例行程序"	
8	设定例行程序名称（这里使用默认名称"Routine1"），点击"确定"按钮	

（续）

步骤	操作内容	示意图
9	选中 Routine1，点击"显示例行程序"按钮	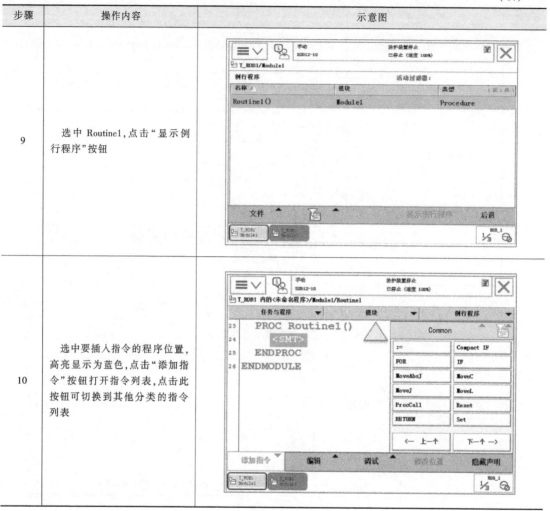
10	选中要插入指令的程序位置，高亮显示为蓝色，点击"添加指令"按钮打开指令列表，点击此按钮可切换到其他分类的指令列表	

让你试试看——项目测试

项目任务操作测试

任务编号	6-1
任务名称	建立程序模块及例行程序
任务概述	
按任务内容要求完成建立程序模块及例行程序的手动操作	
任务要求	
1 操作过程中严格遵守安全操作规范 2 操作过程中注意职业素养	

板块	序号	任务内容
机器人操作	1	新建程序模块 Task6-1
	2	新建例行程序 Test1

理论题

1. 目前，工业机器人常用编程方法有（ ）和离线编程两种。

A. 示教编程 B. 在线编程 C. 软件编程 D. 计算机编程

2. ABB 的编程语言是（ ）语言。

A. RaPID B. PAPID C. RAPID D. RAPUD

3. 一个 RAPID 程序称为一个（ ）。

A. 模块 B. 任务 C. 程序数据 D. 例行程序

4. 一个任务是由一系列的（ ）组成。

A. 任务 B. 例行程序 C. 程序数据 D. 模块

5. 一般通过新建（ ）来构建机器人的程序。

A. 例行程序 B. 任务 C. 程序数据 D. 程序模块

6. 系统模块多用于系统方面的控制，且系统模块（ ）删除。

A. 不能 B. 可以 C. 视情况决定是否 D. 随意

7. 在 RAPID 程序中，只有（ ）主程序 main。

A. 两个 B. 三个 C. 一个 D. 四个

8. 程序模块包含了程序数据、例行程序、中断程序和（ ）四种对象。

A. 主程序 B. 子程序 C. 程序数据 D. 功能

9. 可以根据不同的用途创建（ ）程序模块。

A. 一个 B. 两个 C. 多个 D. 三个

10.（ ）作为整个 RAPID 程序执行的起点。

A. 例行程序 B. 主程序 main C. 中断程序 D. 功能

确认你会干——项目操作评价

学号		姓名		单位	
任务编号	6-1	任务名称	建立程序模块及例行程序		
板块	序号	考核点	分值标准	得分	备注
职业素养	1	遵守纪律,尊重指导教师,违反一次扣1分			
	2	工位清洁(若违反,每项扣0.5分): 1)系统设备上没有多余的工具 2)工作区域地面上没有垃圾			
	3	着装要求(若违反,每项扣0.5分): 1)裤子为长裤,裤口收紧 2)鞋子为绝缘三防鞋 3)上衣为长袖,袖口收紧 4)佩戴安全帽 5)长发扎紧,放于安全帽内,短发无要求			
操作不当破坏设备	4	工业机器人碰撞,导致夹具损坏			
	5	工业机器人碰撞,导致工件损坏			
	6	工业机器人碰撞,夹具及工件无损坏			
	7	破坏设备,无法继续进行考核			

(续)

板块	序号	考核点	分值标准	得分	备注
违反操作 纪律	8	在发出开始指令前,提前操作			
	9	不服从指导教师指令			
	10	在发出结束考核指令后,继续操作			
	11	擅自离开考核工位			
	12	与其他工位的学员交流			
	13	在教室大声喧哗、无理取闹			
	14	其他违反纪律的情况			
机器人 操作	15	新建程序模块 Task6-1			
	16	新建例行程序 Test1			
总分					
学生签字		考评签字		考评结束时间	

项目 6.2　工业机器人的运动指令有哪些?

熟悉了建立程序模块及例行程序后,下面我们就一起来学习常用的运动指令及用法,为后面学习程序编写打下基础。

机器人在空间中运动主要有四种方式:关节运动(MoveJ)、线性运动(MoveL)、圆弧运动(MoveC)和绝对位置运动(MoveAbsJ)。值得注意的是:在添加或修改机器人的运动指令之前一定要确认所使用的工具坐标系与工件坐标系。

6.2.1　常用的运动指令及用法有哪些?

做什么

认识常用的运动指令及用法。

讲给你听

1. 线性运动指令 MoveL

线性运动是指机器人的 TCP 从起点到终点之间的路径始终保持为直线,一般如焊接、涂胶等应用对路径要求高的场合使用该指令。

线性运动如图 6-1 所示。

MoveL 指令解析见表 6-3。

表 6-3　MoveL 指令解析

参数	含义
p10	目标点位置数据,定义当前机器人 TCP 在工件坐标系中的位置,可通过点击"修改位置"进行修改
v1000	运动速度数据,定义速度(单位:mm/s)

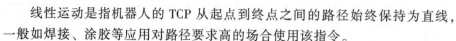

（续）

参数	含义
z50	转角区域数据,定义转弯区的大小(单位:mm)
tool1	工具数据,定义当前指令使用的工具坐标系
wobj1	工件坐标数据,定义当前指令使用的工件坐标系

MoveL 指令的实际应用解读：

MoveL p1,v200,z10,tool1\Wobj：=wobj1；

如图 6-2 所示，工业机器人的 TCP 从当前位置向 p1 点以线性运动方式前进，速度是 200mm/s，转角区域数据是 10mm，距离 p1 点还有 10mm 的时候开始转弯，使用的工具数据是 tool1，工件坐标数据是 wobj1。

MoveL p2,v100,fine,tool1\Wobj：=wobj1；

工业机器人的 TCP 从 p1 向 p2 点（图 6-2）以线性运动方式前进，速度是 100mm/s，转角区域数据是 fine，机器人在 p2 点停顿，使用的工具数据是 tool1，工件坐标数据是 wobj1。

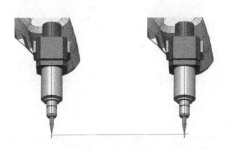

图 6-1　MoveL 点到点直线运动轨迹

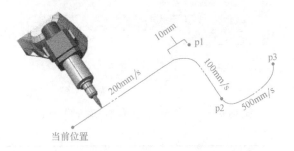

图 6-2　连续运动轨迹

注意：

1）速度一般最高为 5000mm/s，在手动限速状态下，所有的运动速度被限制在 250mm/s 以下。

2）"fine"指工业机器人 TCP 到达目标点，在目标点速度降为零。工业机器人动作有所停顿然后再向下一点运动。如果是一段路径的最后一个点或要让工业机器人到达指定点，一定要将"z10"改为"fine"。若不是以上情况，只是需要点的过渡，转角区域数据的值越大，机器人的动作路径就越圆滑与流畅。那如何将"z10"改为"fine"呢？可双击该指令行中的"z10"，点击上翻页按钮找到"fine"，选中后点击"确定"按钮即可。

2. 关节运动指令 MoveJ

关节运动是在对路径精度要求不高的情况下，机器人的工具中心点（TCP）从一个位置移动到另一个位置，两个位置之间的路径不一定是直线。图 6-3 所示为 MoveJ 关节运动轨迹展示。

关节运动指令适合在机器人大范围运动时使用，不容易在运动过程中出现关节轴进入机械死点的问题。

MoveJ 指令的实际应用解读：

图 6-3　MoveJ 关节运动轨迹

MoveJ p3，v500，fine，tool1\Wobj：＝wobj1;

如图 6-2 所示，工业机器人的 TCP 从 p2 向 p3 点以关节运动方式前进，速度是 500mm/s，转角区域数据是 fine，机器人在 p3 点停止，使用的工具数据是 tool1，工件坐标数据是 wobj1。

3. 圆弧运动指令 MoveC

圆弧路径是在机器人可到达的空间范围内定义三个位置点，第一个点是圆弧的起点，第二个点用于确定圆弧的曲率，第三个点是圆弧的终点，如图 6-4 和图 6-5 所示。

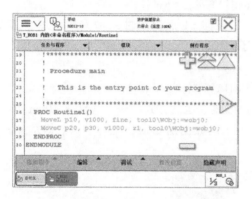

图 6-4 含 MoveC 圆弧运动指令的程序

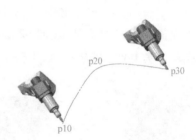

图 6-5 MoveC 圆弧运动轨迹

圆弧运动指令 MoveC 参数解析见表 6-4。

表 6-4 MoveC 指令参数解析

参数	含义
p10	圆弧的第一个点
p30	圆弧的第二个点
P40	圆弧的第三个点
Tool1	工具数据,定义当前指令使用的工具坐标系
wobj1	工件坐标数据,定义当前指令使用的工件坐标系

4. 绝对位置运动指令 MoveAbsJ

绝对位置运动指令是在机器人运动时使用 6 个轴和外轴的角度值来定义目标位置数据，如图 6-6 所示。后面将演示如何用 MoveAbsJ 指令让工业机器人各轴回到机械零点。

6.2.2 怎样利用绝对位置运动指令 MoveAbsJ 使各轴回零点？

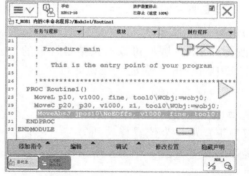

图 6-6 MoveAbsJ 在程序中的应用

做什么

利用绝对位置运动指令 Move-

AbsJ 使各轴回零点。

做给你看

本节探讨使用绝对位置运动指令 MoveAbsJ 使机器人各轴回零点位置的操作方法。Move-AbsJ 指令设置各轴零点位置参数见表 6-5。操作步骤见表 6-6。

表 6-5　MoveAbsJ 指令设置各轴零点位置参数

参数名称	参数值	参数名称	参数值
rax_1	0	eax_a	9E+09
rax_2	0	eax_b	9E+09
rax_3	0	eax_c	9E+09
rax_4	0	eax_d	9E+09
rax_5	0	eax_e	9E+09
rax_6	0	eax_f	9E+09

表 6-6　设置各轴零点位置参数的操作步骤

步骤	操作内容	示意图
1	进入示教器主菜单界面,选择"程序编辑器"选项	
2	建立一个例行程序,点击"显示例行程序"按钮	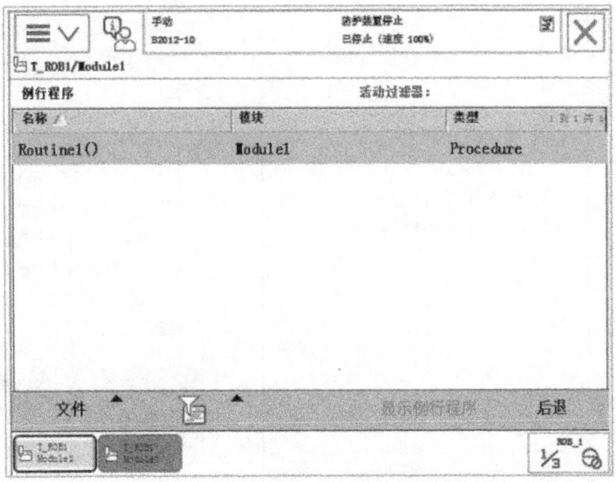

（续）

步骤	操作内容	示意图
3	进入上一步新建的例行程序中，确认蓝色高亮部分位于"<SMT>"，点击"添加指令"按钮，在"Common"下找到运动指令"MoveAbsJ"	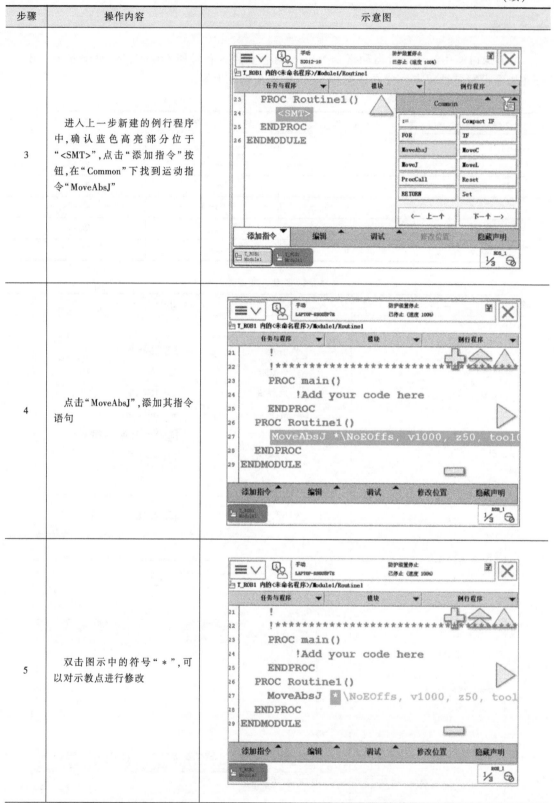
4	点击"MoveAbsJ"，添加其指令语句	
5	双击图示中的符号"＊"，可以对示教点进行修改	

（续）

步骤	操作内容	示意图
6	点击"新建"按钮，建立一个位置点。（MoveAbsJ 指令将指示机器人到达的目标位置）	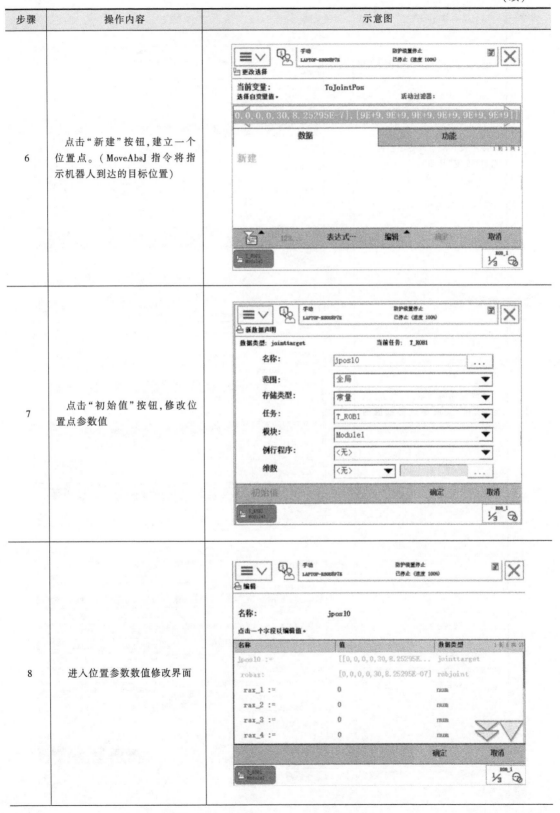
7	点击"初始值"按钮，修改位置点参数值	
8	进入位置参数数值修改界面	

（续）

步骤	操作内容	示意图
9	参考表 6-5，修改各项参数值，点击"确定"按钮	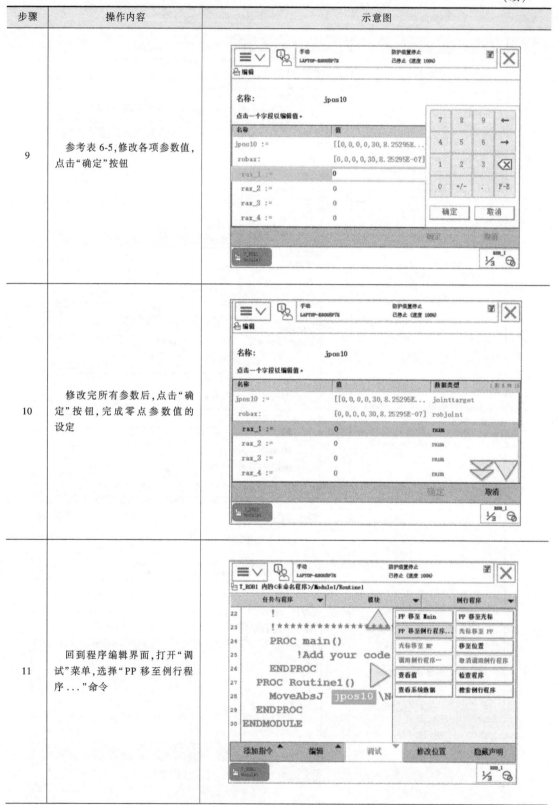
10	修改完所有参数后，点击"确定"按钮，完成零点参数值的设定	
11	回到程序编辑界面，打开"调试"菜单，选择"PP 移至例行程序..."命令	

（续）

步骤	操作内容	示意图
12	选择 MoveAbsJ 指令语句所在的例行程序"Routine1"，点击"确定"按钮	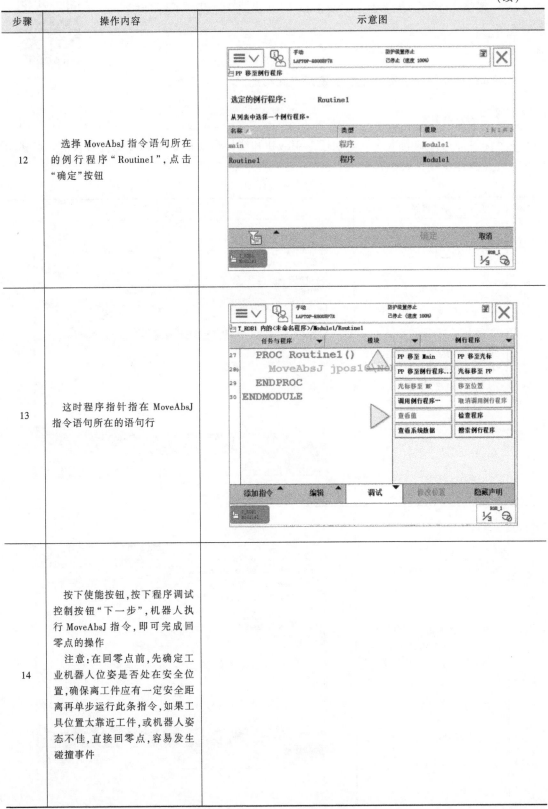
13	这时程序指针指在 MoveAbsJ 指令语句所在的语句行	
14	按下使能按钮，按下程序调试控制按钮"下一步"，机器人执行 MoveAbsJ 指令，即可完成回零点的操作 注意：在回零点前，先确定工业机器人位姿是否处在安全位置，确保离工件应有一定安全距离再单步运行此条指令，如果工具位置太靠近工件，或机器人姿态不佳，直接回零点，容易发生碰撞事件	

6.2.3 怎样利用运动指令 MoveJ 和 MoveL 实现两点间移动？

做什么

利用运动指令 MoveJ 和 MoveL 实现两点间移动。

做给你看

本节探讨如何分别利用关节运动指令 MoveJ 和线性运动指令 MoveL 使机器人由 a 点移动到 b 点。其操作步骤见表 6-7。

表 6-7　实现两点间移动的操作步骤

步骤	操作内容	示意图
1	进入示教器主菜单界面,选择"程序编辑器"选项,建立一个"Routine1"的例行程序,点击"显示例行程序"按钮	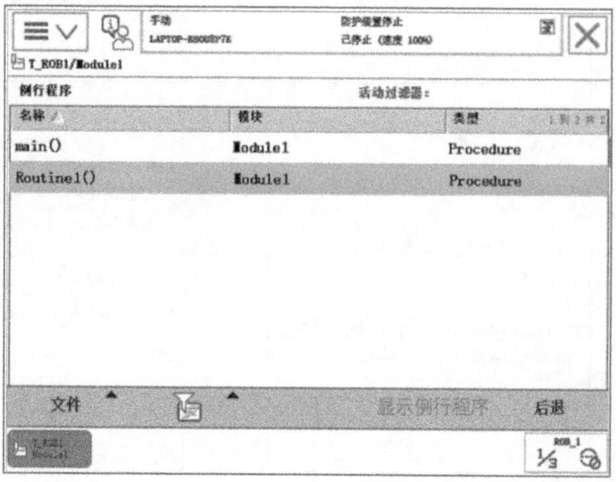
2	进入新建的例行程序 Routine1 中,确认蓝色高亮部分位于"<SMT>",点击"添加指令"按钮	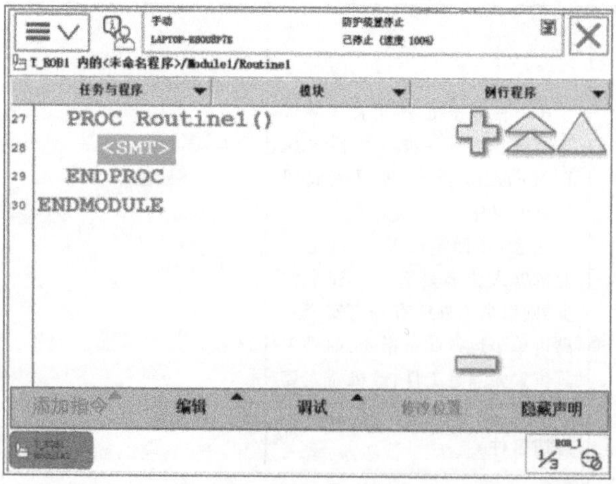

（续）

步骤	操作内容	示意图
3	在"Common"下找到运动指令"MoveJ"	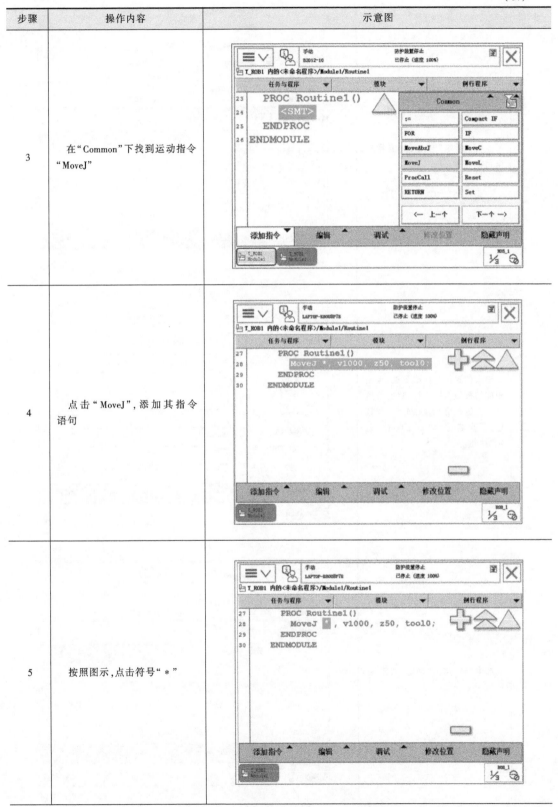
4	点击"MoveJ"，添加其指令语句	
5	按照图示，点击符号"＊"	

（续）

步骤	操作内容	示意图
6	点击"新建"按钮,建立第一个目标点 a	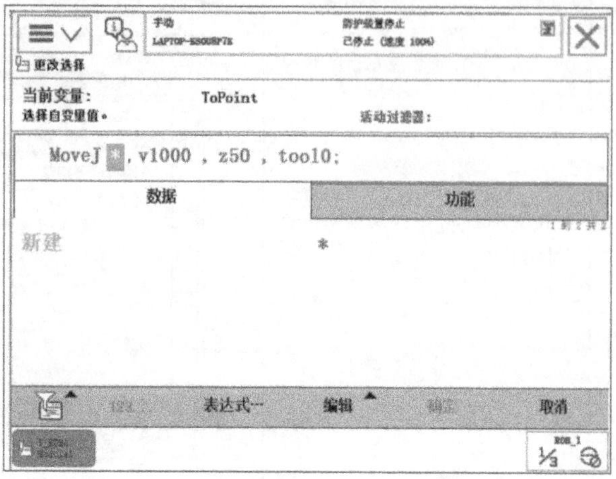
7	进入位置信息修改界面,点击相应的按钮,可以对新建的位置点数据进行定义。点击"..."按钮,更改名称为"a",点击"确定"按钮	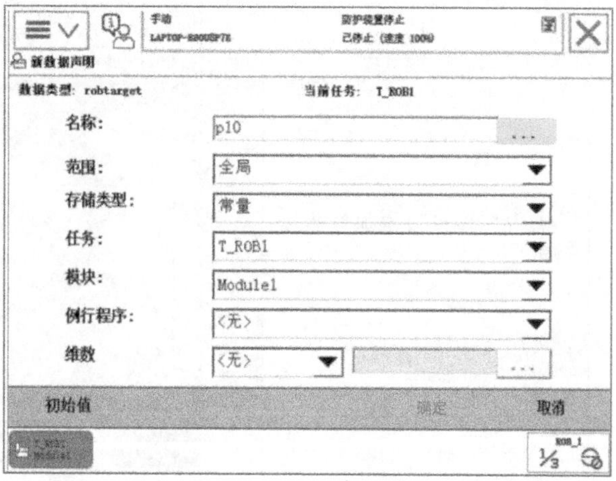
8	选中"a",点击"确定"按钮	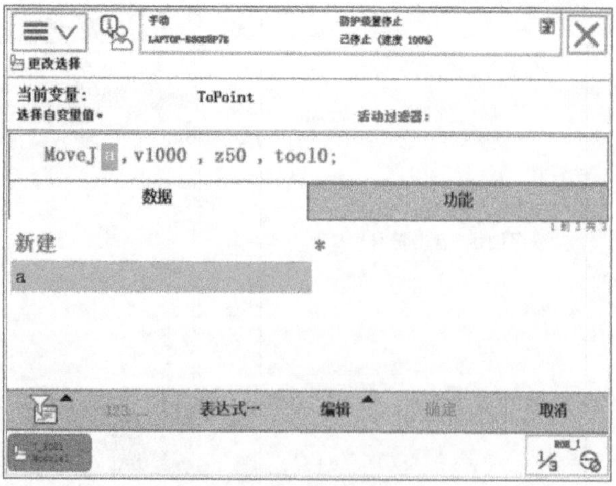

（续）

步骤	操作内容	示意图
9	选择合适的动作模式,拨动手动操纵杆使机器人运动到目标点 a 的位置上,点击界面中的"修改位置"按钮,记录当前位置信息	
10	再次选择"MoveJ",点击"添加指令"按钮,弹出如图所示的界面。点击"下方"按钮,则添加的指令在下方;点击"上方"按钮,则添加的指令在上方	
11	按照步骤 6～10,完成运用 MoveJ 指令移动到第二个目标点"b"的示教编程,程序如图所示	

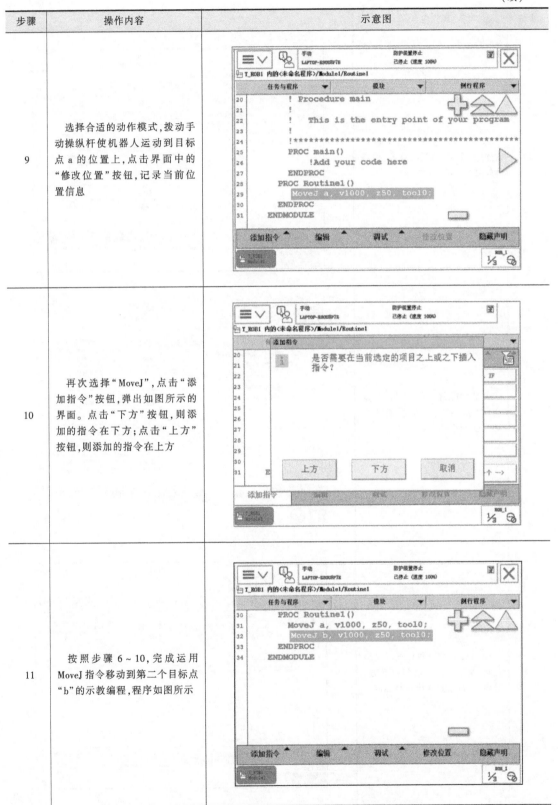

185

（续）

步骤	操作内容	示意图
12	按照图示,选中"MoveJ a…"语句行,打开"编辑"菜单,选择"复制"命令	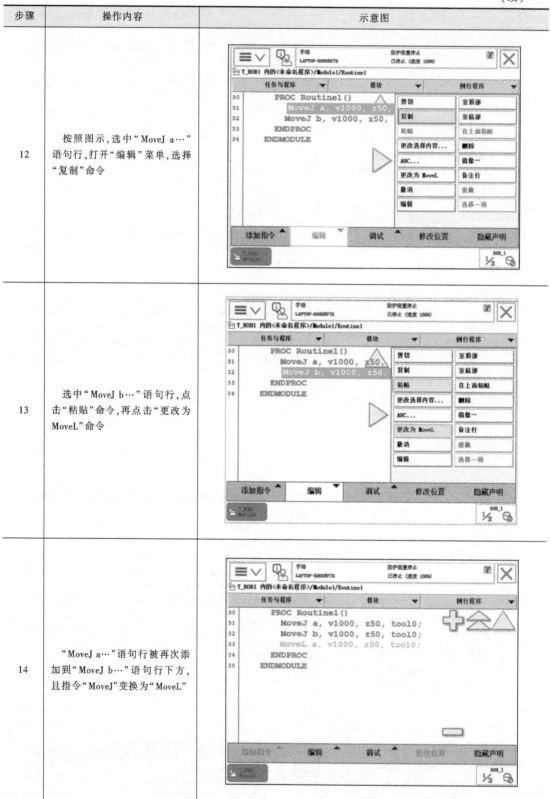
13	选中"MoveJ b…"语句行,点击"粘贴"命令,再点击"更改为MoveL"命令	
14	"MoveJ a…"语句行被再次添加到"MoveJ b…"语句行下方,且指令"MoveJ"变换为"MoveL"	

（续）

步骤	操作内容	示意图
15	采用"编辑"菜单中的"复制""粘贴"等快捷按钮，可以快速地完成相同程序语句的编写。此外，也可按照图示点击"添加指令"按钮，选择"MoveL"指令完成"MoveL b…"的编写（"MoveL a…"也可采用同样的步骤进行编写）	
16	按照上图图示点击"添加指令"按钮，点击"MoveL"添加指令后，双击指令中的目标点，进入如图所示界面	
17	按照图示，在"数据"栏中选择"b"，点击"确定"按钮，完成"MoveL b…"的编写	

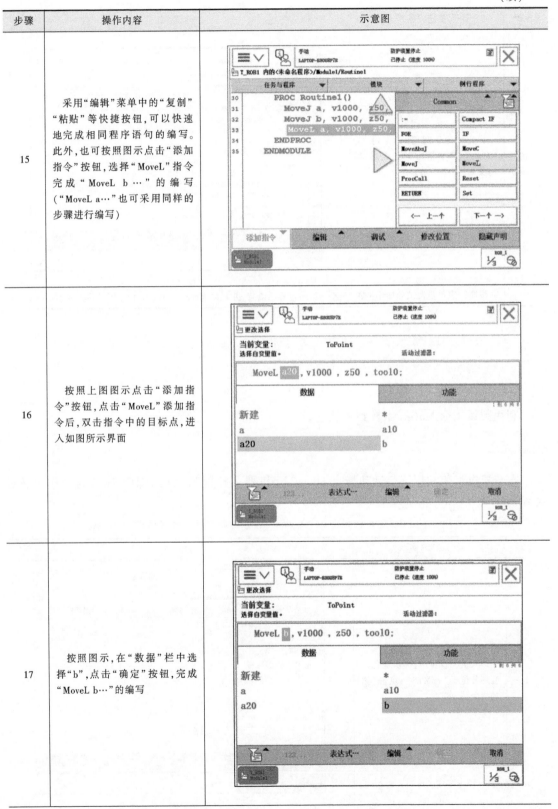

（续）

步骤	操作内容	示意图
18	到此完成了利用的 MoveJ 和 MoveL 指令在 a、b 两点间移动的编程	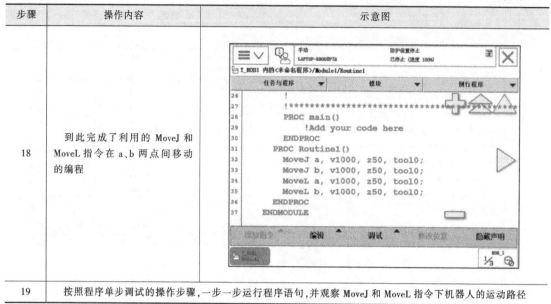
19	按照程序单步调试的操作步骤，一步一步运行程序语句，并观察 MoveJ 和 MoveL 指令下机器人的运动路径	

6.2.4 怎样利用圆弧指令 MoveC 示教圆形轨迹？

做什么

利用圆弧指令 MoveC 示教圆形轨迹。

做给你看

本节探讨如何利用圆弧运动指令 MoveC 让机器人按圆弧轨迹运动。详细的操作步骤见表 6-8。

表 6-8　利用圆弧运动指令 MoveC 示教圆形轨迹的操作步骤

步骤	操作内容	示意图
1	进入例行程序中，确认蓝色高亮部分位于"<SMT>"，点击"添加指令"按钮	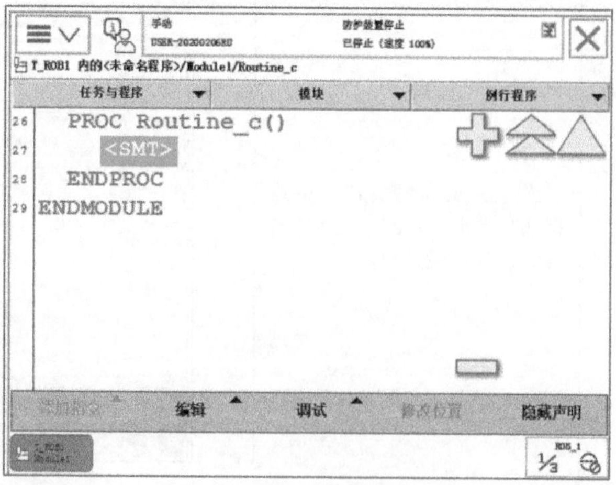

（续）

步骤	操作内容	示意图
2	在"Common"下找到运动指令"MoveJ"	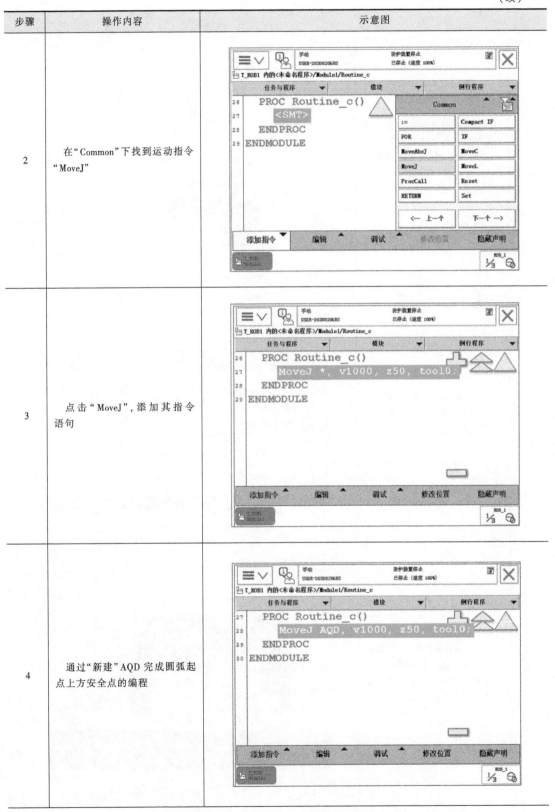
3	点击"MoveJ"，添加其指令语句	
4	通过"新建"AQD完成圆弧起点上方安全点的编程	

（续）

步骤	操作内容	示意图
5	选择合适的动作模式,拨动手动操纵杆使机器人运动到目标点 AQD 的位置上,点击界面中的"修改位置"按钮,记录当前位置信息	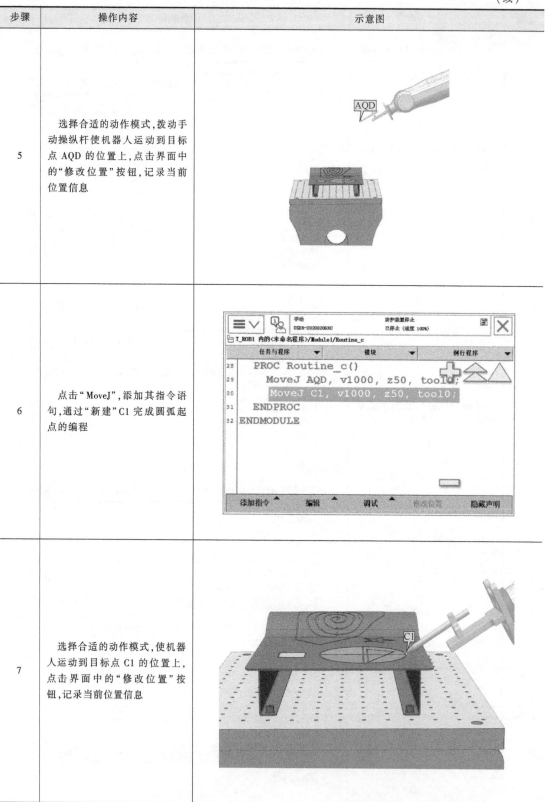
6	点击"MoveJ",添加其指令语句,通过"新建"C1 完成圆弧起点的编程	
7	选择合适的动作模式,使机器人运动到目标点 C1 的位置上,点击界面中的"修改位置"按钮,记录当前位置信息	

（续）

步骤	操作内容	示意图
8	点击"MoveC"，添加其指令语句，完成圆弧前半圆中间点和终点的编程	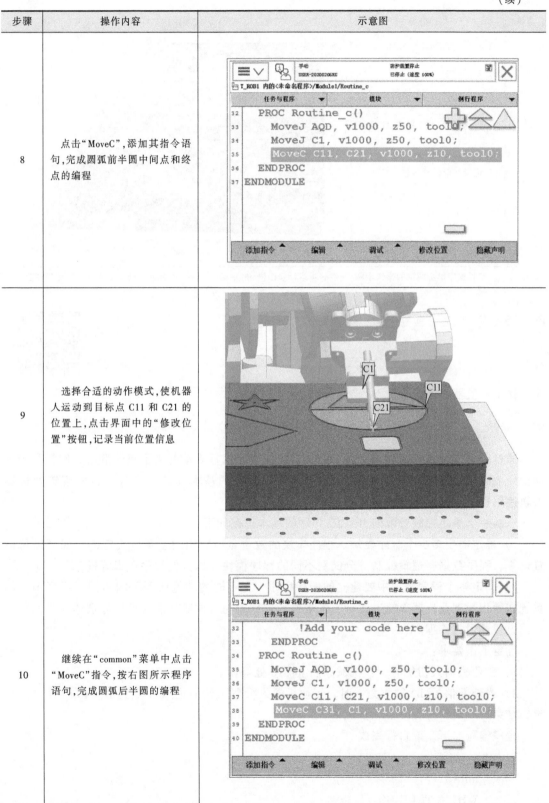
9	选择合适的动作模式，使机器人运动到目标点 C11 和 C21 的位置上，点击界面中的"修改位置"按钮，记录当前位置信息	
10	继续在"common"菜单中点击"MoveC"指令，按右图所示程序语句，完成圆弧后半圆的编程	

(续)

步骤	操作内容	示意图
11	选择合适的动作模式,使机器人运动到目标点 C31 的位置上,点击界面中的"修改位置"按钮,记录当前位置信息	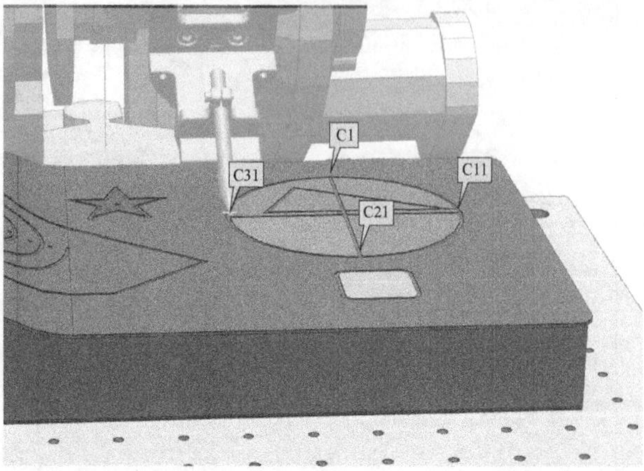 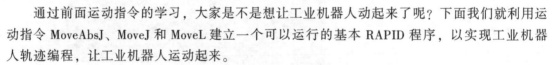
12	按照程序单步调试的操作步骤,一步一步运行程序语句,并观察 MoveJ 和 MoveC 指令下机器人的运动路径	

6.2.5 怎样让工业机器人动起来?

做什么

让工业机器人动起来。

讲给你听

通过前面运动指令的学习,大家是不是想让工业机器人动起来了呢?下面我们就利用运动指令 MoveAbsJ、MoveJ 和 MoveL 建立一个可以运行的基本 RAPID 程序,以实现工业机器人轨迹编程,让工业机器人运动起来。

编制一个满足控制要求的 RAPID 程序的基本思路如下:

1) 确定需要多少个程序模块。程序模块的数量是由应用的复杂度决定的,如可以将位置计算、程序数据、逻辑控制等分配到不同的程序模块,以方便程序逻辑管理。

2) 确定各个程序模块中要建立的例行程序,将不同的功能放到不同的例行程序中,如系统初始化、工业机器人轨迹运行、末端执行器动作与复位等功能就可以分别建立成例行程序,方便调用与管理。

确定工作要求:

1) 工业机器人初始时,在机械原点 jpos10 处等待。

2) 当外部信号 di1 输入为 1 时,工业机器人沿着工件的边从 A 点到 B 点顺时针方向行走,结束以后回到 jpos10 点,如图 6-7 所示。

程序编写如下,请自行完成。

```
PROC main( )
    initAll;
    WHILE TRUE DO
```

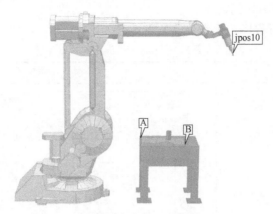

图 6-7　机器人点位展示

```
        IF di1 = 1 THEN
                rMoveRoutine;
                rHome;
            ENDIF
        WaitTime 0. 3;
    ENDWHILE
ENDPROC
PROC rHome( )
    MoveAbsJ jpos10\NoEOffs,v1000,z50,tool0;
ENDPROC
PROC initAll( )
    AccSet 100,100;
    VelSet 100,5000;
    rHome;
ENDPROC
PROC rMoveRoutine( )
    MoveJ p10,v1000,fine,tool0;
    MoveJ A,v1000,fine,tool0;
    MoveL p20,v1000,fine,tool0;
    MoveL B,v1000,fine,tool0;
ENDPROC
```

做给你看

在完成了程序的编辑以后，接着下来的工作就是对这个程序进行调试。调试的目的有以下两个:

1) 检查程序的位置点是否正确。

2) 检查程序的逻辑控制是否有不完善的地方。

接下来将具体演示调试过程。

1）调试 rHome 例行程序，操作步骤见表 6-9。

表 6-9　调试 rHome 例行程序的操作步骤

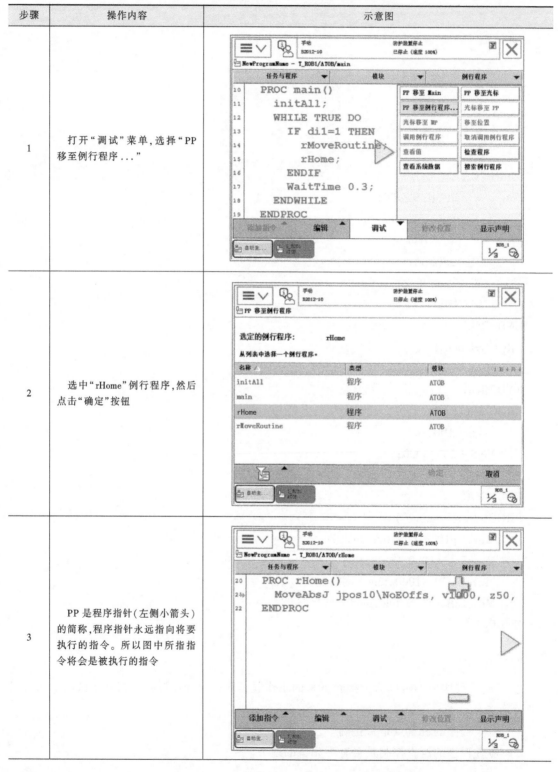

步骤	操作内容	示意图
1	打开"调试"菜单，选择"PP移至例行程序..."	
2	选中"rHome"例行程序，然后点击"确定"按钮	
3	PP 是程序指针（左侧小箭头）的简称，程序指针永远指向将要执行的指令。所以图中所指指令将会是被执行的指令	

（续）

步骤	操作内容	示意图
4	左手按下使能按钮,进入"电机开启"状态,按一下单步向前按钮,观察机器人的移动。注意:在调试过程中如果需要停止工业机器人的运行,不要直接松开使能按钮,应该在按下程序停止按钮后,再松开使能按钮	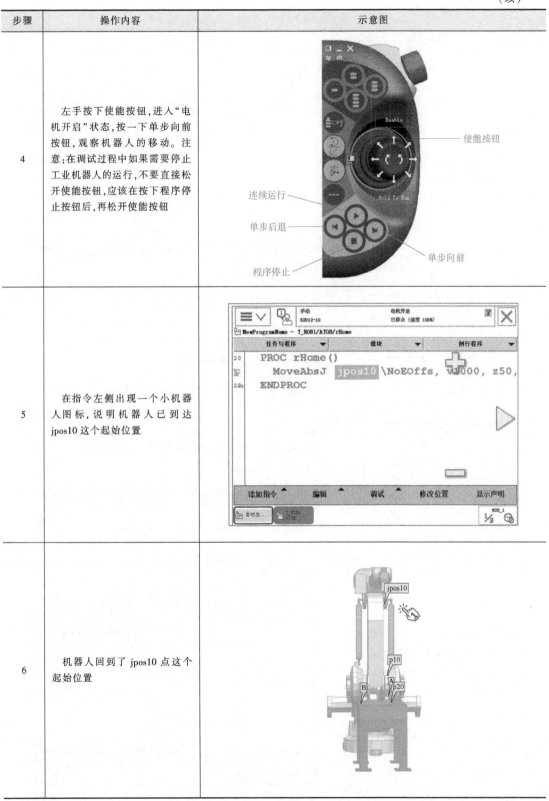
5	在指令左侧出现一个小机器人图标,说明机器人已到达 jpos10 这个起始位置	
6	机器人回到了 jpos10 点这个起始位置	

2）调试 rMoveRoutine 例行程序，操作步骤见表 6-10。

表 6-10　调试 rMoveRoutine 例行程序的操作步骤

步骤	操作内容	示意图
1	打开"调试"菜单，选择"PP 移至例行程序..."	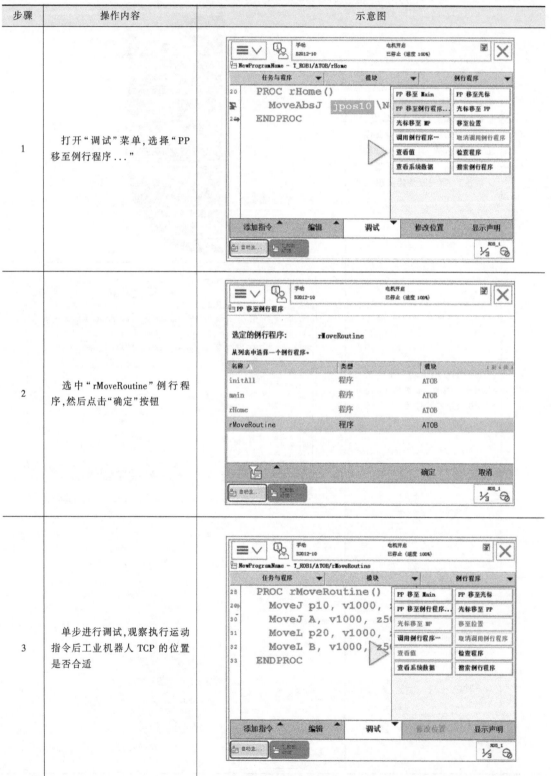
2	选中"rMoveRoutine"例行程序，然后点击"确定"按钮	
3	单步进行调试，观察执行运动指令后工业机器人 TCP 的位置是否合适	

（续）

步骤	操作内容	示意图
4	机器人 TCP 从 p10 到 B 进行线性运动	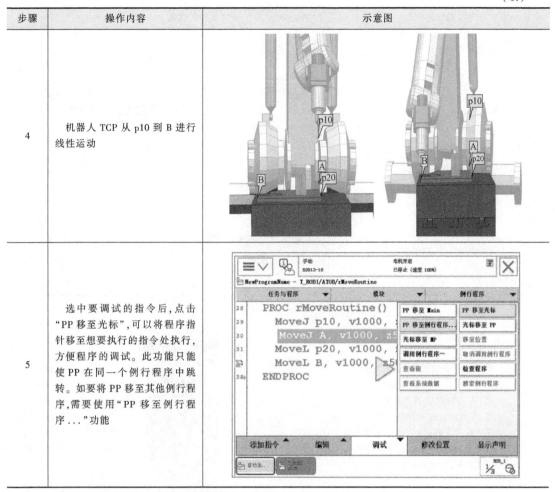
5	选中要调试的指令后，点击"PP 移至光标"，可以将程序指针移至想要执行的指令处执行，方便程序的调试。此功能只能使 PP 在同一个例行程序中跳转。如要将 PP 移至其他例行程序，需要使用"PP 移至例行程序…"功能	

3）调试 main 主程序，操作步骤见表 6-11。

表 6-11　调试 main 主程序的操作步骤

步骤	操作内容	示意图
1	打开"调试"菜单，选择"PP 移至 Main"	

（续）

步骤	操作内容	示意图
2	PP 程序指针便会自动指向主程序 Main 的第一句指令	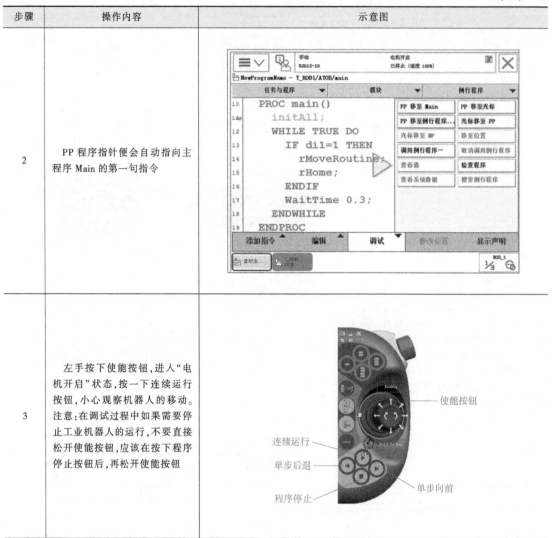
3	左手按下使能按钮，进入"电机开启"状态，按一下连续运行按钮，小心观察机器人的移动。注意：在调试过程中如果需要停止工业机器人的运行，不要直接松开使能按钮，应该在按下程序停止按钮后，再松开使能按钮	

6.2.6 怎样更改运动指令参数实现轨迹逼近？

做什么

更改运动指令参数实现轨迹逼近。

讲给你听

在之前的项目中，若将机器人切换为自动运行模式试运行，会发现示教的若干点都无法准确到达，看起来都是在接近点时就转弯跑向下一个点了。这是因为指令参数中的"Z50"或其他"Z"值确定的转弯半径所致。转角区域数据是表示在示教点前一段距离开始转弯，自然轨迹就会偏离此点而无法准确到达。因此，要将执行准确到达该点的程序数据中出现的"Z"值改为"Z1"或"fine"，如图 6-8 所示。

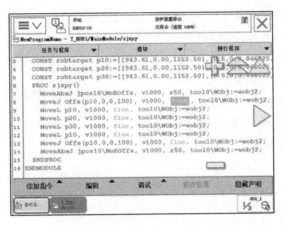

图 6-8　运动指令中的 fine 参数更改

6.2.7　怎样调用 Offs 位置偏移函数？

做什么

掌握 Offs 位置偏移函数的调用方法。

讲给你听

在工业机器人的示教编程中，受工作环境的影响，为了避免碰撞引起故障和安全意外情况，常常会在机器人运动过程中设置一些安全过渡点，在加工位置附近设置入刀点。

Offs 位置偏移函数（图 6-9）是指示机器人以目标点位置为基准，在其 X、Y、Z 方向上进行偏移的命令。Offs 位置偏移函数（参数解析见表 6-12）常用于安全过渡点和入刀点的设置。

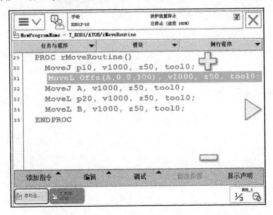

图 6-9　MoveL 运动指令中调用 Offs 位置偏移函数

表 6-12　Offs 位置偏移函数中的参数解析

参数	定义	操作说明
p10	目标点位置数据	定义机器人 TCP 的运动目标
0	X 方向上的偏移量	定义 X 方向上的偏移量
0	Y 方向上的偏移量	定义 Y 方向上的偏移量
100	Z 方向上的偏移量	定义 Z 方向上的偏移量

函数是有返回值的，即调用此函数的结果是得到某一数据类型的值，在使用时不能单独作为一行语句，需要通过赋值或作为其他程序指令中的变量来调用。如图 6-10 所示，第 30 行程序中，Offs 位置偏移函数是作为 MoveL 指令的变量来调用的；第 31 行程序中，通过赋值指令将 Offs 函数值赋值给了变量 p10。

6.2.5 节中的 p10 点作为到达 A 点的安全过渡点，若在 A 点正上方 100mm 处是合理的，则可对例行程序 rMoveRoutine 进行如图 6-11 或 6-12 所示的处理。

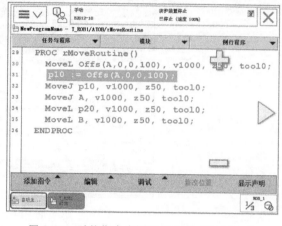

图 6-10　赋值指令中调用 Offs 位置偏移函数

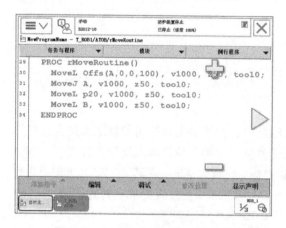

图 6-11　运动指令中利用 Offs 设置
A 点的接近点

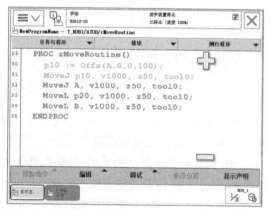

图 6-12　用赋值指令调用 Offs 间接
设置 A 点的接近点

6.2.8　怎样利用工件坐标系偏移三角形示教轨迹？

做什么

利用工件坐标系偏移三角形示教轨迹。

做给你看

6.2.7 节中介绍了 Offs 位置偏移函数的调用方法，本节主要介绍通过切换工件坐标系实现示教轨迹的偏移。我们将结合

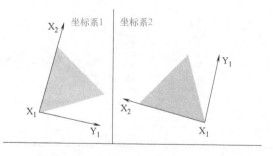

图 6-13　坐标系 1 和坐标系 2 位置图

offs 位置偏移函数实现三角形轨迹从坐标系 1 到坐标系 2 的偏移（图 6-13）。具体操作步骤见表 6-13。

表 6-13　示教轨迹偏移的操作步骤

步骤	操作内容	示意图
1	按照 4.7.3 节中工件坐标系的建立方法，完成工件坐标系"wobj1"和"wobj2"的新建和定义。点 X_1、X_2 和 Y_1 位置如图 6-13 所示	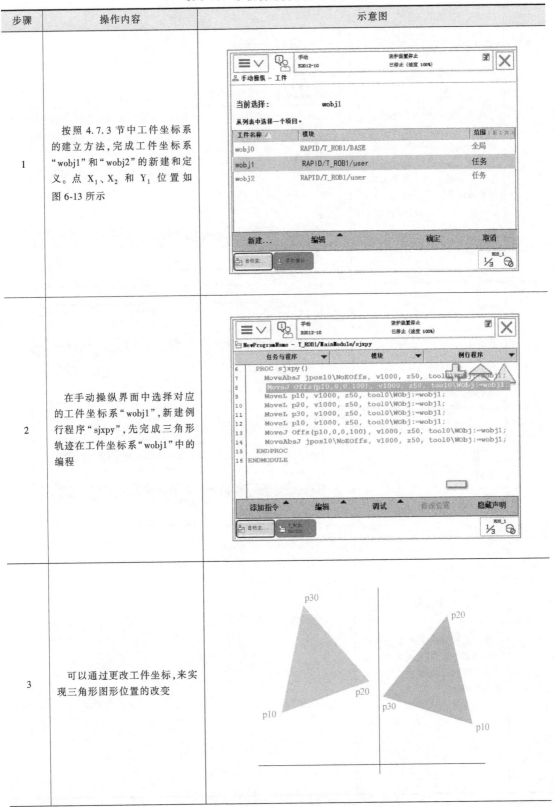
2	在手动操纵界面中选择对应的工件坐标系"wobj1"，新建例行程序"sjxpy"，先完成三角形轨迹在工件坐标系"wobj1"中的编程	
3	可以通过更改工件坐标，来实现三角形图形位置的改变	

（续）

步骤	操作内容	示意图
4	点击"sjxpy"例行程序的第一行,并双击,在弹出的界面内选中"wobj1",将其更改为"wobj2",如右图所示,然后点击"确定"按钮。完成程序工件坐标系的更换	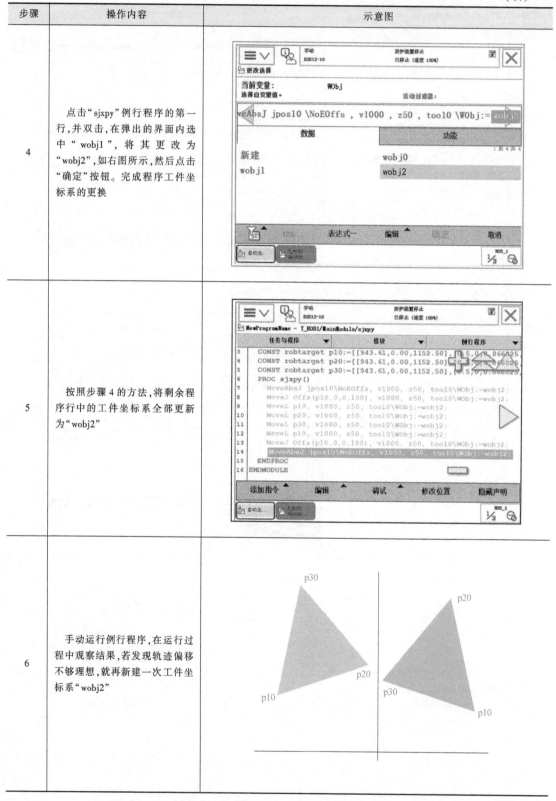
5	按照步骤4的方法,将剩余程序行中的工件坐标系全部更新为"wobj2"	
6	手动运行例行程序,在运行过程中观察结果,若发现轨迹偏移不够理想,就再新建一次工件坐标系"wobj2"	

让你试试看——项目测试

项目任务操作测试

任务编号	6-2
任务名称	复杂轨迹的示教编程
任务概述	
按任务内容要求完成复杂轨迹的示教编程	
任务要求	

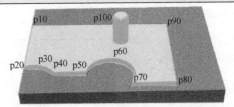

1. 操作过程中严格遵守安全操作规范
2. 操作过程中注意职业素养
3. 完成以下复杂轨迹的示教编程

板块	序号	任务内容
机器人 操作	1	示教并编程完成 Home 起始点
	2	示教并编程完成 p10 的上方过渡点（安全点）
	3	示教并编程完成 p10 点
	4	示教并编程完成 p20 点
	5	示教并编程完成 p30、p40 点
	6	示教并编程完成 p50 点
	7	示教并编程完成 p60、p70 点
	8	示教并编程完成 p80 点
	9	示教并编程完成 p90 点
	10	示教并编程完成 p100 点
	11	编程完成回到 p10 点
	12	编程完成回到 Home 点

理论题

1. 机器人在空间中进行运动主要有（　　　）方式。

A. 一种　　　　　　B. 二种　　　　　　C. 三种　　　　　　D. 四种

2. 关节运动指令是（　　　）。

A. MOVEJ　　　　　B. MoveJ　　　　　C. MOVEL　　　　　D. MOVEC

3. 线性运动指令是（　　　）。

A. MOVEL　　　　　B. MoveC　　　　　C. MoveL　　　　　D. MoveJ

4. 圆弧运动指令是（　　　）。

A. MOVEC　　　　　B. MoveC　　　　　C. MoveL　　　　　D. MoveJ

5. 绝对位置运动指令是（　　　）。

A. MoveAbsJ　　　　B. MoveC　　　　　C. MoveL　　　　　D. MoveJ

6. 在机器人运动过程中通常要设置一些安全（　　　）。

A. 必须点　　　　　B. 指定点　　　　　C. 过渡点　　　　　D. 标识

7. 位置偏移函数是 (   )。

A. Offs   B. Offce   C. ofs   D. ffs

8. MoveJ Offs（p10，100，0，0）指以 p10 点为参考向其（   ）方向偏移 100mm。

A. Y B. X C. Z D. 零点

9. MoveJ Offs（p10，0，100，0）指以 p10 点为参考向其（   ）方向偏移 100mm。

A. Y B. X C. Z D. 零点

10. MoveJ Offs（p10，0，0，100）指以 p10 点为参考向其（   ）方向偏移 100mm。

A. Y B. X C. Z D. 零点

确认你会干——项目操作评价

学号		姓名		单位	
任务编号	6-2	任务名称		复杂轨迹的示教编程	
板块	序号	考核点	分值标准	得分	备注
职业素养	1	遵守纪律,尊重指导教师,违反一次扣1分			
	2	工位清洁(若违反,每项扣0.5分): 1)系统设备上没有多余的工具 2)工作区域地面上没有垃圾			
	3	着装要求(若违反,每项扣0.5分): 1)裤子为长裤,裤口收紧 2)鞋子为绝缘三防鞋 3)上衣为长袖,袖口收紧 4)佩戴安全帽 5)长发扎紧,放于安全帽内,短发无要求			
操作不当破坏设备	4	工业机器人碰撞,导致夹具损坏			
	5	工业机器人碰撞,导致工件损坏			
	6	工业机器人碰撞,夹具及工件损坏			
	7	破坏设备,无法继续进行考核			
违反操作纪律	8	在发出开始指令前,提前操作			
	9	不服从指导教师指令			
	10	在发出结束考核指令后,继续操作			
	11	擅自离开考核工位			
	12	与其他工位的学员交流			
	13	在教室大声喧哗、无理取闹			
	14	其他违反纪律的情况			
机器人操作	15	示教并编程完成 Home 起始点			
	16	示教并编程完成 p10 的上方过渡点(安全点)			
	17	示教并编程完成 p10 点			
	18	示教并编程完成 p20 点			
	19	示教并编程完成 p30、p40 点			

（续）

板块	序号	考核点	分值标准	得分	备注
机器人操作	20	示教并编程完成 p50 点			
	21	示教并编程完成 p60、p70 点			
	22	示教并编程完成 p80 点			
	23	示教并编程完成 p90 点			
	24	示教并编程完成 p100 点			
	25	编程完成回到 p10 点			
	26	编程完成回到 Home 点			
总分					
学生签字		考评签字		考评结束时间	

项目 6.3　程序数据怎样定义及赋值？

通过项目 6.2 的学习，我们基本掌握了运动指令的编程，但这还远远不够，因为复杂的项目程序往往还带有很多程序数据，所以接下来我们就一起来学习程序数据。

程序内声明的数据称为程序数据。数据是信息的载体，它能够被计算机识别、存储和加工处理。它是计算机程序加工的原料。应用程序会处理各种各样的数据，可以是数值数据，也可以是非数值数据。数值数据包括整数、实数或复数，主要用于工程计算、科学计算和商务处理等；非数值数据包括字符、文字、图形、图像和语音等。

6.3.1　什么是程序数据？

做什么

认识程序数据。

讲给你听

程序数据是在程序模块或系统模块中设定的值和定义的一些环境数据。创建的程序数据由同一个模块或其他模块中的指令进行引用。图 6-14 所示是一条常用的机器人绝对位置运动指令（MoveAbsJ），并调用了 5 个程序数据。

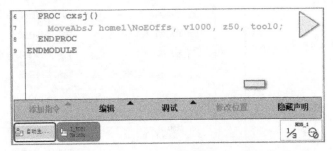

图 6-14　MoveAbsJ 指令及程序数据

图 6-14 中所使用的程序数据参数的解析见表 6-14。

表 6-14 MoveAbsJ 指令程序数据参数解析

程序数据	参数	定义
home1	robtarget	目标点位置数据
\NoEOffs		外轴不带偏移数据
V1000	speeddata	运动速度数据,1000mm/s
Z50	zonedata	转角区域数据,转角区域的数值越大,机器人的动作越圆滑与流畅
Tool1	tooldata	工具坐标数据

当然,程序数据还有很多类型,在了解具体数据类型前,我们先看看怎么建立程序数据,以便后面边学习边建立。

6.3.2 怎么建立程序数据?

做什么

掌握建立程序数据的操作。

做给你看

程序数据的建立一般可以分为两种形式,一种是直接在示教器的程序数据界面中建立程序数据,另一种是在建立程序指令时,同时自动生成对应的程序数据。下面将分别演示这两种操作方法,并以建立目标点位置数据(robtarget)和数值数据(NUM)为例进行说明。

1. 建立目标点位置数据(robtarget)

1)直接在示教器的程序数据界面中建立目标点位置数据(robtarget)的操作步骤见表 6-15。

表 6-15 建立目标点位置数据的操作步骤(1)

步骤	操作内容	示意图
1	点击左上角主菜单按钮,选择"程序数据"	

（续）

步骤	操作内容	示意图
2	点击右下角"视图"按钮,选中"全部数据类型"	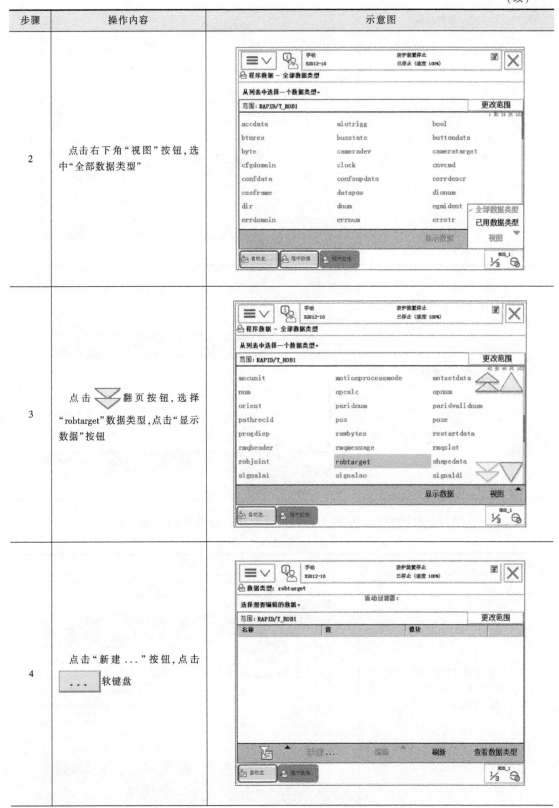
3	点击▽翻页按钮,选择"robtarget"数据类型,点击"显示数据"按钮	
4	点击"新建..."按钮,点击 [...] 软键盘	

（续）

步骤	操作内容	示意图
5	通过软键盘将"p10"改为"home10"	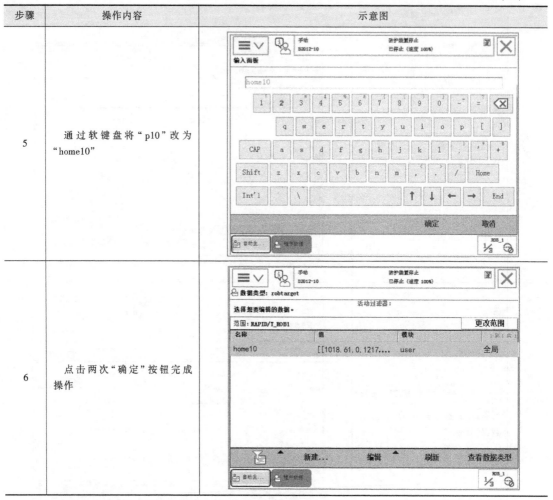
6	点击两次"确定"按钮完成操作	

2）建立程序指令时同时自动生成对应的程序数据，操作步骤见表6-16。

表6-16 建立目标点位置数据的操作步骤（2）

步骤	操作内容	示意图
1	打开例行程序,点击"添加指令"按钮,点击"Common"中的"MoveJ"指令	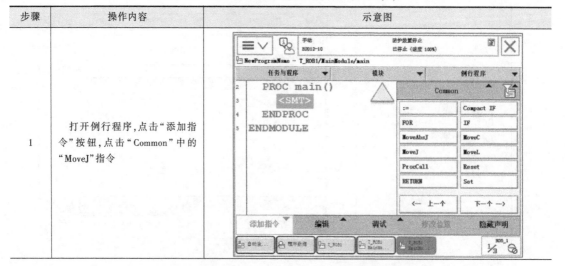

（续）

步骤	操作内容	示意图
2	双击程序行中的"＊"	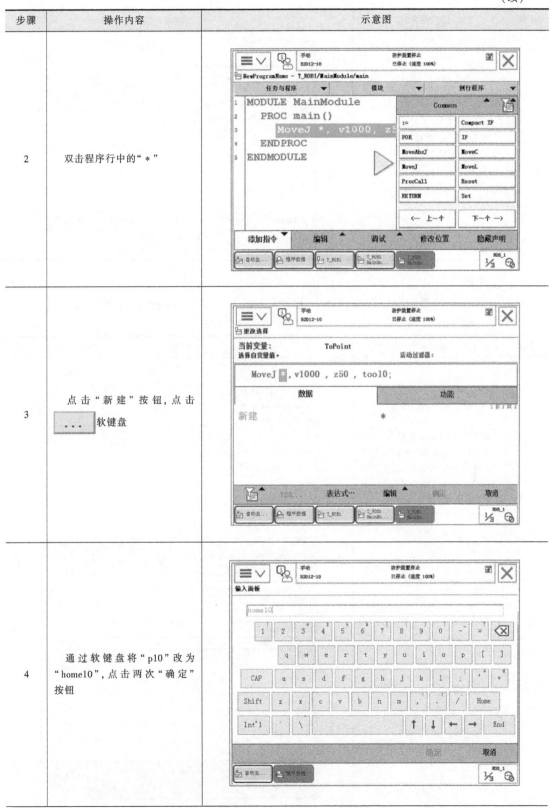
3	点击"新建"按钮，点击 ··· 软键盘	
4	通过软键盘将"p10"改为"home10"，点击两次"确定"按钮	

（续）

步骤	操作内容	示意图
5	点击"确定"按钮完成程序数据"home10"的创建	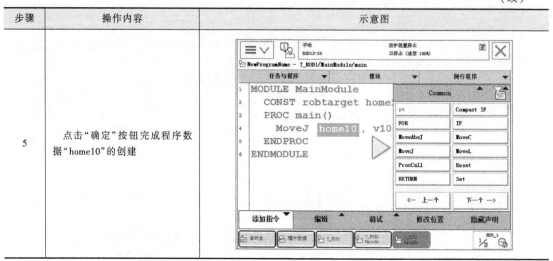

2. 建立数值数据（NUM）

1）直接在示教器的程序数据界画中建立数值数据（NUM）的操作步骤见表6-17。

表6-17　建立数值数据的操作步骤（1）

步骤	操作内容	示意图
1	点击左上角主菜单按钮，选择"程序数据"，点选"num"数据类型（由于num已在视图内，所以不用点击"全部数据类型"），点击"显示数据"按钮	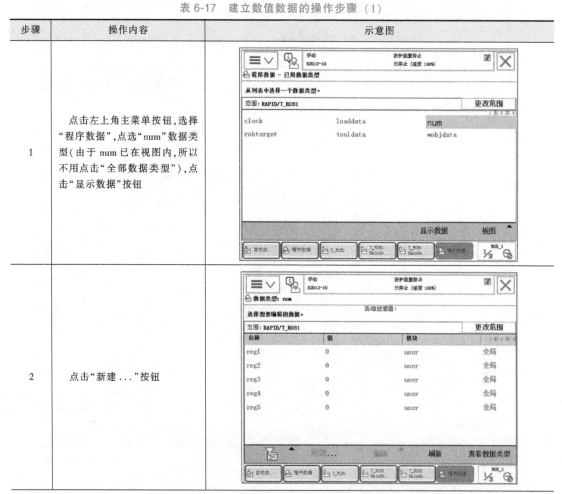
2	点击"新建..."按钮	

（续）

步骤	操作内容	示意图
3	点击 ┄┄┄ 软键盘，将其改为需要的名称，如 shuzhi1	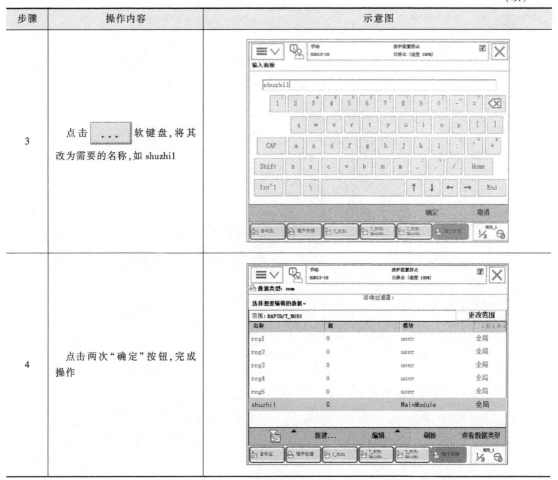
4	点击两次"确定"按钮，完成操作	

2）建立程序指令时同时自动生成对应的程序数据，操作步骤见表6-18。

表 6-18　建立数值数据的操作步骤（2）

步骤	操作内容	示意图
1	点击左上角主菜单按钮，选择"程序编辑器"，点击"添加指令"按钮，点击"Common"中的"：="赋值指令	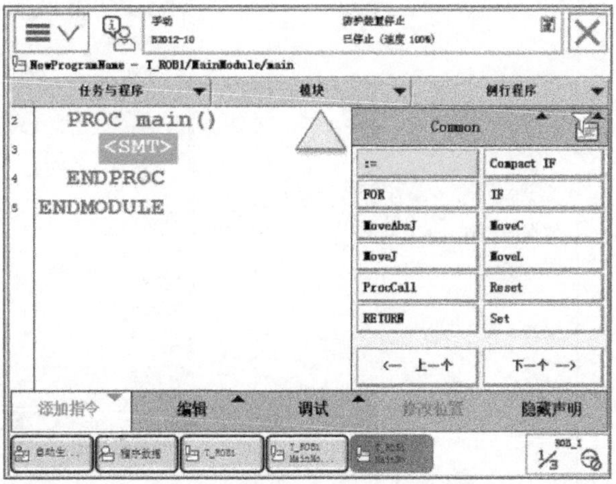

（续）

步骤	操作内容	示意图
2	点击"新建"	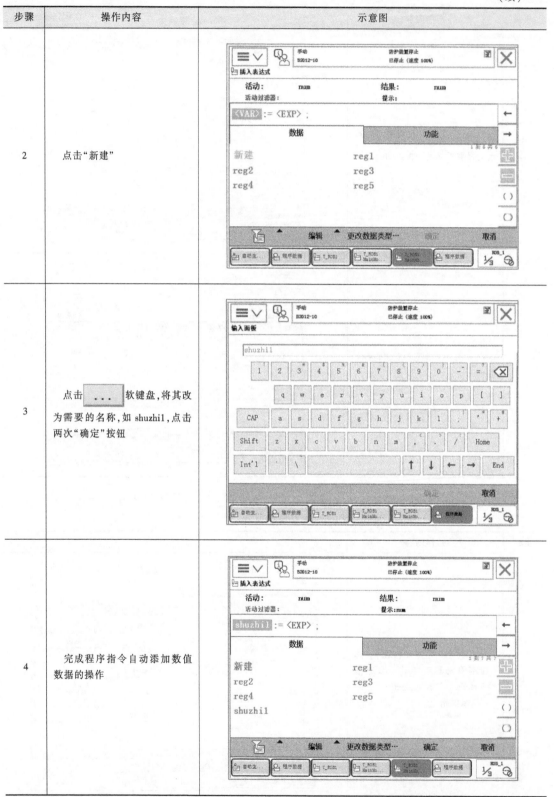
3	点击 ... 软键盘，将其改为需要的名称，如 shuzhi1，点击两次"确定"按钮	
4	完成程序指令自动添加数值数据的操作	

6.3.3　程序数据的类型与存储类型有哪些？

做什么

认识程序数据的类型与存储类型。

讲给你听

为了对程序数据有一个更加清楚的认识，并能根据实际需要选择程序数据，我们先学习程序数据的类型与存储类型这两个主题。

1. 了解程序数据的类型

ABB 机器人的程序数据共有 102 个，并且可以根据实际情况进行程序数据的创建，为 ABB 机器人的程序设计带来了无限可能。

在示教器的"程序数据"界面中，点击"视图"，选择"全部数据类型"，就可查看和创建所需要的程序数据，如图 6-15 所示。

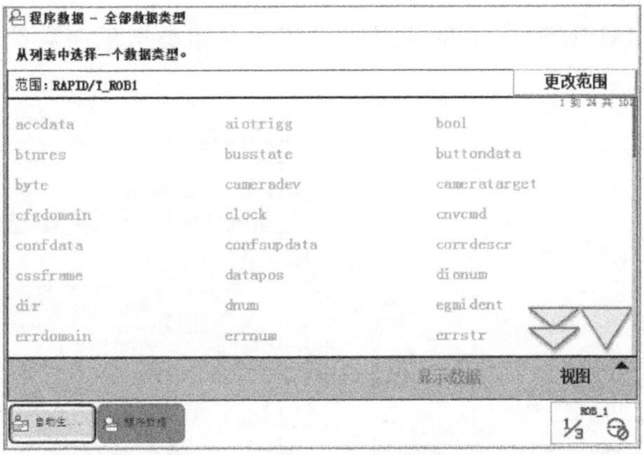

图 6-15　全部数据类型视图

2. 了解程序数据的存储类型

（1）变量（VAR）　变量型数据在程序执行的过程中和停止时，会保持当前的值。但如果程序指针复位或者机器人控制器重启，数值会恢复为声明变量时赋予的初始值。

举例说明，程序编辑窗口中的显示如图 6-16 所示。

VAR bool start：=TRUE；表示名称为 start 的变量型布尔量数据。

VAR num shuzhi1：=10；表示名称为 shuzhi1 的变量型数值数据。

VAR string zhuanye：=" jdyth"；表示名称为 zhuanye 的变量型字符数据。

说明：VAR 表示存储类型为变量，在声明数据时，可以定义变量数据的初始值，如：start 的初始值为 TRUE，shuzhi1 的初始值为 10，zhuanye 的初始值为 jdyth。

在工业机器人执行的 RAPID 程序中也可以对变量存储类型程序数据进行赋值的操作，如图 6-17 所示。

注意：在程序中执行变量型程序数据的赋值，在程序指针复位或者机器人控制器重启后，都将恢复为初始值。

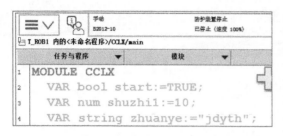

图 6-16 程序中的变量（VAR）及初始值

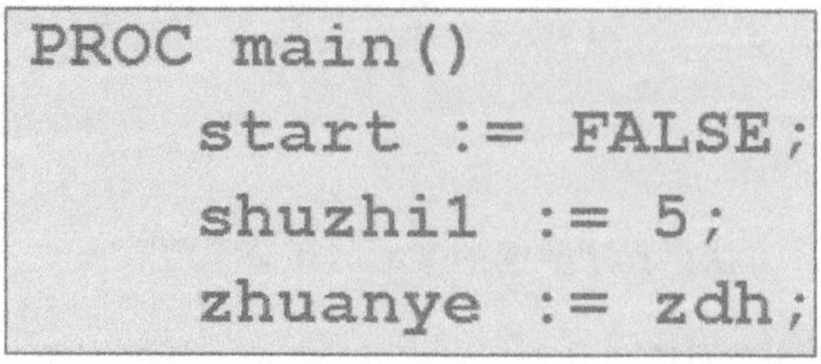

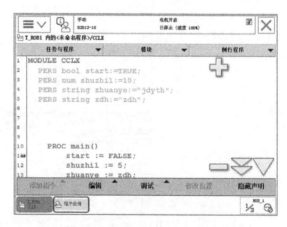

图 6-17 变量（VAR）的赋值

（2）可变量（PERS）　无论程序指针如何变化，无论机器人控制器是否重启，可变量型的数据都会保持最后赋予的值。图 6-18 所示为可变量（PERS）在程序编辑窗口中的位置。

PERS bool start：=TRUE；表示名称为 start 的可变量型布尔量数据。

PERS num shuzhi1：=10；表示名称为 shuzhi1 的可变量型数值数据。

PERS string zhuanye：="jdyth"；表示名称为 zhuanye 的可变量型字符数据。

说明：PERS 表示存储类型为可变量。

在机器人执行的 RAPID 程序中也可以对可变量存储类型程序数据进行赋值的操作，如图 6-19 所示。

图 6-18 可变量（PERS）及初始值

图 6-19 可变量（PERS）的赋值

在程序执行以后，赋值的结果会一直保持到下一次对其进行重新赋值，如图 6-20 所示。

（3）常量（CONST）　常量的特点是在定义时已赋予了数值，并不能在程序中进行修改，只能手动修改。

举例说明，程序编辑窗口中的显示如图 6-21 所示。

CONST bool start：=FALSE；表示名称为 start 的常量型布尔量数据。

CONST num shuzhi1：=5；表示名称为 shuzhi1 的常量型数值数据。

CONST string zhuanye：="zdh"；表示名称为 zhuanye 的常量型字符数据。

说明：存储类型为常量的程序数据，不允许在程序中进行赋值操作。如图 6-22 所示，准备在程序中进行赋值操作，结果一点击"调试"，就会弹出如图 6-23 所示的错误提示。

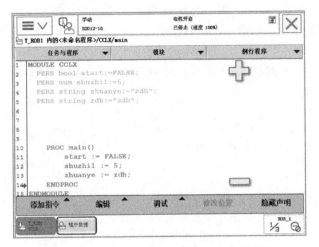

图 6-20　可变量（PERS）赋值后保持最新值

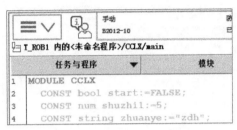

图 6-21　常量（CONST）及初始值

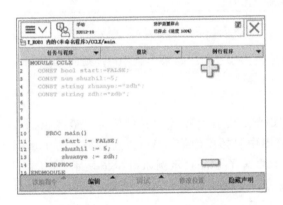

图 6-22　常量（CONST）赋值操作

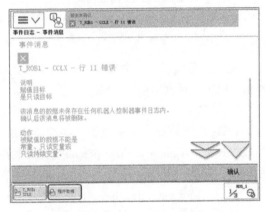

图 6-23　常量（CONST）赋值操作报错

6.3.4　常用程序数据有哪些？

做什么

认识常用程序数据。

讲给你听

根据不同的数据用途，定义不同的程序数据，才能更好地满足编程需求。现在来学习 ABB 机器人系统常用的程序数据。

1. 数值数据（num）

num 用于存储数值数据，例如存储计数器的数值。

num 数据类型的值可以为整数，如 10；也可为小数，如 1.23；也可以指数的形式写入，如 3E3（$=3 \times 10^3 = 3000$）、2.5E-2（$=0.025$）。整数数值始终将 $-8388607 \sim +8388608$ 之间的整数作为准确的整数储存。小数数值仅为近似数，因此，不得用于等于或不等于判断。使用小数的运算，其结果也将为小数。数值数据（num）示例如图 6-24 所示。

说明：将整数 5 赋值给名称为 shuzhi1 的数值数据。

2. 逻辑值数据（bool）

bool 用于存储逻辑值数据，即 bool 型数据值可以为 TRUE 或 FALSE。逻辑值数据（bool）示例如图 6-25 所示。

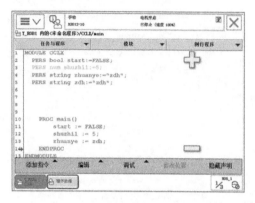

图 6-24 数值数据（num）示例

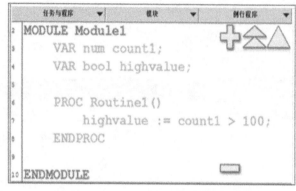

图 6-25 逻辑值数据（bool）示例

说明：示例中，首先判断 count1 中的数值是否大于 100，如果大于 100，则向 highvalue 赋值 TRUE，否则赋值 FALSE。

3. 字符串数据（string）

string 用于存储字符串数据。字符串是由一串前后附有引号（""）的字符（最多 80 个）组成，例如，"I am a positive person"。如果字符串中包括反斜线（\），则必须写两个反斜线符号，例如，"I am a positive\ person"。字符串数据（string）示例如图 6-26 所示。

说明：将 I am a positive person 赋值给 text，运行程序后，示教器触摸屏的窗口中将会显示 I am a positive person 这段字符串，如图 6-27 所示。

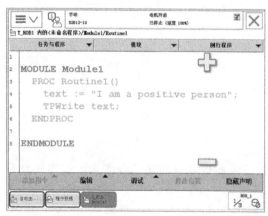

图 6-26 字符串数据（string）示例

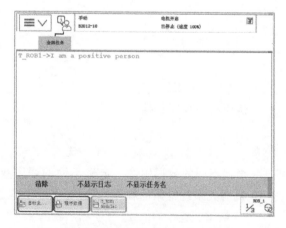

图 6-27 字符串数据（string）写屏展示

4. 位置数据（robtarget）

robtarget 用于存储机器人和附加轴的位置数据。位置数据的内容是在运动指令中机器人和外轴将要移动到的位置。

robtarget 由四部分组成，见表 6-19。

表 6-19　robtarget 参数解析

组件	描述
trans	translation 数据类型：pos 工具中心点所在的位置（x、y 和 z），单位为 mm 存储当前工具中心点在当前工件坐标系的位置。如果未指定任何工件坐标系，则当前工件坐标系为大地坐标系
rot	rotation 数据类型：orient 工具姿态，以四元数的形式表示（q1、q2、q3 和 q4） 存储相对于当前工件坐标系方向的工具姿态。如果未指定任何工件坐标系，则当前工件坐标系为大地坐标系
robconf	robot configuration 数据类型：confdata 机械臂的轴配置（cf1、cf4、cf6 和 cfx）。以轴 1、轴 4 和轴 6 当前 1/4 转的形式进行定义。将第一个正 1/4 转（0°~90°）定义为 0。组件 cfx 的含义取决于机械臂类型
extax	external axes 数据类型：extjoint 附加轴的位置 对于旋转轴，其位置定义为从校准位置起旋转的度数 对于线性轴，其位置定义为与校准位置的距离（mm）

下面通过示例介绍位置数据（robtarget）。

CONST　robtarget　p10：=［［600，500，225.3］，［1，0，0，0］，

［1，1，0，0］，［11，12.3，9E9，9E9，9E9，9E9］］；

位置 p10 定义如下：

1）机器人在工件坐标系中的位置：$x = 600$mm、$y = 500$mm、$z = 225.3$mm。

2）工具的姿态与工件坐标系的方向一致。

3）机器人的轴配置：轴 1 和轴 4 位于 90°~180°，轴 6 位于 0°~90°。

4）附加逻辑轴 a 和 b 的位置以度（°）或毫米（mm）表示（根据轴的类型）。

5）未定义轴 c~f。

5. 关节位置数据（jointtarget）

jointtarget 用于存储机器人和附加轴的每个单独轴的角度位置。通过 MoveAbsJ 指令可以使机器人和附加轴运动到 jointtarget 关节位置处。

jointtarget 由两部分组成，见表 6-20。

表 6-20　jointtarget 参数解析

组件	描述
robax	robot axes 数据类型：robjoint 机械臂轴的位置，单位为度（°） 将轴位置定义为各轴（臂）从轴校准位置沿正方向或反方向旋转的度数

（续）

组件	描述
extax	external axes 数据类型：extjoint 附加轴的位置 对于旋转轴，其位置定义为从校准位置起旋转的度数 对于线性轴，其位置定义为与校准位置的距离（mm）

下面通过示例介绍关节位置数据（jointtarget）。

CONST jointtarget calib_pos:=[[0,0,0,0,0,0],[0,9E9,9E9,9E9,9E9,9E9]];

说明：通过数据类型 jointtarget 在 calib_pos 存储了机器人的机械原点位置，同时定义了外部轴 a 的原点位置 0（度或毫米），未定义外轴 b~f。

6. 速度数据（speeddata）

speeddata 用于存储机器人和附加轴运动时的速度数据。速度数据定义了工具中心点移动时的速度、工具的重定位速度、线性或旋转外轴移动时的速度。

speeddata 由四部分组成，见表 6-21。

表 6-21　speeddata 参数解析

组件	描述
v_ori	external axes 数据类型：num TCP 的重定位速度，单位为°/s 如果使用固定工具或协同的外轴，则是相对于工件的速度
v_leax	velocity linear external axes 数据类型：num 线性外轴的速度，单位为 mm/s
v_reax	velocity rotational external axes 数据类型：num 旋转外轴的速度，单位为°/s
v_tcp	velocity tcp 数据类型：num 工具中心点（TCP）的速度，单位为 mm/s 如果使用固定工具或协同的外轴，则是相对于工件的速度

下面通过示例介绍速度数据（speeddata）。

VAR speeddata vmedium:=[1000,30,200,15];

说明：使用以下速度，定义了速度数据 vmedium。

1）TCP 速度为 1000mm/s。

2）工具的重定位速度为 30°/s。

3）线性外轴的速度为 200mm/s。

4）旋转外轴的速度为 15°/s。

7. 转角区域数据（zonedata）

zonedata 用于规定路径中在向下一个位置移动之前如何接近编程位置。ABB 中的位置点分为停止点和飞越点两种。

停止点是指执行下一个指令前，机器人各轴必须到达编程位置，一般使用预定义的fine。飞越点是指机器人未到达编程位置，在到达之前改变了运动方向。例如：

MoveJ*，v1000，z10，tool0；

连续执行机器人程序时，在距离程序中*点位置之前10mm，TCP运动轨迹提前转弯，进入下一段程序轨迹。此处的z10表示TCP连续运动轨迹的转弯半径为10mm。zonedata由七部分组成。见表6-22。

表 6-22 zonedata 参数解析

组件	描述
finep	fine point 数据类型:bool 规定运动是否以停止点(fine点)或飞越点结束 · TRUE:运动随停止点而结束,且程序执行将不再继续,直至机械臂达到停止点。未使用区域数据中的其他组件数据 · FALSE:运动随飞越点而结束,且程序执行在机械臂到达区域之前继续进行约100ms
pzone_tcp	path zone TCP 数据类型:num TCP区域的尺寸(半径),单位为mm 根据以下组件pzone_ori~zone_reax和编程运动,将扩展区域定义为区域的最小相对尺寸
pzone_ori	path zone orientation Data type:num 有关工具重新定位的区域半径。将半径定义为TCP距编程点的距离,单位为mm 数值必须大于pzone_tcp的对应值。否则,数值自动增加,以使其与pzone_tcp相同
pzone_eax	path zone external axes 数据类型:num 有关外轴的区域半径。将半径定义为TCP距编程点的距离,单位为mm 数值必须大于pzone_tcp的对应值。否则,数值自动增加,以使其与pzone_tcp相同
zone_ori	zone orientation 数据类型:num 工具重定位的区域角度,单位为°(度) 如果机械臂正夹持着工件,则是指工件的旋转角度
zone_leax	zone linear external axes 数据类型:num 线性外轴的区域半径,单位为mm
zone_reax	zone rotational external axes 数据类型:num 旋转外轴的区域角度,单位为°(度)

下面通过示例介绍转角区域数据（zonedata）。

VAR zonedata path：=［FALSE，25，40，40，10，35，5］；

说明：使用以下数据，定义转角区域数据 path。

1）TCP 路径的区域半径为 25mm。

2）工具重定位的区域半径为 40mm（TCP 运动）。

3）外轴的区域半径为 40mm（TCP 运动）。

如果 TCP 静止不动，或存在大幅度重新定位，或存在有关该区域的外轴大幅度运动，则应用以下规定：

1）工具重定位的区域角度为 10°。

2）线性外轴的区域半径为 35mm。

3）旋转外轴的区域角度为 5°。

如果需要学习全部的程序数据，请查阅 ABB 工业机器人随机光盘说明书。

6.3.5　常用的数学运算指令有哪些？

做什么

认识常用的数学运算指令。

做给你看

在执行任务时我们常需要处理一些数学运算，那么常用的数学运算指令有哪些呢？常用的数学运算指令见表 6-23。

表 6-23　数学运算指令

指令	说明	指令	说明
Clear	清空数值	Incr	加 1 操作
Add	加或减操作	Decr	减 1 操作

以 reg1 数值型程序数据为例，先将其初始值设定为 3，然后用 Clear 指令清空数值，接着用 Add 指令对其加 5，后用 Incr 指令加 1，最后用 Decr 指令减 1，并查看 reg1 的终值。操作步骤见表 6-24。

表 6-24　执行数字运算的操作步骤

步骤	操作内容	示意图
1	点击左上角主菜单按钮,选择"程序数据"	

（续）

步骤	操作内容	示意图
2	点选"num"数据类型（由于num已在视图内，所以不用点击"全部数据类型"），点击"显示数据"按钮	
3	选中"reg1"，打开"编辑"菜单，选择"更改声明"	
4	点击左下角的"初始值"按钮	

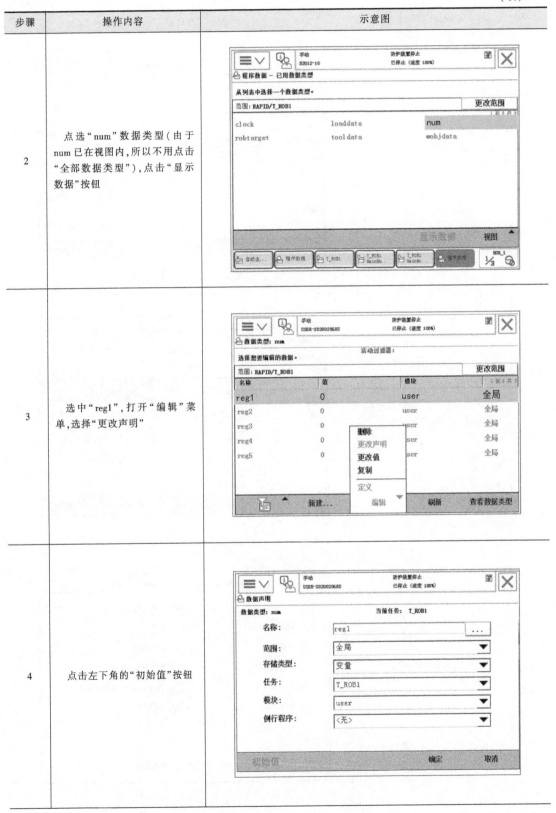

（续）

步骤	操作内容	示意图
5	将"reg1"的初始值改为5,点击"确定"按钮	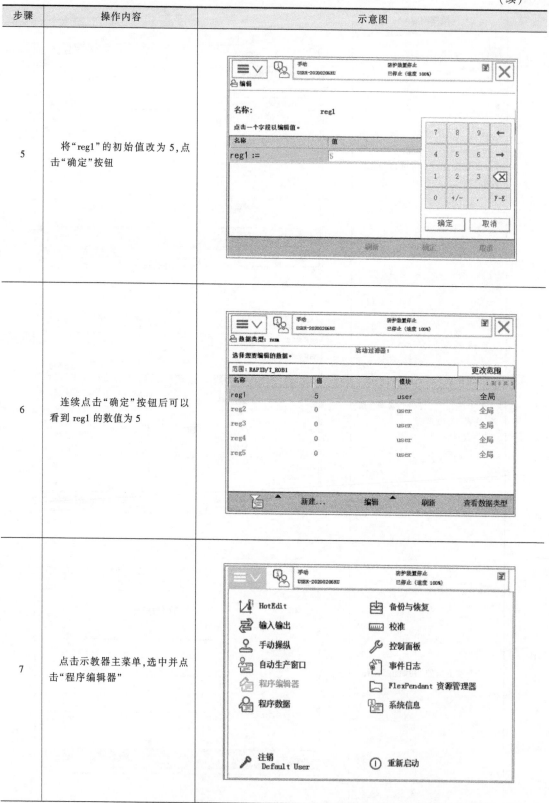
6	连续点击"确定"按钮后可以看到reg1的数值为5	
7	点击示教器主菜单,选中并点击"程序编辑器"	

（续）

步骤	操作内容	示意图
8	进入例行程序，点击"添加指令"按钮，点选"Mathematics"，选择"Clear"指令	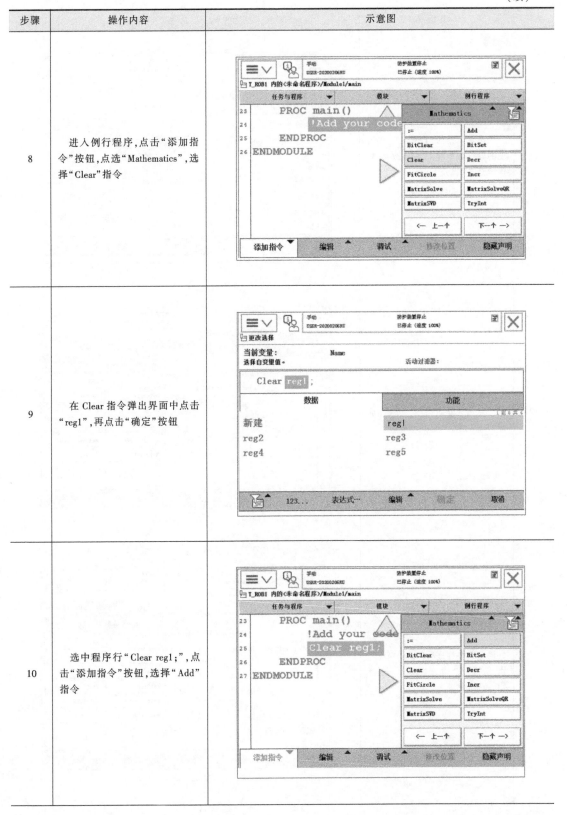
9	在 Clear 指令弹出界面中点击"reg1"，再点击"确定"按钮	
10	选中程序行"Clear reg1；"，点击"添加指令"按钮，选择"Add"指令	

（续）

步骤	操作内容	示意图
11	点击左下角的"123…",在出现的软键盘中将<EXP>改为5,连续点击"确定"按钮	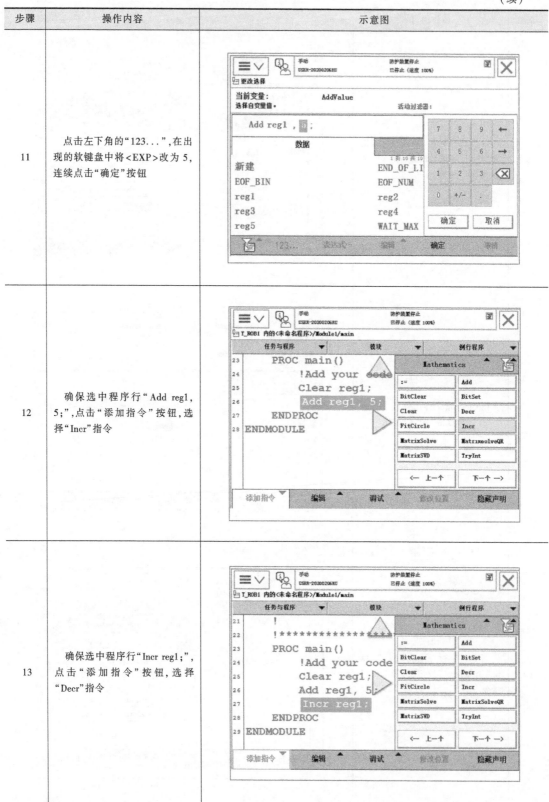
12	确保选中程序行"Add reg1,5;",点击"添加指令"按钮,选择"Incr"指令	
13	确保选中程序行"Incr reg1;",点击"添加指令"按钮,选择"Decr"指令	

（续）

步骤	操作内容	示意图
14	完成程序编写	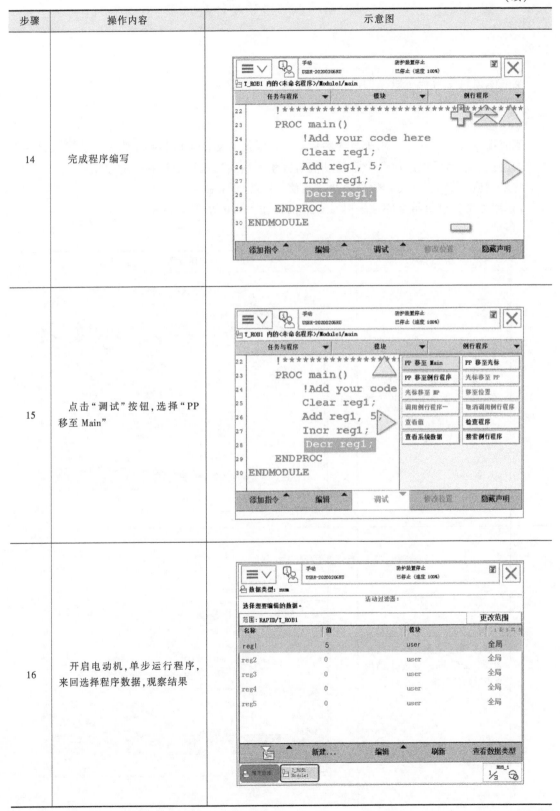
15	点击"调试"按钮,选择"PP 移至 Main"	
16	开启电动机,单步运行程序,来回选择程序数据,观察结果	

6.3.6 赋值指令与程序数据的两种赋值方法是什么？

做什么

掌握赋值指令与程序数据的两种赋值方法。

做给你看

赋值指令（"：="）用于对程序数据进行赋值，赋值可以是一个常量，也可以是一个数学表达式。下面就以添加一个常量赋值与数学表达式赋值说明该指令的使用。

常量赋值：reg1：=20；数学表达式赋值：reg2：=reg1+7。

1）添加常量赋值指令完成 reg1：=20 的操作，具体步骤见表 6-25。

表 6-25　添加常量赋值指令的操作步骤

步骤	操作内容	示意图
1	点击"添加指令"按钮，在"Common"指令列表中选择"：="	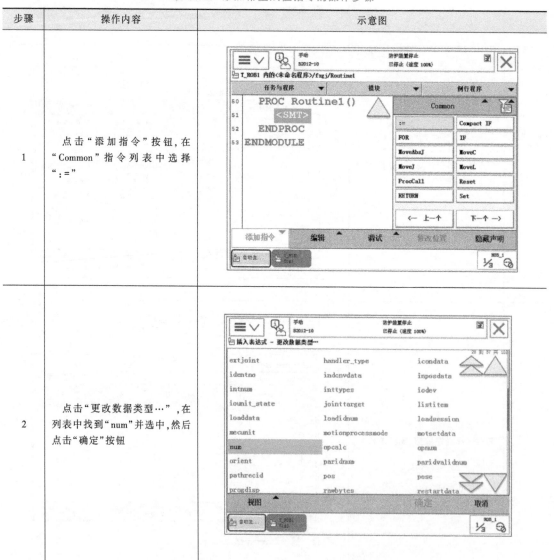
2	点击"更改数据类型…"，在列表中找到"num"并选中，然后点击"确定"按钮	

（续）

步骤	操作内容	示意图
3	选择"reg1"	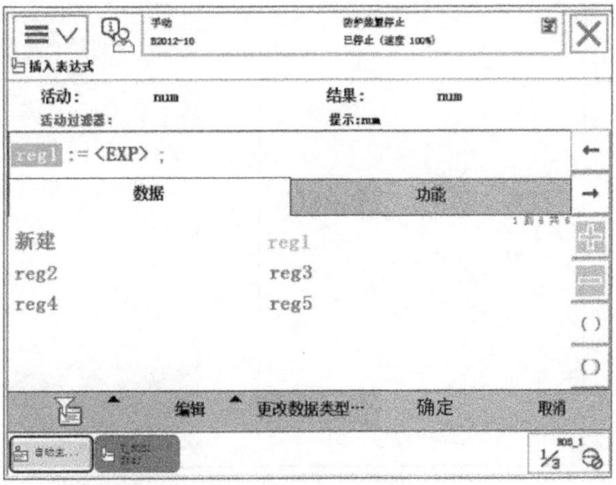
4	选中"<EXP>"并高亮显示为蓝色，打开"编辑"菜单，选择"仅限选定内容"。通过软键盘输入数字"20"，然后点击"确定"按钮	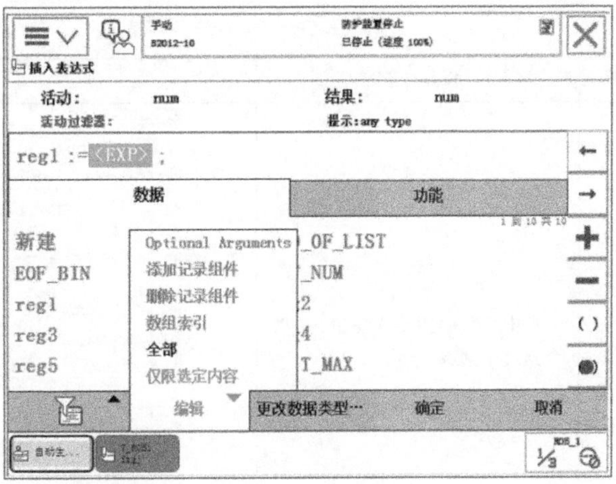
5	点击"确定"按钮	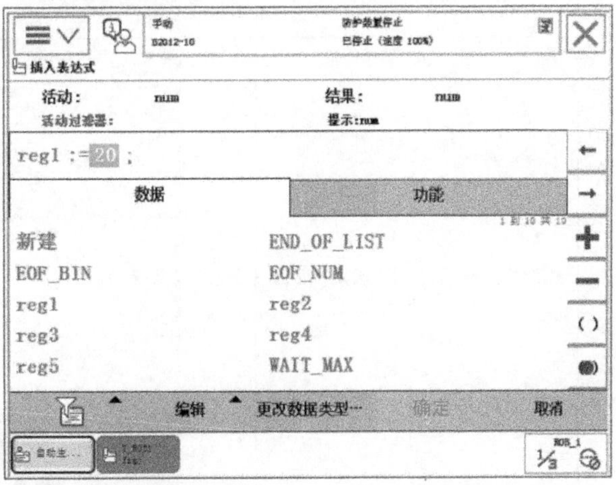

（续）

步骤	操作内容	示意图
6	在这里就能看到所增加的指令	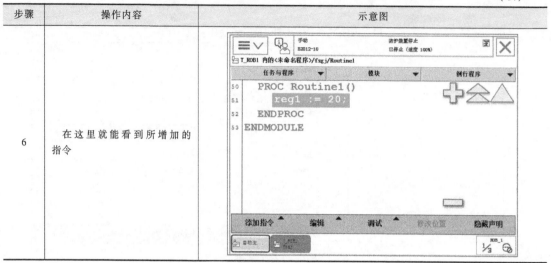

2）添加带数学表达式的赋值指令，操作步骤见表 6-26。

表 6-26　添加带数字表达式的赋值指令的操作步骤

步骤	操作内容	示意图
1	点击"添加指令"按钮，在指令列表中选择"：="	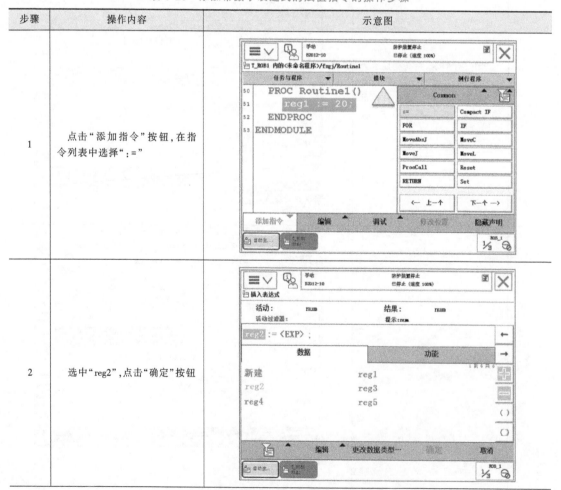
2	选中"reg2"，点击"确定"按钮	

（续）

步骤	操作内容	示意图
3	选中"<EXP>"并高亮显示为蓝色,选中"reg1"	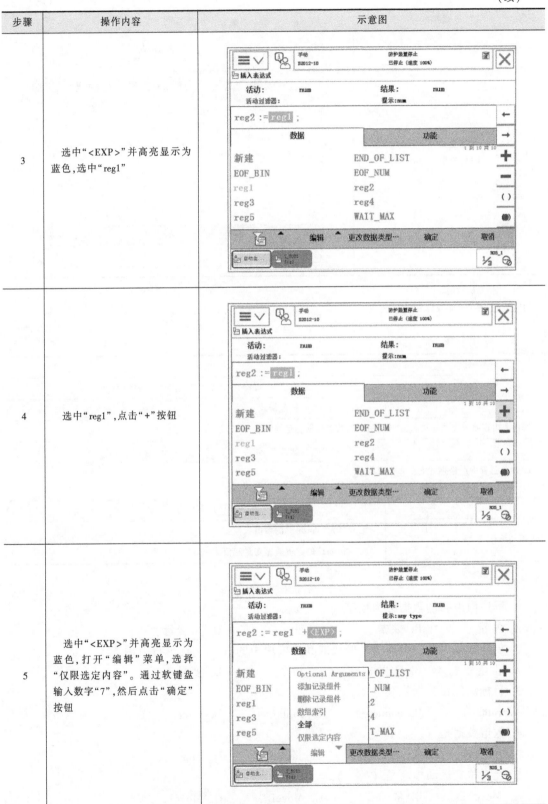
4	选中"reg1",点击"+"按钮	
5	选中"<EXP>"并高亮显示为蓝色,打开"编辑"菜单,选择"仅限选定内容"。通过软键盘输入数字"7",然后点击"确定"按钮	

（续）

步骤	操作内容	示意图
6	添加指令成功,点击"添加指令"按钮,将指令列表收起来	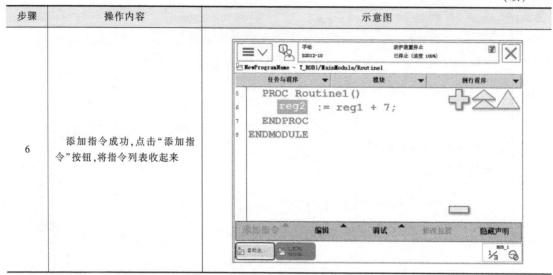

让你试试看——项目测试

项目任务操作测试

任务编号	6-3
任务名称	定义名为"shuzhi1"的数值数据变量并赋值为-5
任务概述	

按任务内容要求完成定义名为"shuzhi1"的数值数据变量并赋值为-5

任务要求

1. 操作过程中严格遵守安全操作规范
2. 操作过程中注意职业素养

板块	序号	任务内容
手动操作	1	定义名为"shuzhi1"的数值数据变量
	2	对"shuzhi1"的数值数据变量赋值为-5

理论题

1. 程序内声明的数据称为程序（　　）。

A. 常量　　　　B. 数据　　　　C. 变量　　　　D. 可变量

2. 创建的程序数据由同一个模块或其他模块中的（　　）进行引用。

A. 常量　　　　B. 数据　　　　C. 指令　　　　D. 变量

3. 目标点位置数据是（　　）。

A. robtarget　　B. aobtarget　　C. roptarget　　D. num

4. 数值数据是（　　）。

A. robtarget　　　B. nmn　　　　C. shuzhi　　　D. num

5. 绝对位置运动指令是（　　）。

A. MoveAbsJ　　B. MoveC　　　C. MoveL　　　D. MoveJ

6. 建立程序数据有（　　）方法。

A. 一种　　　　　B. 两种　　　　　C. 三种　　　　　D. 四种

7. ABB 机器人的程序数据共有（　　）个左右。

A. 10　　　　　　B. 50　　　　　　C. 80　　　　　　D. 100

8. 变量型数据是（　　）。

A. VBR　　　　　B. VAR　　　　　C. PERS　　　　　D. CONST

9. 可变量数据是（　　）。

A. VBR　　　　　B. VAR　　　　　C. PERS　　　　　D. CONST

10. 常量数据是（　　）。

A. VBR　　　　　B. VAR　　　　　C. PERS　　　　　D. CONST

确认你会干——项目操作评价

学号			姓名		单位	
任务编号	6-3	任务名称	定义名为"shuzhi1"的数值数据变量并赋值为-5			
板块	序号	考核点		分值标准	得分	备注
职业素养	1	遵守纪律,尊重指导教师,违反一次扣1分				
	2	工位清洁(若违反,每项扣0.5分)： 1)系统设备上没有多余的工具 2)工作区域地面上没有垃圾				
	3	着装要求(若违反,每项扣0.5分)： 1)裤子为长裤,裤口收紧 2)鞋子为绝缘三防鞋 3)上衣为长袖,袖口收紧 4)佩戴安全帽 5)长发扎紧,放于安全帽内,短发无要求				
操作不当破坏设备	4	工业机器人碰撞,导致夹具损坏				
	5	工业机器人碰撞,导致工件损坏				
	6	工业机器人碰撞,夹具及工件损坏				
	7	破坏设备,无法继续进行考核				
违反操作纪律	8	在发出开始指令前,提前操作				
	9	不服从指导教师指令				
	10	在发出结束考核指令后,继续操作				
	11	擅自离开考核工位				
	12	与其他工位的学员交流				
	13	在教室大声喧哗、无理取闹				
	14	其他违反纪律的情况				
机器人操作	15	定义名为"shuzhi1"的数值数据变量				
	16	对"shuzhi1"的数值数据变量赋值为-5				
总分						
学生签字		考评签字		考评结束时间		

项目6.4 怎样使用逻辑判断指令与调用例行程序指令?

6.4.1 常用的逻辑判断指令及用法有哪些?

做什么

掌握常用的逻辑判断指令及用法。

讲给你听

条件逻辑判断指令是用于对条件进行判断后,执行相应的操作,是RAPID中重要的组成。

1. Compact IF 紧凑型条件判断指令

Compact IF 紧凑型条件判断指令用于当一个条件满足以后,就执行一句指令,如图6-28所示。

如果 flag1 = 1,即 flag1 的状态为 TRUE,则 set do1,即 do1 被置位为1。

2. IF 条件判断指令

IF 条件判断指令就是根据不同的条件执行不同的指令,如图6-29所示。

如果 num1 = 1,则 flag1 会赋值为 TRUE;如果 num1 = 2,则 flag1 会赋值为 FALSE;除了以上两种条件之外,则执行 do1 置位为1。注意:条件判定指令的条件数量是根据实际编程需求进行增加与减少的。

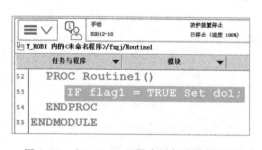

图 6-28　Compact IF 紧凑型条件判断指令

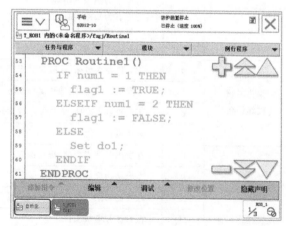

图 6-29　IF 条件判断指令

3. FOR 重复执行判断指令

FOR 重复执行判断指令用于一个或多个指令需要重复执行数次的情况。如图6-30所示,例行程序 Routine2 重复执行10次。FOR 与 ENDFOR 之间的循环语句每执行一次,程序数据 i 就加1。

4. WHILE 条件判断指令

WHILE 条件判断指令用于在给定条件满足的情况下,一直重复执行对应的指令。如

图 6-31 所示，在 num1>num2 的条件满足的情况下，就一直执行 num1：=num1-1 的操作。

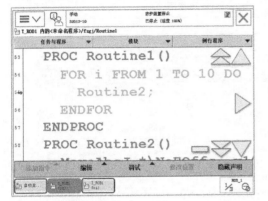

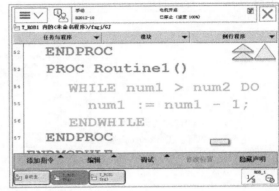

图 6-30　FOR 重复执行判断指令　　　　　　图 6-31　WHILE 条件判断指令

5. WaitTime 时间等待指令

WaitTime 时间等待指令用于程序在等待一个指定的时间（单位为 s，分辨率为 0.001s）后，再继续向下执行。如图 6-32 所示，在执行完 WHILE 循环等待 4s 后，程序向下执行 set do1 指令。

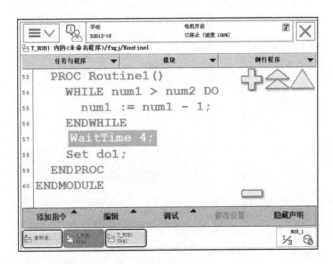

图 6-32　WaitTime 时间等待指令

6.4.2　ProcCall 调用例行程序指令怎么用?

做什么

掌握 ProcCall 调用例行程序指令。

做给你看

通过使用 ProcCall 指令在指定的位置调用例行程序，操作步骤见表 6-27。

表 6-27　用 ProcCall 指令调用例行程序的操作步骤

步骤	操作内容	示意图
1	选中"<SMT>"为要调用例行程序的位置。在"Common"指令列表中选择"ProcCall"指令	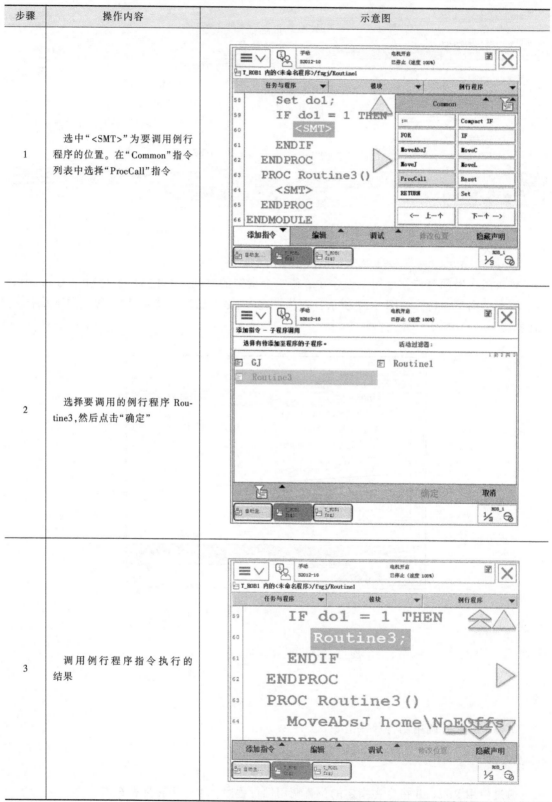
2	选择要调用的例行程序 Routine3,然后点击"确定"	
3	调用例行程序指令执行的结果	

让你试试看——项目测试

项目任务操作测试

任务编号	6-4
任务名称	使用逻辑判断指令与调用例行程序

任务概述
按任务内容要求使用逻辑判断指令与调用例行程序

任务要求

1. 操作过程中严格遵守安全操作规范

2. 操作过程中注意职业素养

3. 在此任务操作中使用 IF 条件判断指令,实现圆形和三角形示教轨迹的选择。当数据变量 D＝0 时,机器人走圆形轨迹;当数据变量 D＝5 时,机器人走三角形轨迹

板块	序号	任务内容
机器人操作	1	新建"gjxz""yuanxing""sanjiaoxing"例行程序
	2	添加 IF 指令编程判断数据变量 D＝0
	3	调用例行程序"yuanxing"
	4	通过赋值指令修正 D＝D＋5
	5	添加 IF 指令编程判断数据变量
	6	调用例行程序"sanjiaoxing"
	7	调试 D＝0 时程序运行情况
	8	调试 D＝5 时程序运行情况

理论题

1. Compact IF 指令用于当一个条件满足以后，就执行（　　）指令。

A. 一句　　　　　B. 两句　　　　　C. 三句　　　　　D. 无数句

2. IF 指令就是根据不同的条件执行（　　）的指令。

A. 相同　　　　　B. 同类　　　　　C. 不同　　　　　D. 无数句

3. FOR 指令用于一个或多个指令需要重复执行（　　）的情况。

A. 两次　　　　　B. 数次　　　　　C. 三次　　　　　D. 一次

4. WaitTime 指令用于程序在等待一个指定的时间［时间单位是（　　）］后，再继续向下执行。

A. s　　　　　　B. us　　　　　　C. min　　　　　D. ms

5. （　　）是调用例行程序指令。

A. ProcCall　　　B. Call　　　　　C. ProCall　　　　D. Proc

6. 紧凑型条件判断指令是（　　）。

A. IF　　　　　　B. Com IF　　　　C. Compact IF　　D. pact IF

7. 条件判断指令是（　　）。

A. IF　　　　　　B. Com IF　　　　C. Compact IF　　D. pact IF

8. 重复执行判断指令是（　　）。

A. IF　　　　　　B. Compact IF　　C. FOR　　　　　D. pact IF

9. 时间等待指令是（　　　）。

A. IF　　　　　　B. WaitTime　　C. FOR　　　　　D. Compact IF

10. 条件逻辑判断指令是用于对（　　　）进行判断后，执行相应的操作。

A. 变量　　　　　B. 可变量　　　C. 条件　　　　　D. 输入

确认你会干——项目操作评价

学号			姓名		单位	
任务编号	6-4	任务名称		使用逻辑判断指令与调用例行程序		
板块	序号	考核点		分值标准	得分	备注
职业素养	1	遵守纪律，尊重指导教师，违反一次扣1分				
	2	工位清洁（若违反，每项扣0.5分）： 1）系统设备上没有多余的工具 2）工作区域地面上没有垃圾				
	3	着装要求（若违反，每项扣0.5分）： 1）裤子为长裤，裤口收紧 2）鞋子为绝缘三防鞋 3）上衣为长袖，袖口收紧 4）佩戴安全帽 5）长发扎紧，放于安全帽内，短发无要求				
操作不当破坏设备	4	工业机器人碰撞，导致夹具损坏				
	5	工业机器人碰撞，导致工件损坏				
	6	工业机器人碰撞，夹具及工件损坏				
	7	破坏设备，无法继续进行考核				
违反操作纪律	8	在发出开始指令前，提前操作				
	9	不服从指导教师指令				
	10	在发出结束考核指令后，继续操作				
	11	擅自离开考核工位				
	12	与其他工位的学员交流				
	13	在教室大声喧哗、无理取闹				
	14	其他违反纪律的情况				
机器人操作	15	新建"gjxz""yuanxing""sanjiaoxing"例行程序				
	16	添加IF指令编程判断数据变量D=0				
	17	调用例行程序"yuanxing"				
	18	通过赋值指令修正D=D+5				
	19	添加IF指令编程判断数据变量				
	20	调用例行程序"sanjiaoxing"				
	21	调试D=0时程序运行情况				
	22	调试D=5时程序运行情况				
总分						
学生签字		考评签字		考评结束时间		

项目 6.5 怎么使用 I/O 控制指令？

I/O 控制指令用于控制 I/O 信号，以达到与机器人周边设备进行通信的目的。下面介绍基本的 I/O 控制指令。

6.5.1 常用的 I/O 控制指令及用法有哪些？

做什么

认识常用的 I/O 控制指令。

讲给你听

1. Set 数字信号置位指令

Set 数字信号置位指令用于将数字输出（Digital Output）置位为"1"。如：Set do1，该指令将数字输出信号 do1 置为 1，如图 6-33 所示。

2. Reset 数字信号复位指令

Reset 数字信号复位指令用于将数字输出（Digital Output）复位为"0"。如：Reset do1，该指令将数字输出信号 do1 复位为 0，如图 6-34 所示。

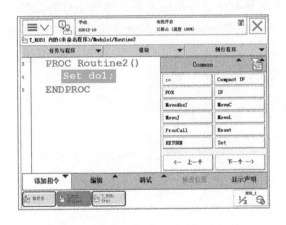

图 6-33 Set 数字信号置位指令

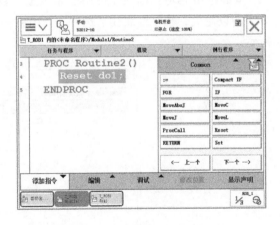

图 6-34 Reset 数字信号复位指令

注意：如果在 Set、Reset 指令前有运动指令 MoveJ、MoveL、MoveC、MoveAbsJ 的转角区域数据，必须使用 fine 才可以准确到达目标点后输出 I/O 信号状态的变化，否则信号会被提前触发。

3. WaitDI 数字输入信号判断指令

WaitDI 数字输入信号判断指令用于判断数字输入信号的值是否与目标的一致。如图 6-35 所示，程序执行此指令时，等待 di1 的值为 1，当数字输入信号 di1 值为 1 时，程序继续往下执行，如果到达最大等待时间 300s（此时间可根据实际进行设定）以后，di1 的值还不为 1，则机器人报警或进入出错处理程序。

4. WaitDO 数字输出信号判断指令

WaitDO 数字输出信号判断指令用于判断数字输出信号的值是否与目标的一致。如图 6-36 所示，程序执行此指令时，等待 do1 的值为 1。当 do1 为 1 时，程序继续往下执行，如果到达最大等待时间 300s（此时间可根据实际进行设定）以后，do1 的值还不为 1，则机器人报警或进入出错处理程序。

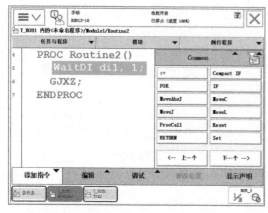

图 6-35　WaitDI 数字输入信号判断指令

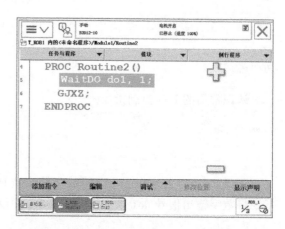

图 6-36　WaitDO 数字输出信号判断指令

5. WaitUntil 信号判断指令

WaitUntil 信号判断指令可用于布尔量、数字量和 I/O 信号值的判断，如果条件到达指令中的设定值，程序继续往下执行，否则就一直等待，除非设定了最大等待时间，如图 6-37 所示。

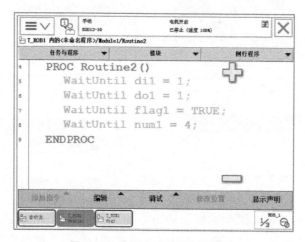

图 6-37　WaitUntil 信号判断指令

6.5.2　怎样利用 Set 指令将数字信号置位？

做什么

掌握利用 Set 指令将数字信号置位。

做给你看

利用 Set 指令将数字输出信号 do2 置位的操作步骤见表 6-28。

表 6-28 利用 Set 指令将数字信号置位的操作步骤

步骤	操作内容	示意图
1	参照 5.2.2 节内容,在 DSQC652 板中新建一个名为"do2"的数字输出信号	
2	在例行程序中打开"添加指令",选择"Set"指令	
3	在"Set"后的"<EXP>"中选择数据"do2"并点击"确定"按钮	

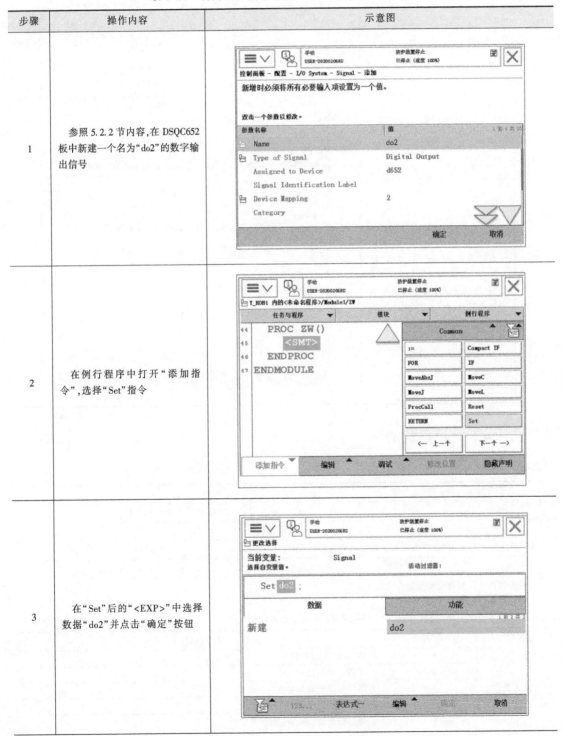

（续）

步骤	操作内容	示意图
4	调试例行程序"ZW"	
5	点开示教器主菜单，点击"输入输出"选项，在界面右下方点击"视图"，选择"数字输出"，就可以查看"ZW"例行程序中 Set do2 的运行结果	

让你试试看——项目测试

项目任务操作测试

任务编号	6-5
任务名称	利用 Set 指令将数字输出信号置位和复位

任务概述
按任务内容要求利用 Set 指令将数字输出信号置位

任务要求
1. 操作过程中严格遵守安全操作规范
2. 操作过程中注意职业素养
3. 在此任务操作中利用 Set/Reset 指令将数字输出信号 do5 置位和复位

板块	序号	任务内容
机器人操作	1	新建"ZW"例行程序
	2	新建数字输出信号 do5
	3	在例行程序中置位 do5
	4	在例行程序中复位 do5
	5	手动运行调试，观察结果

理论题

1. I/O 控制指令用于控制（　　）信号。

A. 输入　　　　B. 输入/输出　　　　C. 输出　　　　D. 所有

2. Set 数字信号置位指令用于将数字输出（Digital Output）置位为（　　）。

A. "1"　　　　B. "0"　　　　C. "2"　　　　D. "3"

3. Reset 数字信号复位指令用于将数字输出（Digital Output）复位为（　　）。

A. "1"　　　　B. "2"　　　　C. "3"　　　　D. "0"

4. 如果在 Set、Reset 指令前有运动指令 MoveJ、MoveL、MoveC、MoveAbsJ 的转角区域数据，必须使用（　　）才可以准确到达目标点后输出 I/O 信号状态的变化，否则信号会被提前触发。

A. Z1　　　　B. Z10　　　　C. fine　　　　D. Z50

5. WaitDI 指令用于判断数字（　　）信号的值是否与目标的一致。

A. 输入　　　　B. 输出　　　　C. 输入/输出　　　　D. 模拟

6. WaitDO 指令用于判断数字（　　）信号的值是否与目标的一致。

A. 输入　　　　B. 输出　　　　C. 输入/输出　　　　D. 模拟

7. 使用 WaitUntil 信号判断指令时，如果条件到达指令中的（　　），程序继续往下执行，否则就一直等待，除非设定了最大等待时间。

A. 布尔量　　　　B. 数字量　　　　C. I/O 信号值　　　　D. 设定值

8. WaitUntil 信号判断指令可用于（　　）、数字量和 I/O 信号值的判断。

A. 布尔量　　　　B. 模拟量　　　　C. 输入信号　　　　D. 输出信号

确认你会干——项目操作评价

学号			姓名		单位	
任务编号	6-5	任务名称	利用 Set/Reset 指令将数字输出信号置位和复位			
板块	序号	考核点		分值标准	得分	备注
职业素养	1	遵守纪律，尊重指导教师，违反一次扣1分				
	2	工位清洁(若违反，每项扣 0.5 分)： 1)系统设备上没有多余的工具 2)工作区域地面上没有垃圾				
	3	着装要求(若违反，每项扣 0.5 分)： 1)裤子为长裤，裤口收紧 2)鞋子为绝缘三防鞋 3)上衣为长袖，袖口收紧 4)佩戴安全帽 5)长发扎紧，放于安全帽内，短发无要求				
操作不当 破坏设备	4	工业机器人碰撞，导致夹具损坏				
	5	工业机器人碰撞，导致工件损坏				
	6	工业机器人碰撞，夹具及工件损坏				
	7	破坏设备，无法继续进行考核				

（续）

板块	序号	考核点	分值标准	得分	备注
违反考核纪律	8	在发出开始指令前，提前操作			
	9	不服从指导教师指令			
	10	在发出结束考核指令后，继续操作			
	11	擅自离开考核工位			
	12	与其他工位的学员交流			
	13	在教室大声喧哗、无理取闹			
	14	其他违反纪律的情况			
机器人操作	15	新建"ZW"例行程序			
	16	新建数字输出信号 do5			
	17	在例行程序中置位 do5			
	18	在例行程序中复位 do5			
	19	手动运行调试，观察结果			
总分					
学生签字		考评签字		考评结束时间	

项目 6.6　怎样使用数组和姿态偏移？

6.6.1　怎样定义数组及赋值？

做什么

认识数组的定义及赋值方法。

讲给你听

在程序设计中，为了处理方便，把相同类型的若干变量按有序的形式组织起来，这些按序排列的同类数据元素的集合称为数组。

一维数组是最简单的数组，其逻辑结构是线性表。二维数组在概念上是二维的，即在两个方向上变化，而不是像一维数组只是一个向量。一个二维数组可以分解为多个一维数组。

数组中的各元素是有先后顺序的，元素用整个数组的名字和它自己所在顺序位置来表示。例如：数组 a[3][4] 是一个三行四列的二维数组，见表 6-29，a[2][3] 代表数组的第 2 行第 3 列，故 a[2][3]=6。

在 RAPID 语言中，数组定义为 num 数据类型。程序调用数组时从行列数 "1" 开始计算。例如：

MoveL RelTool(row_get, array_get{count,1}, array_get{count,2}, array_get {count,3}), v20, fine, tool0;

此语句中调用数组"array_get"，当 count 值为 1 时，调用的即为"array_get"数组第一行的元素值，使机器人运动到对应位置点。

表 6-29 二维数组 a［3］［4］元素表

数组元素	第一列	第二列	第三列	第四列
第一行	0	1	2	3
第二行	4	5	6	7
第三行	8	9	10	11

6.6.2 怎样使用 RelTool 工具位置及姿态偏移函数？

做什么

认识 RelTool 工具位置及姿态偏移函数。

做给你看

RelTool 为工具位置及姿态偏移函数，可以让机器人绕着当前工具在平移的同时进行旋转（或者只旋转，平移数据均设为 0）。其用法上与前文介绍的 Offs 函数类似。区别在于 Offs 是 TCP 针对工件坐标的移动，而 RelTool 函数是 TCP 针对当前位置工具坐标系的移动。RelTool 参数变量解析见表 6-30。

表 6-30 RelTool 参数变量解析

参数	定义	操作说明
p10	目标点位置数据	定义机器人 TCP 的运动目标
100	X 方向上的偏移量	定义 X 方向上的偏移量
200	Y 方向上的偏移量	定义 Y 方向上的偏移量
300	Z 方向上的偏移量	定义 Z 方向上的偏移量
\Rx	绕 X 轴旋转的角度	定义 X 方向上的旋转量
\Ry	绕 Y 轴旋转的角度	定义 Y 方向上的旋转量
\Rz：= 30	绕 Z 轴旋转的角度	定义 Z 方向上的旋转量

例如：MoveL RelTool（p10，100，200，300），v1000，fine，mytool；
该指令表示的是沿自定义的工具坐标（mytool），将机器人 TCP 直线移动至距 p10 点 X 方向偏移 100mm，Y 方向偏移 200mm，Z 方向偏移 300mm 的一处位置。
MoveL RelTool（p10，0，0，0 \ Rz：= 30），v1000，fine，mytool；
该指令表示的是沿自定义的工具坐标（mytool），将工具围绕其 Z 轴旋转 30°。
MoveL RelTool（p10，100，200，300 \ Rz：= 30），v1000，fine，mytool；的程序编写步骤见表 6-31。

表 6-31　程序实例编写步骤

步骤	操作内容	示意图
1	新建例行程序"PY",添加指令"MoveL"	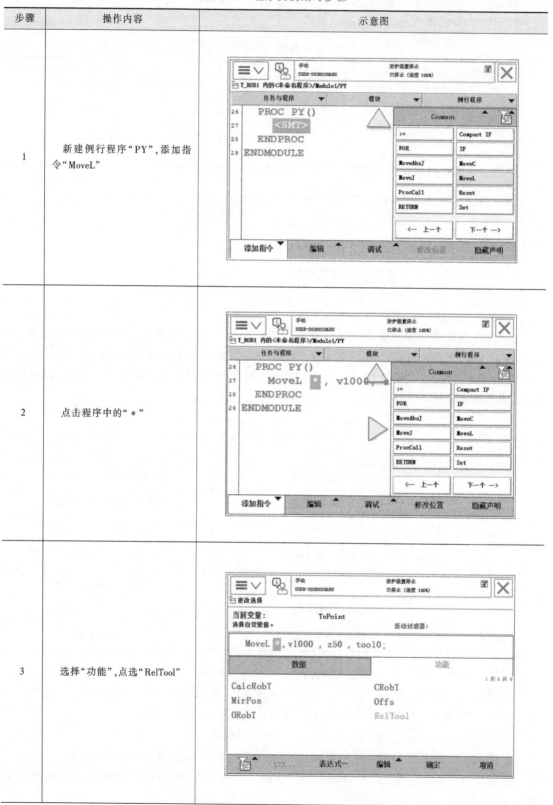
2	点击程序中的"＊"	
3	选择"功能",点选"RelTool"	

（续）

步骤	操作内容	示意图
4	选择第一个"<EXP>"，点击"新建"	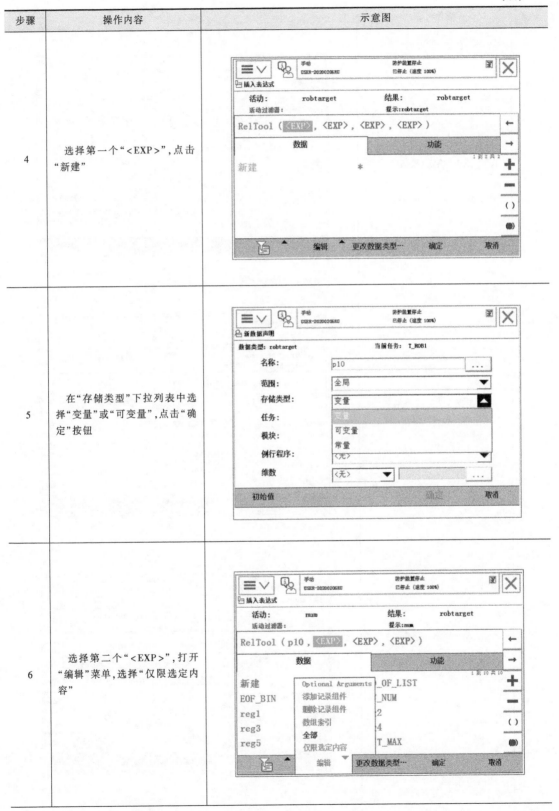
5	在"存储类型"下拉列表中选择"变量"或"可变量"，点击"确定"按钮	
6	选择第二个"<EXP>"，打开"编辑"菜单，选择"仅限选定内容"	

（续）

步骤	操作内容	示意图
7	用软键盘将"＜EXP＞"改为"100"，点击"确定"按钮	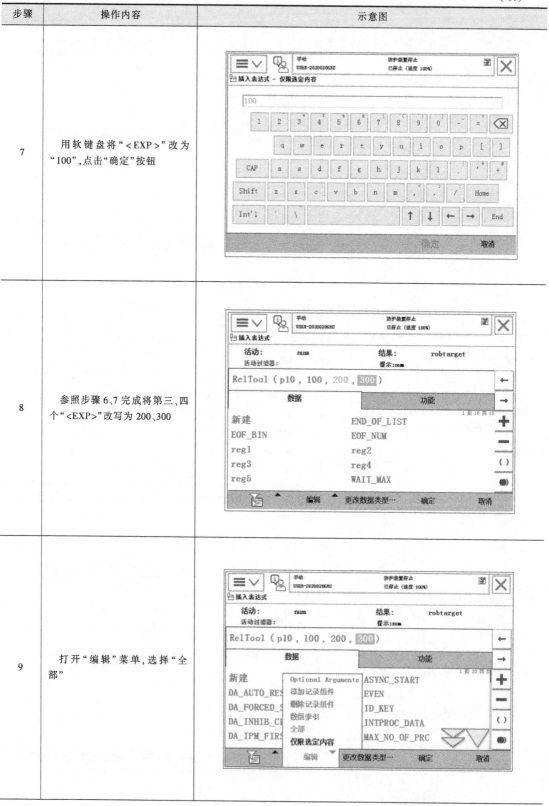
8	参照步骤6、7完成将第三、四个"＜EXP＞"改写为200、300	
9	打开"编辑"菜单，选择"全部"	

（续）

步骤	操作内容	示意图
10	在"300"后输入"\Rz：=30"，点击"确定"按钮。使用软键盘输入时要注意<Shift>键的切换	
11	点击指令行右侧的 ▶	
12	选择"tool0"	

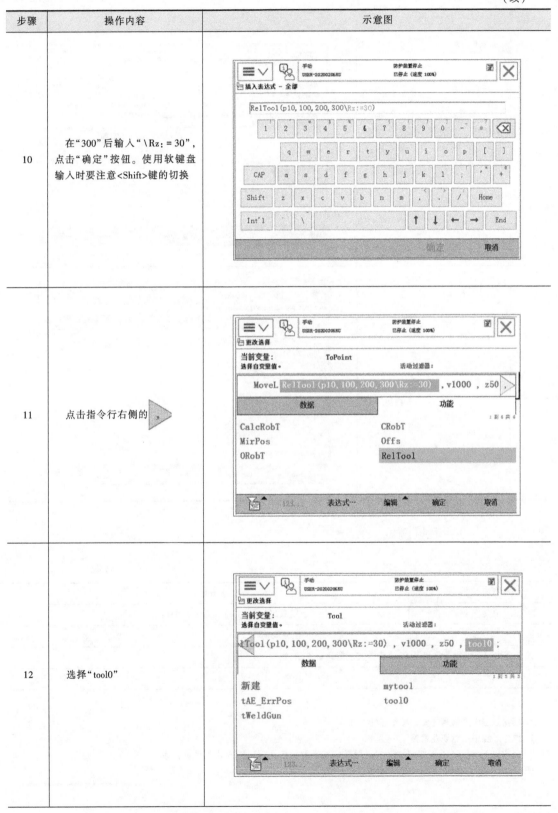

（续）

步骤	操作内容	示意图
13	选择下方的"mytool"（没有mytool，则要新建该工具坐标），点击"确定"按钮	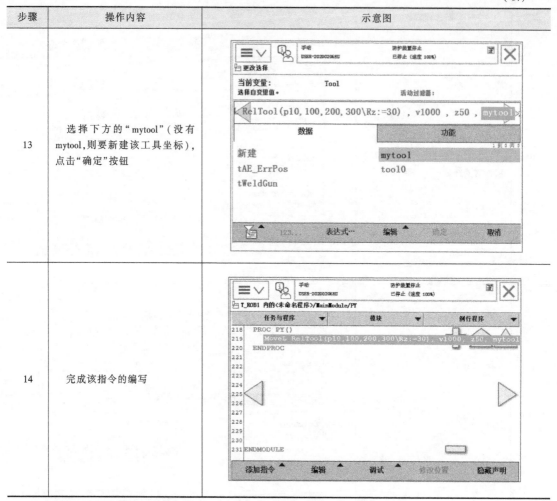
14	完成该指令的编写	

让你试试看——项目测试

项目任务操作测试

任务编号	6-6
任务名称	用数组和 RelTool 函数实现搬运定点示教
任务概述	
按任务内容要求用数组和 RelTool 函数实现搬运定点示教	
任务要求	

1. 操作过程中严格遵守安全操作规范
2. 操作过程中注意职业素养
3. 完成以下用数组和 RelTool 函数实现搬运定点示教的任务：将这 16 块工件进行逐一搬运

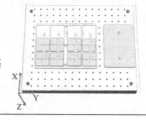

(续)

板块	序号	任务内容
机器人操作	1	绘制纸质记录表格16行3例,表格中每一行代表一个工件号,每一行中的3列,分别填入该行所代表的工件相对于工件1搬运点在 X、Y、Z 方向的偏移值(已知工件尺寸为 60mm×30mm×12mm)
	2	在示教器中建立一个 名为"array_get"的16行3列的二维数组,并根据前一步表格中的数值来修改数组内对应位置的参数值
	3	新建例行程序"banyun"
	4	编写到达起始点的程序
	5	编写"count:=1"的程序
	6	添加循环语句,并确立循环条件以保证完成搬运16个工件后不再循环
	7	编写到达过渡点的程序
	8	编写到达示教点的程序
	9	对 count 进行处理,以保证下次循环到达指定工件点
	10	手动调试,解决问题

理论题

1. 按序排列的同类数据元素的集合称为 (　　)。

A. 数列　　　　B. 数组　　　　C. 数序　　　　D. 数集

2. 数组 a [3] [4],是一个 (　　) 行四列的二维数组。

A. 一　　　　B. 二　　　　C. 三　　　　D. 四

3. MoveL RelTool(row_get,array_get{count,1},array_get{count,2},array_get{count,3}),v20,fine,tool0;该语句中调用数组"array_get", 当 count 值为 1 时, 调用的即为"array_get"数组第 (　　) 行的元素值,使机器人运动到对应位置点。

A. 一　　　　B. 二　　　　C. 三　　　　D. 四

4. WaitTime 时间等待指令用于在程序中等待一个指定的时间,单位为 (　　)。

A. s　　　　B. ms　　　　C. μs　　　　D. min

5. MoveL RelTool (p10, 100, 200, 300), v1000, fine, mytool;该指令表示的是沿自定义的工具坐标 (mytool),将机械臂直线移动至距 p10 点 (　　) 方向偏移 100, Y 方向偏移 200, Z 方向偏移 300 的一处位置。

A. X　　　　B. Y　　　　C. Z　　　　D. 法线

确认你会干——项目操作评价

学号				姓名		单位	
任务编号		6-6		任务名称	用数组和 RelTool 使用实现搬运定点示教		
板块	序号	考核点			分值标准	得分	备注
职业素养	1	遵守纪律,尊重指导教师,违反一次扣1分					
	2	工位清洁(若违反,每项扣 0.5 分): 1)系统设备上没有多余的工具 2)工作区域地面上没有垃圾					

（续）

板块	序号	考核点	分值标准	得分	备注
职业素养	3	着装要求(若违反,每项扣 0.5 分): 1)裤子为长裤,裤口收紧 2)鞋子为绝缘三防鞋 3)上衣为长袖,袖口收紧 4)佩戴安全帽 5)长发扎紧,放于安全帽内,短发无要求			
操作不当 破坏设备	4	工业机器人碰撞,导致夹具损坏			
	5	工业机器人碰撞,导致工件损坏			
	6	工业机器人碰撞,夹具及工件损坏			
	7	破坏设备,无法继续进行考核			
违反操作纪律	8	在发出开始指令前,提前操作			
	9	不服从指导教师指令			
	10	在发出结束考核指令后,继续操作			
	11	擅自离开考核工位			
	12	与其他工位的学员交流			
	13	在教室大声喧哗、无理取闹			
	14	其他违反纪律的情况			
机器人操作	15	绘制纸质记录表格 16 行 3 列,表格中每一行代表一个工件号,每一行中的 3 列,分别填入该行所代表的工件相对于工件 1 搬运点在 X、Y、Z 方向的偏移值(已知工件尺寸为 60mm×30mm×12mm)			
	16	在示教器中建立一个 名为" array_ get" 的 16 行 3 列的二维数组,并根据前一步表格中的数值来修改数组内对应位置的数值			
	17	新建例行程序"banyun"			
	18	编写到达起始点的程序			
	19	编写"count: = 1"的程序			
	20	添加循环语句,并确立循环条件以保证完成搬运 16 个工件			
	21	编写到达过渡点的程序			
	22	编写到达示教点的程序			
	23	对 count 进行处理,以保证下次循环到达指定工件点			
	24	手动调试,解决问题			
总分					
学生签字		考评签字		考评结束时间	

项目 6.7　怎样编写并调用 Function 函数?

6.7.1　怎样使用函数功能与输入输出分析?

做什么

认识函数功能与输入输出分析。

讲给你听

在之前的项目中介绍了如何调用 RAPID 语言封装好的 Offs 和 RelTool 函数，下面来探讨一下用户自行编写 Function 函数的方法。

先来看一个典型函数的结构，如图 6-38 所示。通过观察可以发现，函数包含输入变量、输出返回值和程序语句三个要素。

假设现在需要定义一个功能为判断任意输入数据所处的区间范围（0~5，5~10 或 10~15）的函数，下面以此函数的编写为例讲解其分析思路。

1）根据函数功能要求明确输入变量（输入的是一个待判断的数），再根据更详细的功能需求进一步确定这个数的数据类型，如是 intnum 还是 num，是变量还是可变量等，最后设计变量的初始值，可以参照前面介绍的方法进行变量定义。

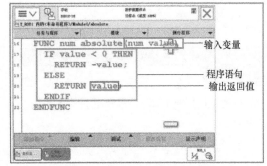

图 6-38　典型函数的结构

2）分析实现函数功能的程序语句如何编写。函数功能要求获取输入变量所在的区间，因此要使用不等式作为判断三个区间的条件，可以选用 IF 或 TEST 指令完成判断，并在判断出所在区间之后通过 RETURN 指令返回一个代表判断结果的值。

3）明确返回值的要求和数据类型。对返回值的要求是让外界识别通过判断得出的结果。在此，可以将数据在三个区间的对应返回值分别设置为 1、2、3。

这就是编写一个函数时的分析过程，在实际应用时，根据具体情况判断对函数三个要素的要求，进而完成程序设计。

6.7.2　怎样使用 RETURN 指令？

做什么

认识 RETURN 指令。

讲给你听

RETURN 指令用于函数中可以返回函数的返回值，也可完成 Procedure 型例行程序的执行。两种用法的具体介绍如下。

用法一：如图 6-39 所示，首先主程序执行完 MoveJ 指令行后调用 dierrormessage 例行程序，如果例行程序由于"di1 = 1 为真"执行到达 RETURN 指令（di1 = 1）时，则直接返回主程序"Set do1"指令行继续往下执行程序；如果例行程序由于"di1 = 0 为假"，例行程序则跳出 IF 语句执行写屏"TPWrite"，在示教器上显示"DiError"。RETURN 指令在这里直接结束了例行程序的执行。

用法二：如图 6-40 所示，例行程序是求绝对值的功能函数，RETURN 指令使得该功能函数返回某一输入数值的绝对值。

图 6-39　RETURN 指令用法一：返回原程序

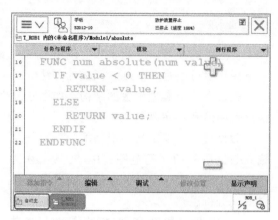

图 6-40　RETURN 指令用法二：返回值

6.7.3　怎样编写区间判定函数？

做什么

认识区间判定函数。

做给你看

编写一个功能为判断任意输入数据所处的区间范围（0~5，5~10 或 10~15）的函数。该函数的功能：当输入数据在 0~5 区间内时，其返回值为 1；输入数据在 5~10 区间内时，其返回值为 2；输入数据在 10~15 区间内时，其返回值为 3。

具体操作步骤见表 6-32。

表 6-32　编写区间判定函数的操作步骤

步骤	操作内容	示意图
1	新建例行程序，将其名称更改为"QJPD"，"类型"选择"功能"	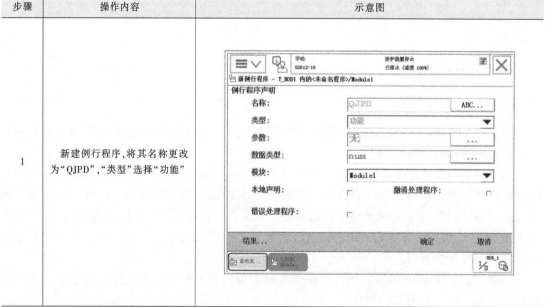

（续）

步骤	操作内容	示意图
2	点击"参数"后的"…"按钮	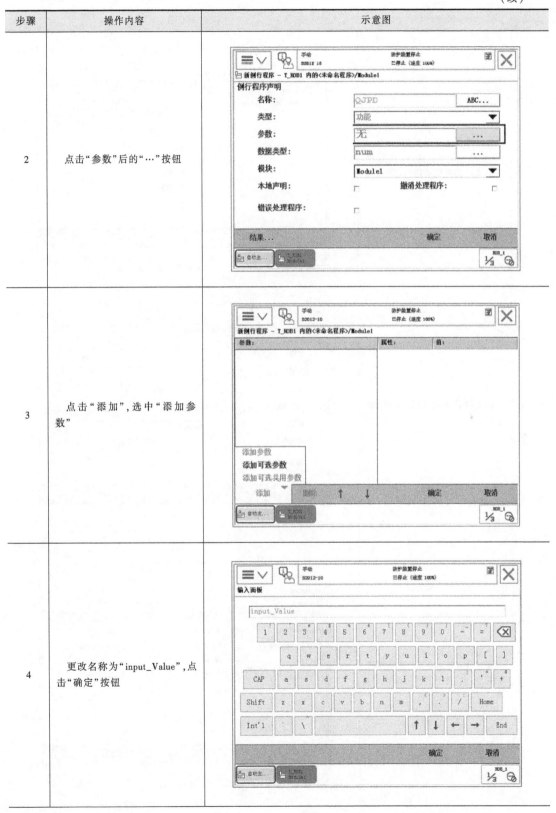
3	点击"添加"，选中"添加参数"	
4	更改名称为"input_Value"，点击"确定"按钮	

（续）

步骤	操作内容	示意图
5	数据类型为默认的"num"，点击"确定"按钮。注意：数据类型的选择要匹配功能的需要	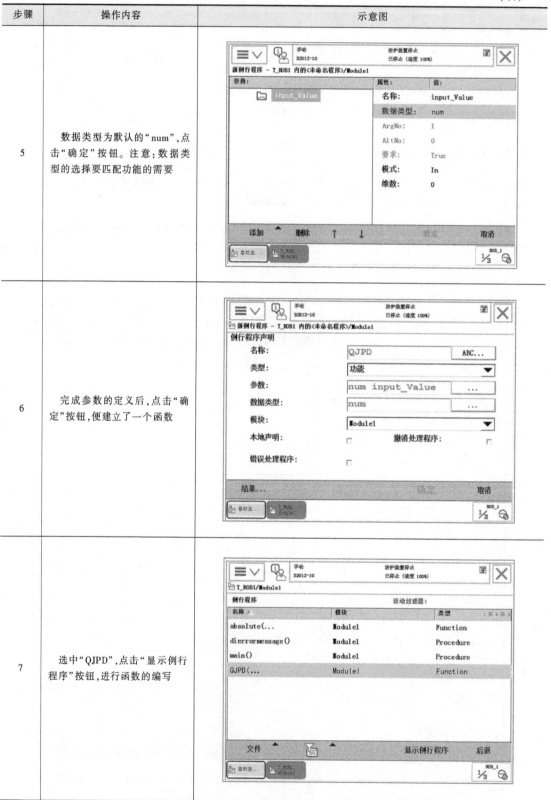
6	完成参数的定义后，点击"确定"按钮，便建立了一个函数	
7	选中"QJPD"，点击"显示例行程序"按钮，进行函数的编写	

（续）

步骤	操作内容	示意图
8	函数功能要求获取输入变量所在的区间，因此要使用不等式作为判断三个区间的条件，这里选用 IF 指令完成判断	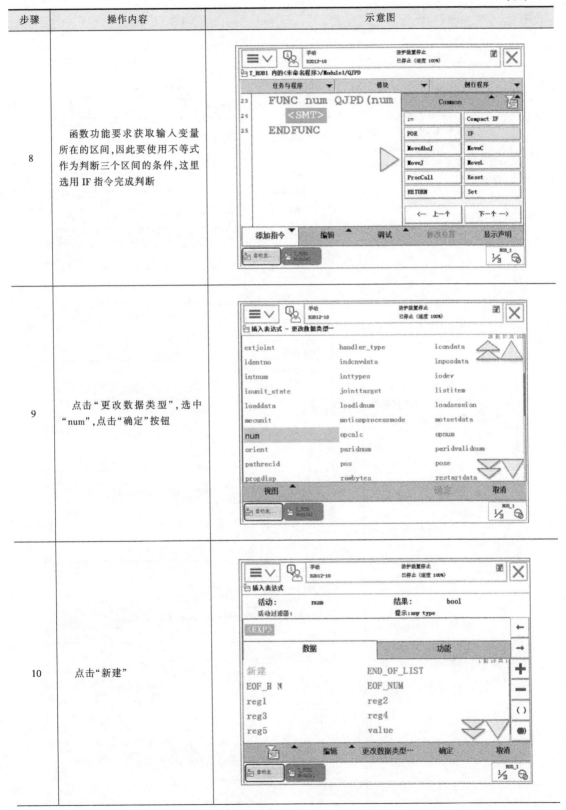
9	点击"更改数据类型"，选中"num"，点击"确定"按钮	
10	点击"新建"	

（续）

步骤	操作内容	示意图
11	更改名称为"input_Value"，此处命名是定义变量名，可与函数参数名一致，也可不一致。点击"确定"按钮	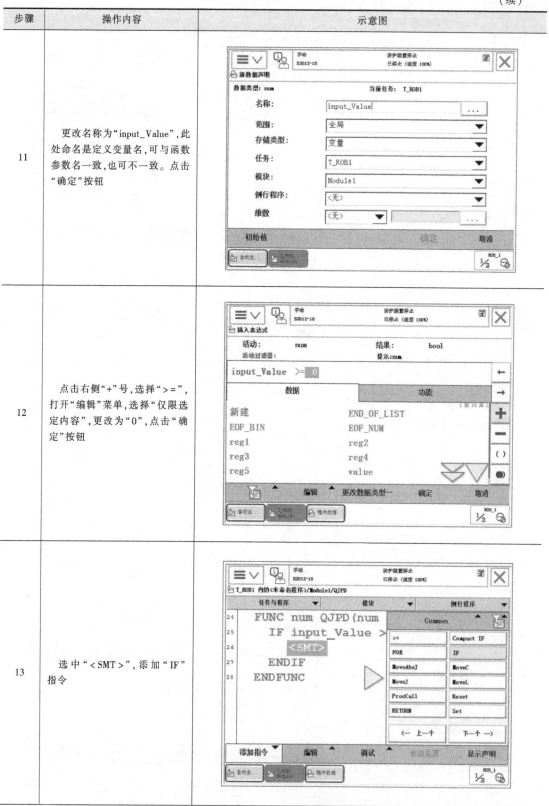
12	点击右侧"+"号，选择"＞＝"，打开"编辑"菜单，选择"仅限选定内容"，更改为"0"，点击"确定"按钮	
13	选中"＜SMT＞"，添加"IF"指令	

（续）

步骤	操作内容	示意图
14	打开"编辑"菜单,选中"全部"	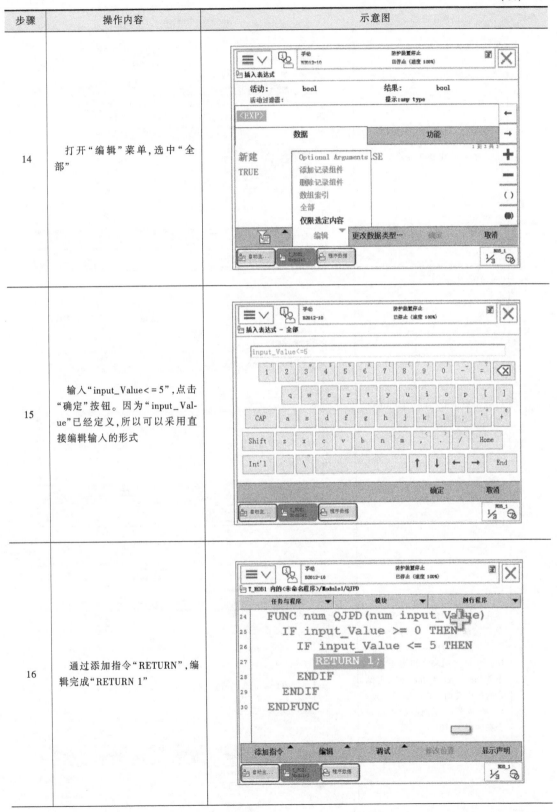
15	输入"input_Value<=5",点击"确定"按钮。因为"input_Value"已经定义,所以可以采用直接编辑输入的形式	
16	通过添加指令"RETURN",编辑完成"RETURN 1"	

（续）

步骤	操作内容	示意图
17	选中图示 IF 语句并单击	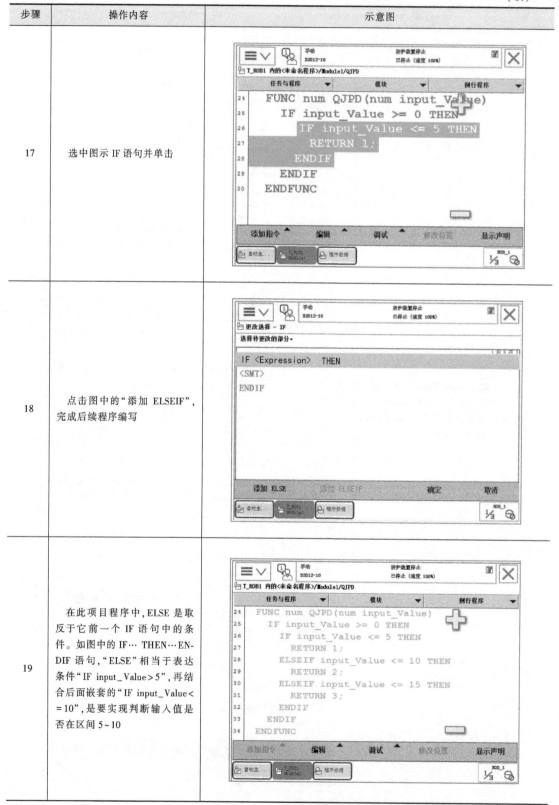
18	点击图中的"添加 ELSEIF"，完成后续程序编写	
19	在此项目程序中，ELSE 是取反于它前一个 IF 语句中的条件。如图中的 IF… THEN…ENDIF 语句，"ELSE"相当于表达条件"IF input_Value>5"，再结合后面嵌套的"IF input_Value<=10"，是要实现判断输入值是否在区间 5~10	

6.7.4　怎样调用区间判定函数?

做什么

掌握调用区间判定函数的方法。

做给你看

编写好的功能函数如何调用呢?在本节中,将编写程序实现在工业机器人运动到 p10 位置时,调用区间判定函数"QJPD",对输入数据"input_Value"进行区间判断后,将其返回值赋值给数值型变量"reg1"。操作步骤见表 6-33。

表 6-33　调用区间判定函数的操作步骤

步骤	操作内容	示意图
1	进入需要调用区间判定函数的例行程序中,找到需要调用函数的位置	
2	函数需要通过赋值或者作为其他函数的变量来调用。这里通过赋值的方法完成区间判定函数"QJPD"的调用	

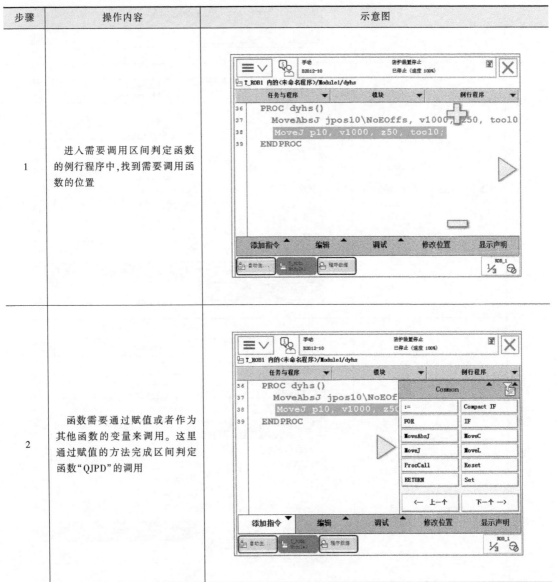

（续）

步骤	操作内容	示意图
3	选中"<VAR>"，点击"reg1"进行更改	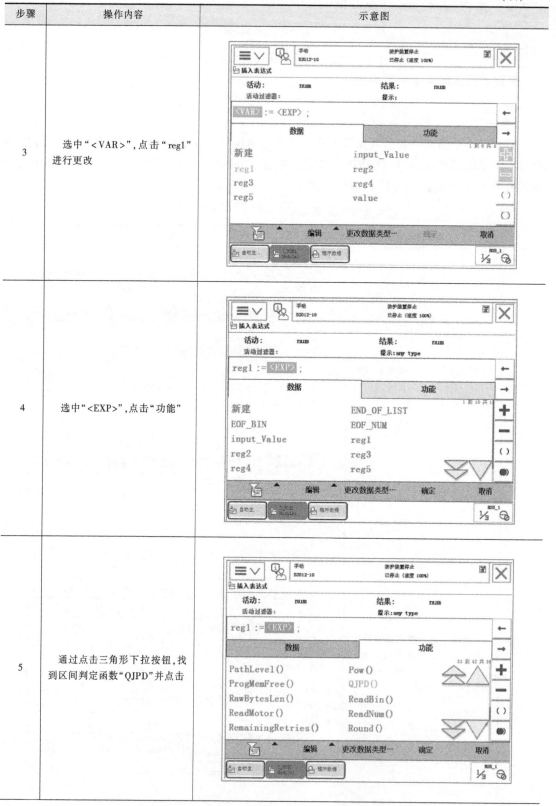
4	选中"<EXP>"，点击"功能"	
5	通过点击三角形下拉按钮，找到区间判定函数"QJPD"并点击	

（续）

步骤	操作内容	示意图
6	点击"数据"里的"input_Value"	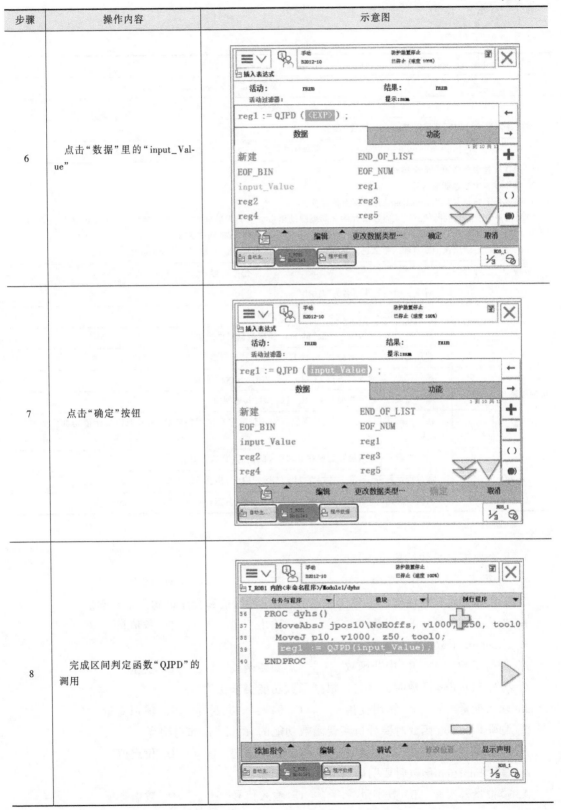
7	点击"确定"按钮	
8	完成区间判定函数"QJPD"的调用	

让你试试看——项目测试

项目任务操作测试

任务编号	6-7
任务名称	编写并调用 Function（功能）函数

任务概述
按任务内容要求编写并调用 Function（功能）函数

任务要求
1. 操作过程中严格遵守安全操作规范   2. 操作过程中注意职业素养   3. 完成以下编写并调用 Function（功能）函数的任务：   1）编写一个功能为判断任意输入整数所处的区间范围的函数。当输入数据在 0~10 区间内时，其返回值为 1；当输入数据在 11~15 区间内时，其返回值为 2；当输入数据在 16 以上区间时，其返回值为 3   2）在"main"中调用该函数对输入整数进行区间判断后，将其返回值赋值给数值型变量"reg3"

板块	序号	任务内容
机器人操作	1	新建功能函数并命名为"QJPD"
	2	为该函数定义名为"input"的配套类型参数
	3	定义一个名为"input_Value"的 num 程序数据以供编程用
	4	编程完成"当输入数据在 0~10 区间内时，其返回值为 1"
	5	编程完成"当输入数据在 11~15 区间内时，其返回值为 2"
	6	编程完成"当输入数据在 16 以上区间时，其返回值为 3"
	7	在"main"中编程完成调用该函数对输入整数进行区间判断后，将其返回值赋值给数值型变量"reg3"
	8	调试查看是否"当输入数据在 0~10 区间内时，其返回值为 1"
	9	调试查看是否"当输入数据在 11~15 区间内时，其返回值为 2"
	10	调试查看是否"当输入数据在 16 以上区间时，其返回值为 3"

理论题

1. 一个典型函数的结构包含（　　）要素。

A. 一个　　　　　　B. 二个　　　　　　C. 三个　　　　　　D. 四个

2. 一个典型函数的结构，包含（　　）、输出返回值和程序语句三个要素。

A. 输入变量　　　B. 变量　　　　　C. 输出变量　　　D. 数值量

3. Function 函数是（　　）。

A. 例行函数　　　B. 中断函数　　　C. 功能函数　　　D. 变量

4. 编写 Function 函数时，首先，根据函数功能要求明确（　　）。

A. 输入变量　　　B. 输出变量　　　C. 输入/输出变量　　D. 模拟变量

5. 编写 Function 函数时要分析实现函数功能的（　　）如何编写。

A. 布尔量　　　　B. 数字量　　　　C. 程序语句　　　D. 设定值

6. 编写 Function 函数时要明确返回值的要求和（　　）。

A. 模拟量　　　　B. 数字量　　　　C. 输入信号　　　D. 数据类型

7. RETURN 指令用于（   ）中可以返回函数的返回值。

A. 函数　　　　　　B. 输入信号　　　　　　C. I/O　　　　　　D. 输出信号

确认你会干——项目操作评价

学号			姓名		单位	
任务编号	6-7	任务名称		编写并调用 Function（功能）函数		

板块	序号	考核点	分值标准	得分	备注
职业素养	1	遵守纪律,尊重指导教师,违反一次扣1分			
	2	工位清洁(若违反,每项扣0.5分): 1)系统设备上没有多余的工具 2)工作区域地面上没有垃圾			
	3	着装要求(若违反,每项扣0.5分): 1)裤子为长裤,裤口收紧 2)鞋子为绝缘三防鞋 3)上衣为长袖,袖口收紧 4)佩戴安全帽 5)长发扎紧,放于安全帽内,短发无要求			
操作不当破坏设备	4	工业机器人碰撞,导致夹具损坏			
	5	工业机器人碰撞,导致工件损坏			
	6	工业机器人碰撞,夹具及工件损坏			
	7	破坏设备,无法继续进行考核			
违反操作纪律	8	在发出开始指令前,提前操作			
	9	不服从指导教师指令			
	10	在发出结束考核指令后,继续操作			
	11	擅自离开考核工位			
	12	与其他工位的学员交流			
	13	在教室大声喧哗、无理取闹			
	14	其他违反纪律的情况			
机器人操作	15	新建功能函数并命名为"QJPD"			
	16	为该函数定义名为"input"的配套类型参数			
	17	定义一个名为"input_Value"的 num 程序数据以供编程用			
	18	编程完成"当输入数据在0~10区间内时,其返回值为1"			
	19	编程完成"当输入数据在11~15区间内时,其返回值为2"			
	20	编程完成"当输入数据在16以上区间时,其返回值为3"			
	21	在"main"中编程完成调用该函数对输入整数进行区间判断后,将其返回值赋值给数值型变量"reg3"			
	22	调试查看是否"当输入数据在0~10区间内时,其返回值为1"			
	23	调试查看是否"当输入数据在11~15区间内时,其返回值为2"			
	24	调试查看是否"当输入数据在16以上区间时,其返回值为3"			
总分					
学生签字		考评签字		考评结束时间	

项目 6.8　怎样使用程序的跳转和标签？

6.8.1　怎样使用 Label 指令和 GOTO 指令？

做什么

认识 Label 指令和 GOTO 指令。

讲给你听

Label 指令（图 6-41）用于标记程序中的指令语句，相当于一个标签，一般作为 GOTO 指令（图 6-42）的变元与其成对使用，从而实现程序从某一位置到标签所在位置的跳转。Label 指令与 GOTO 指令成对使用时，注意两者标签 ID 要相同。

如图 6-43 所示，该程序将执行 next 下的指令 5 次，然后停止程序。如果运行该例行程序"biaoqian"，机器人将在 p10 点和 p20 点间来回运动 5 次。

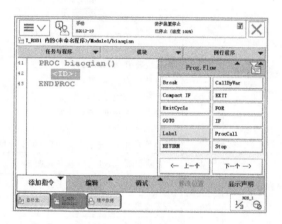

图 6-41　Label 指令

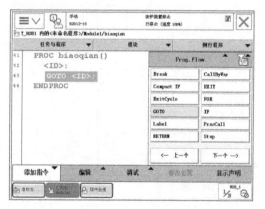

图 6-42　GOTO 指令

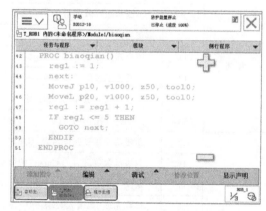

图 6-43　Label 指令和 GOTO 指令的简单用法

6.8.2　怎样编写跳转程序？

做什么

认识跳转程序。

讲给你听

编写程序，对两个变量进行比较，如果变量的正负符号相同则执行画圆和画三角形，如果符号相反则只画三角形。编写的程序如图 6-44 所示。

该程序算法思想为两个数正负符号相同则相乘结果大于零，反之，结果小于零。当两个数正负符号相同则相乘结果大于零时（reg1 * reg2>0），跳转至标签 A 处向下执行程序语句，完成画圆和画三角形的控制要求；当两个数正负符号相反则相乘结果小于零时（reg1 * reg2<0），跳转至标签 B 处向下执行程序语句，完成只画三角形的控制要求。

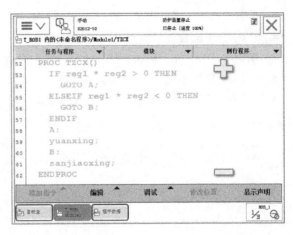

图 6-44　Label 和 GOTO 指令编写跳转程序

让你试试看——项目测试

项目任务操作测试

任务编号	6-8
任务名称	编写跳转程序
任务概述	
按任务内容要求编写跳转程序	
任务要求	

1. 操作过程中严格遵守安全操作规范
2. 操作过程中注意职业素养
3. 完成以下编写跳转程序的任务：
对两个变量进行比较，如果变量的正负符号相同则执行画圆和画三角形，如果符号相反则只画三角形

板块	序号	任务内容
手动操作	1	新建三个例行程序并命名为"TZCX""yuanxing""sanjiaoxing"
	2	在例行程序"TZCX"中添加 IF…THEN…ELSEIF 语句
	3	在 IF…THEN…ELSEIF 语句中完成两个变量的比较
	4	在程序合适的位置添加 Label A 和 GOTO A
	5	在程序合适的位置添加 Label B 和 GOTO B
	6	运行调试，查看如果变量的正负符号相同是否执行"yuanxing"和"sanjiaoxing"例行程序
	7	运行调试，查看如果变量的正负符号相反是否只执行"sanjiaoxing"例行程序

理论题

1. Label 指令用于标记程序中的指令语句，相当于一个（　　）。

A. 标记　　　　B. 标签　　　　C. 标识　　　　D. 记号

2. Label 指令一般作为（　　）指令的变元与其成对使用，从而实现程序从某一位置到标签所在位置的跳转。

A. GO　　　　B. TO　　　　C. GT　　　　D. GOTO

3. Label 指令与 GOTO 指令成对使用时，注意两者（　　）ID 要相同。

A. 标签　　　　　B. 标记　　　　　C. 标识　　　　　D. 记号

4. 图 6-45 中的程序 "reg1：=1" 是由 (　　) 指令编程实现的。

A. 赋值　　　　　B. 运动　　　　　C. 条件判断　　D. 运算

5. 图 6-46 程序中的 "next" 是一个 (　　)。

A. 标记　　　　　B. 标签　　　　　C. 标识　　　　　D. 记号

图 6-45　题目 4

图 6-46　题目 5

6. 两个数正负符号相同则相乘结果 (　　) 零。

A. 小于　　　　　B. 等于　　　　　C. 小于且等于　D. 大于

7. 两个数正负符号相反则相乘结果 (　　) 零。

A. 小于　　　　　B. 等于　　　　　C. 小于且等于　D. 大于

8. 图 6-47 中的例行程序执行完后，reg1 = (　　)。

A. 2　　　　　　B. 3　　　　　　C. 4　　　　　　D. 5

9. 图 6-48 的程序中，如果 reg1 * reg2>0，程序跳转至 (　　) 向下执行程序语句。

A. 标签 A 处　　B. 标签 B　　　　C. ENDIF　　　D. ENDPROC

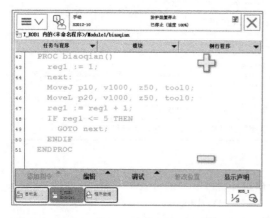

图 6-47　题目 8

图 6-48　题目 9

10. 图 6-49 的程序中，如果 reg1 * reg2>0，程序跳转至 (　　) 向下执行程序语句。

A. 标签 A 处　　B. 标签 B 处　　C. ENDIF　　　D. ENDPROC

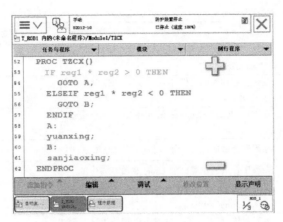

图 6-49　题目 10

确认你会干——项目操作评价

学号			姓名		单位	
任务编号	6-8		任务名称		编写跳转程序	
板块	序号	考核点		分值标准	得分	备注
职业素养	1	遵守纪律,尊重指导教师,违反一次扣1分				
	2	工位清洁(若违反,每项扣0.5分): 1)系统设备上没有多余的工具 2)工作区域地面上没有垃圾				
	3	着装要求(若违反,每项扣0.5分): 1)裤子为长裤,裤口收紧 2)鞋子为绝缘三防鞋 3)上衣为长袖,袖口收紧 4)佩戴安全帽 5)长发扎紧,放于安全帽内,短发无要求				
操作不当破坏设备	4	工业机器人碰撞,导致夹具损坏				
	5	工业机器人碰撞,导致工件损坏				
	6	工业机器人碰撞,夹具及工件损坏				
	7	破坏设备,无法继续进行考核				
违反操作纪律	8	在发出开始指令前,提前操作				
	9	不服从指导教师指令				
	10	在发出结束考核指令后,继续操作				
	11	擅自离开考核工位				
	12	与其他工位的学员交流				
	13	在教室大声喧哗、无理取闹				
	14	其他违反纪律的情况				

（续）

板块	序号	考核点	分值标准	得分	备注
机器人操作	15	新建三个例行程序并命名为"TZCX""yuanxing""sanjiaoxing"			
	16	在例行程序"TZCX"中添加 IF…THEN…ELSEIF 语句			
	17	在 IF…THEN…ELSEIF 语句中完成两个变量的比较			
	18	在程序合适的位置添加 Label A 和 GOTO A			
	19	在程序合适的位置添加 Label B 和 GOTO B			
	20	运行调试，查看如果变量的正负符号相同是否执行"yuanxing"和"sanjiaoxing"例行程序			
	21	运行调试，查看如果变量的正负符号相反是否只执行"sanjiaoxing"例行程序			
总分					
学生签字		考评签字		考评结束时间	

项目 6.9　怎样使用程序的中断和停止？

6.9.1　怎样使用中断例行程序？

做什么

认识中断例行程序。

讲给你听

在程序执行过程中，当发生需要紧急处理的情况时，需要中断当前执行的程序，使程序指针跳转到对应的程序中，对紧急情况进行相应处理。中断就是指正常程序执行过程暂停，跳过控制，进入中断例行程序的过程。中断过程中用于处理紧急情况的程序，称为中断例行程序（TRAP）。中断例行程序经常用于出错处理、外部信号的响应等实时响应要求高的场合。

完整的中断过程包括：触发中断、处理中断和结束中断。首先，通过获取与中断例行程序关联起来的中断识别号（通过 CONNECT 指令关联），扫描与识别号关联在一起的中断触发指令来判断是否触发中断。触发中断的原因是多种多样的，它们有可能是将输入或输出设为 1 或 0，可能是下令在中断后按给定时间延时，也有可能是机器人运动到达指定位置。在中断条件为真时，触发中断，程序指针跳转至与对应识别号关联的程序中进行相应的处理。在处理结束后，程序指针返回至被中断的地方，继续往下执行程序。

6.9.2　怎样使用常用的中断相关指令？

做什么

认识常用的中断相关指令。

讲给你听

1. CONNECT 指令

CONNECT 指令（图 6-50）是实现中断识别号与中断例行程序关联的指令。实现中断首先需要创建数据类型为 intnum 的变量作为中断的识别号，识别号代表某一种中断类型或事件，然后通过 CONNECT 指令将识别号与处理此识别号中断的中断例行程序关联起来。

例如：

VAR intnum feeder_ error;

TRAP correct_feeder;

……

PROC main（ ）

CONNECT feeder_error WITH correct_feeder;

图 6-50 CONNECT 指令

上述程序中，将中断识别号"feeder_error"与"correct_feeder"中断程序关联起来。

2. 中断触发指令

触发程序中断的事件是多种多样的，因此，在 RAPID 程序中包含多种中断触发指令（表 6-34），以满足不同中断触发需求。这里以 ISignalDI 为例说明中断触发指令的用法。想了解其他指令的具体使用方法，可以查阅 RAPID 指令、函数和数据类型技术参考手册。

表 6-34 中断触发指令

参数	含义	参数	含义
ISignalDI	数字量输入信号变化触发中断	ITimer	设定时间间隔触发中断
ISignalDO	数字量输出信号变化触发中断	TriggInt	固定位置中断[运动(Motion)拾取列表]
ISignalGI	组输入信号变化触发中断	IPers	可变量数据变化触发中断
ISignalGO	组输出信号变化触发中断	IError	出现错误时触发中断
ISignalAI	模拟量输入信号变化触发中断	IRMQMessagei	RAPID 语言消息队列收到指定数据类型时中断
ISignalAO	模拟量输出信号变化触发中断		

例如：

VAR intnum feeder_error;

TRAP correct_feeder;

……

PROC main（ ）

CONNECT feeder_error WITH correct_feeder;

ISignalDI di1，1，feeder_error;

上述程序中，将输入 di1 设置为 1 时，产生中断。此时，调用 correct_feeder 中断程序。

3. 控制中断是否生效的指令

还有一些指令（表 6-35）可以用来控制中断是否生效。这里以 IDisable 和 IEnable 为例说明。想了解其他指令的具体使用方法，可以查阅 RAPID 指令、函数和数据类型技术参考手册。

表 6-35　控制中断是否生效的指令

指令	说明	指令	说明
IDelete	取消（删除）中断	IDisable	禁用所有中断
ISleep	使个别中断失效	IEnable	启用所有中断
IWatch	使个别中断生效		

例如：

IDisable;

FOR I FROM 1 TO 100 DO

reg1：＝reg1+1;

ENDFOR

IEnable

上述程序中，只要是从 1 到 100 进行计数时，就不允许任何中断。完毕后，启用所有中断。

6.9.3　怎样使用程序停止指令？

做什么

认识程序停止指令。

讲给你听

为处理突发事件，中断例行程序的功能有时会设置为让机器人程序停止运行。下面对程序停止指令及简单用法进行介绍。

1. EXIT

EXIT 指令用于终止程序执行，随后仅可从主程序第一个指令重启程序。当出现致命错误或永久地停止程序执行时，应使用 EXIT 指令。Stop 指令用于临时停止程序执行。在执行指令 EXIT 后，程序指针消失。为继续执行程序，必须设置程序指针。

例如：

MoveL p1, v1000, Z30, tool1;

EXIT;

程序停止执行，且无法从程序中的该位置继续往下执行，需要重新设置程序指针。

2. Break

出于调试 RAPID 程序代码的目的，可将 Break 用于立即中断程序执行。这时，机械臂立即停止运动。为排除故障，可用 Break 指令临时终止程序执行过程。

例如：

MoveL pl, v1000, z30, tool2;

Break;

MoveL p2, v1000, z30, tool2;

上述程序中，机器人在往 p1 点运动的过程中，Break 指令就绪时，机器人立即停止动作。如果想继续往下执行机器人运动至 p2 点的指令，不需要再次设置程序指针。

3. Stop

Stop 指令用于停止执行程序。在 Stop 指令就绪之前，将完成当前执行的所有移动。

例如：

MoveL p1, v1000, z30, tool2;

Stop;

MoveL p2, v1000 z30, tool2;

上述程序中，机器人在往 p1 点运动的过程中，Stop 指令就绪时，机器人仍将继续完成到 p1 点的动作。如果想继续往下执行机器人运动至 p2 点的指令，不需要再次设置程序指针。

6.9.4　怎样编写并使用 TRAP 中断例行程序？

做什么

掌握编写并使用 TRAP 中断例行程序的方法。

做给你看

现以对一个传感器的信号进行实时监控为例编写一个中断程序：

1）在正常的情况下，di1 的信号为 0。

2）如果 di1 的信号从 0 变为 1，就对 reg1 数据进行加 1 的操作。

具体操作步骤见表 6-36。

表 6-36　编写一个中断程序的操作步骤

步骤	操作内容	示意图
1	点击左上角主菜单按钮，选择"程序编辑器"	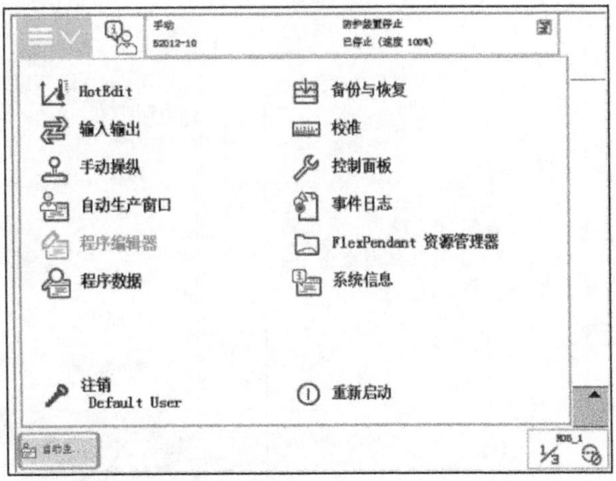

（续）

步骤	操作内容	示意图
2	点击"例行程序"	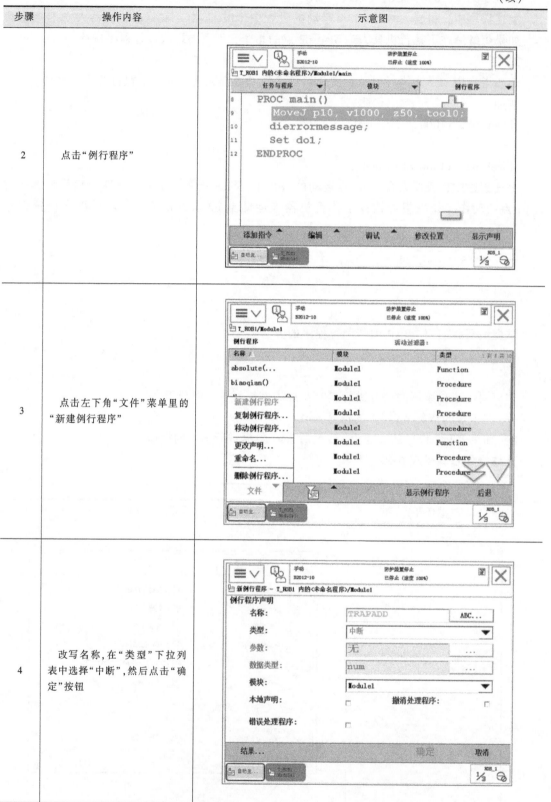
3	点击左下角"文件"菜单里的"新建例行程序"	
4	改写名称，在"类型"下拉列表中选择"中断"，然后点击"确定"按钮	

（续）

步骤	操作内容	示意图
5	选中刚新建的中断程序"TRAPADD"，然后点击"显示例行程序"按钮	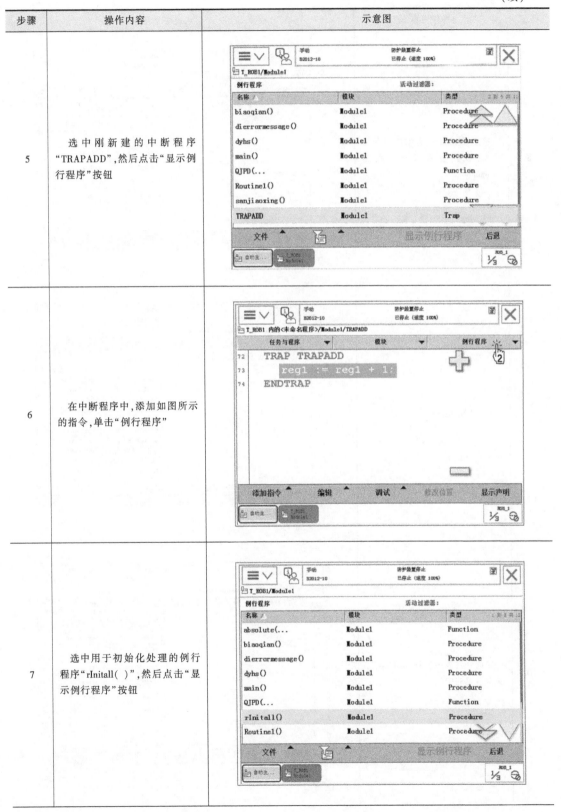
6	在中断程序中，添加如图所示的指令，单击"例行程序"	
7	选中用于初始化处理的例行程序"rInitall( )"，然后点击"显示例行程序"按钮	

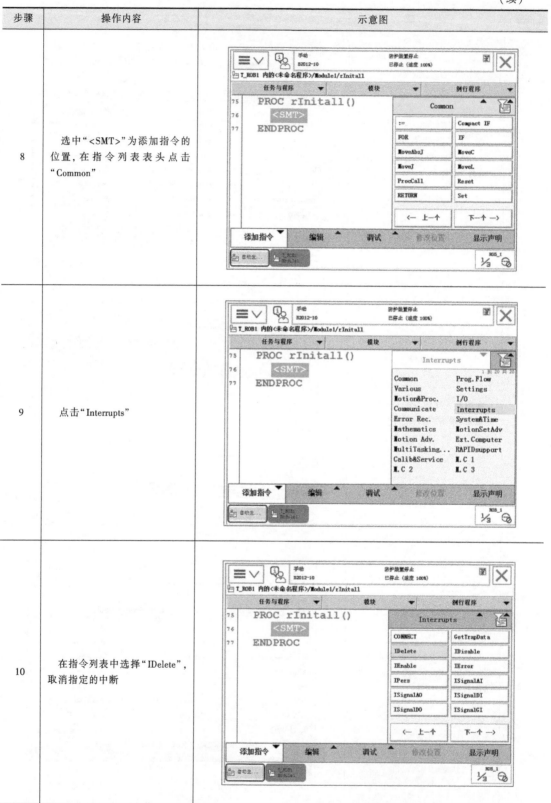

（续）

步骤	操作内容	示意图
8	选中"<SMT>"为添加指令的位置，在指令列表表头点击"Common"	
9	点击"Interrupts"	
10	在指令列表中选择"IDelete"，取消指定的中断	

（续）

步骤	操作内容	示意图
11	选择"intno1"（如果没有,就新建一个）,然后点击"确定"按钮	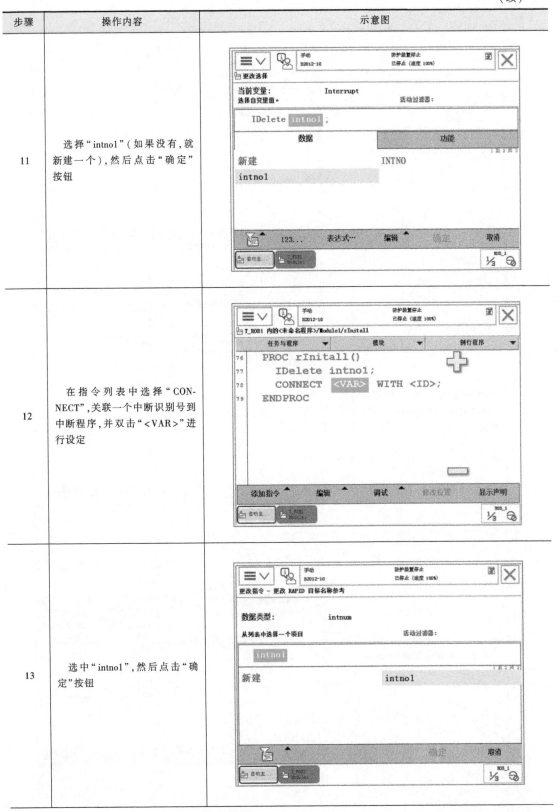
12	在指令列表中选择"CONNECT",关联一个中断识别号到中断程序,并双击"<VAR>"进行设定	
13	选中"intno1",然后点击"确定"按钮	

（续）

步骤	操作内容	示意图
14	双击"<ID>"进行设定	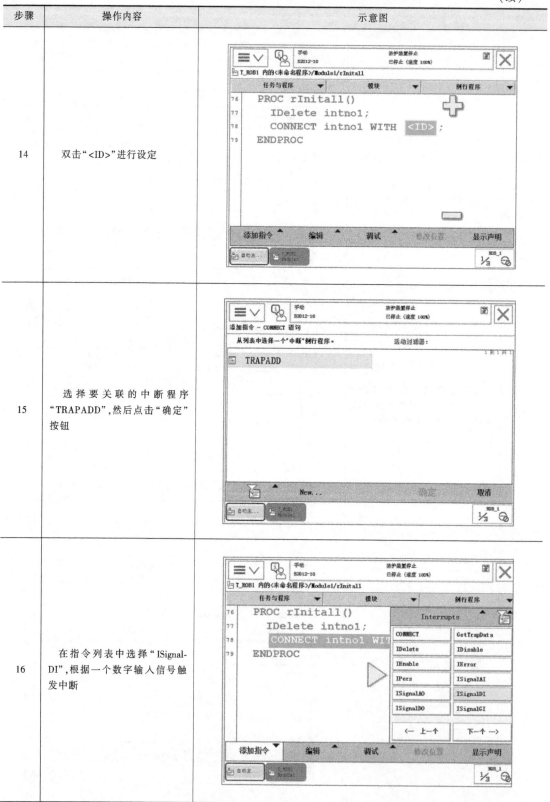
15	选择要关联的中断程序"TRAPADD"，然后点击"确定"按钮	
16	在指令列表中选择"ISignalDI"，根据一个数字输入信号触发中断	

（续）

步骤	操作内容	示意图
17	选择"di1"，然后点击"确定"按钮，如果没有"di1"，则新建一个	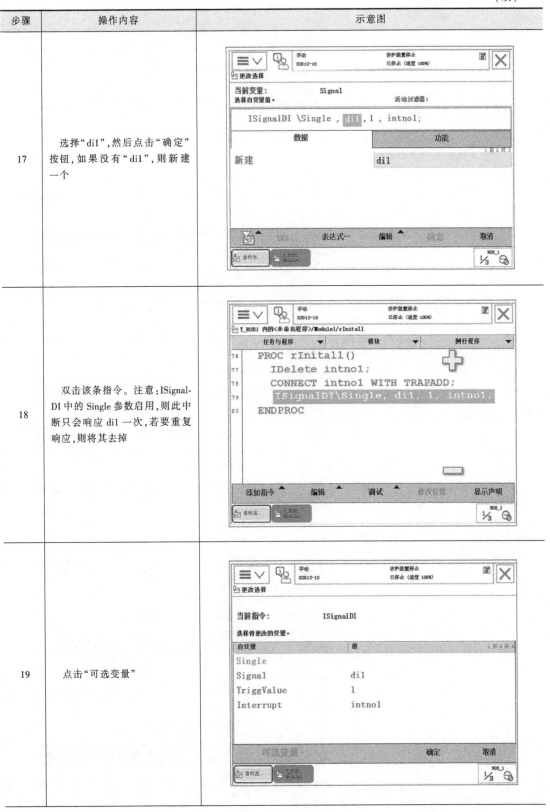
18	双击该条指令。注意：ISignal-DI 中的 Single 参数启用，则此中断只会响应 di1 一次，若要重复响应，则将其去掉	
19	点击"可选变量"	

（续）

步骤	操作内容	示意图
20	点击"\Single"进入设定界面	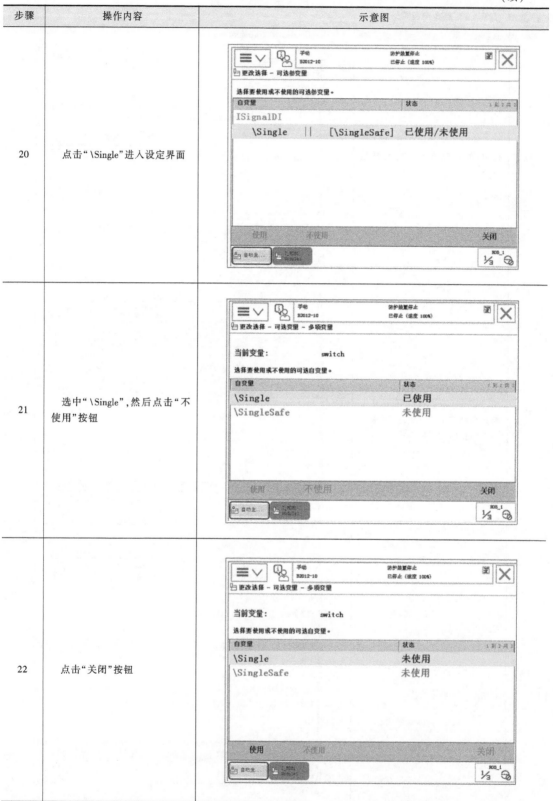
21	选中"\Single"，然后点击"不使用"按钮	
22	点击"关闭"按钮	

（续）

步骤	操作内容	示意图
23	点击"关闭"按钮	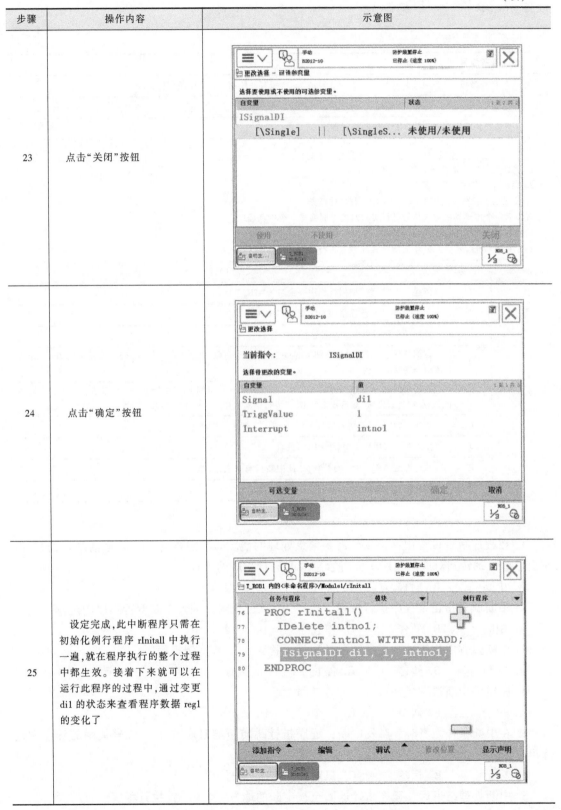
24	点击"确定"按钮	
25	设定完成,此中断程序只需在初始化例行程序 rInitall 中执行一遍,就在程序执行的整个过程中都生效。接着下来就可以在运行此程序的过程中,通过变更 di1 的状态来查看程序数据 reg1 的变化了	

让你试试看——项目测试

项目任务操作测试

任务编号	6-9
任务名称	编写并使用 TRAP 中断例行程序

任务概述	
按任务内容要求编写并使用 TRAP 中断例行程序	

任务要求	

1. 操作过程中严格遵守安全操作规范
2. 操作过程中注意职业素养
3. 完成以下编写并使用 TRAP 中断例行程序的任务

现以对一个传感器的输入信号进行实时监控为例编写一个中断程序：

1）在正常的情况下，di1 的信号为 1
2）如果 di1 的信号从 1 变为 0，就对 reg1 数据进行加 5 的操作

板块	序号	任务内容
机器人操作	1	新建一个"中断"型例行程序并命名为"TRAPADD5"
	2	在"中断"型例行程序"TRAPADD5"中实现 reg1 数据加 5 的操作
	3	新建一个例行程序并命名为"ADD5"
	4	在例行程序"ADD5"中添加 IDelete 指令，并通过新建一个类型为 Interrupt 的变量"intno2"作为该指令关联的对象
	5	在指令列表中选择"CONNECT"，关联一个中断识别号到中断程序，并双击"<VAR>"选中"intno2"进行设定，然后双击"<ID>"进行中断程序"TRAPADD"关联设定
	6	新建名为"di1"的输入信号
	7	在指令列表中选择"ISignalDI"，关联"di1"
	8	通过设定"ISignalDI"的参数，让此中断只响应 di1 一次
	9	运行测试结果的正确与否

理论题

1. 在程序执行过程中，当发生需要紧急处理的情况时，需要（   ）当前执行的程序，使程序指针跳转到对应的程序中，对紧急情况进行相应的处理。

A. 中断　　B. 暂停　　C. 停止　　D. 继续

2. 中断就是指正常程序执行过程（   ），跳过控制，进入中断例行程序的过程。

A. 中断　　B. 暂停　　C. 停止　　D. 继续

3. 中断过程中用于处理紧急情况的程序，称为（   ）例行程序。

A. 中断　　B. 暂停　　C. 停止　　D. 继续

4. 完整的中断过程包括（   ）个方面。

A. 一个　　B. 两个　　C. 三个　　D. 四个

5. 在中断条件为真时，触发中断，程序指针跳转至与对应（   ）号关联的程序中进行相应的处理。

A. 标记　　B. 标签　　C. 识别　　D. 记号

6. 中断处理结束后，程序指针返回至被中断的地方，（   ）执行程序。

A. 继续往上　B. 继续往下　C. 暂停　　　D. 终止

7. CONNECT 指令是实现中断（　　）号与中断例行程序关联的指令。

A. 标记　　　B. 标签　　　C. 识别　　　D. 记号

8. IDelete 指令的作用是（　　）。

A. 取消（删除）中断　　　B. 使个别中断失效

C. 使个别中断生效　　　D. 禁用所有中断

9. IDisable 指令的作用是（　　）。

A. 取消（删除）中断　　　B. 使个别中断失效

C. 使个别中断生效　　　D. 禁用所有中断

10. IEnable 指令的作用是（　　）。

A. 取消（删除）中断　　　B. 启用所有中断

C. 使个别中断生效　　　D. 禁用所有中断

确认你会干——项目操作评价

学号			姓名		单位	
任务编号	6-9	任务名称		编写并使用 TRAP 中断例行程序		
板块	序号	考核点		分值标准	得分	备注
职业素养	1	遵守纪律，尊重指导教师，违反一次扣1分				
	2	工位清洁(若违反，每项扣 0.5 分)： 1)系统设备上没有多余的工具 2)工作区域地面上没有垃圾				
	3	着装要求(若违反，每项扣 0.5 分)： 1)裤子为长裤，裤口收紧 2)鞋子为绝缘三防鞋 3)上衣为长袖，袖口收紧 4)佩戴安全帽 5)长发扎紧，放于安全帽内，短发无要求				
操作不当破坏设备	4	工业机器人碰撞，导致夹具损坏				
	5	工业机器人碰撞，导致工件损坏				
	6	工业机器人碰撞，夹具及工件损坏				
	7	破坏设备，无法继续进行考核				
违反操作纪律	8	在发出开始指令前，提前操作				
	9	不服从指导教师指令				
	10	在发出结束考核指令后，继续操作				
	11	擅自离开考核工位				
	12	与其他工位的学员交流				
	13	在教室大声喧哗、无理取闹				
	14	其他违反纪律的情况				

（续）

板块	序号	考核点	分值标准	得分	备注
机器人操作	15	新建一个"中断"型例行程序并命名为"TRA-PADD5"			
	16	在"中断"型例行程序中实现 reg1 数据加 5 的操作			
	17	新建一个例行程序并命名为"ADD5"			
	18	在例行程序"ADD5"中添加 IDelete 指令,并通过新建一个类型为 Interrupt 的变量"intno2"作为该指令关联的对象			
	19	在指令列表中选择"CONNECT",关联一个中断识别号到中断程序,并双击"＜VAR＞"选中"intno2"进行设定,然后双击"<ID>"进行中断程序"TRAPADD"关联设定			
	20	新建名为"di1"的输入信号			
	21	在指令列表中选择"ISignalDI",关联"di1"			
	22	通过设定"ISignalDI"的参数,让此中断只响应 di1 一次			
	23	运行测试结果的正确与否			
总分					
学生签字		考评签字		考评结束时间	

项目 6.10 怎样自动运行和导入导出程序?

6.10.1 RAPID 程序自动运行的条件是什么?

做什么

掌握 RAPID 程序自动运行的条件。

讲给你听

机器人系统的 RAPID 程序编写完成,对程序进行调试,确认其满足生产加工要求后,可以选择将运行模式从手动模式切换到自动模式下自动运行程序。自动运行程序前,确认程序正确性的同时,还要确认工作环境的安全性。当两者达到标准要求后,方可自动运行程序。

RAPID 程序自动运行的优势:调试好的程序自动运行,可以有效地解放劳动力,因为手动模式下使能按钮需要一直处于第一挡,程序才可以运行;自动运行程序还可以有效地避免安全事故的发生,这主要是因为自动运行状态下工业机器人处于安全防护栏中,操作人员均位于安全保护范围内。

6.10.2 怎样自动运行程序？

做什么

掌握自动运行程序的方法。

做给你看

在手动模式下，完成了调试并确认运动与逻辑控制正确之后，就可以将机器人系统投入自动模式。RAPID 程序自动运行的操作步骤见表 6-37。

表 6-37　RAPID 程序自动运行的操作步骤

步骤	操作内容	示意图
1	将模式开关左旋至左侧的自动模式	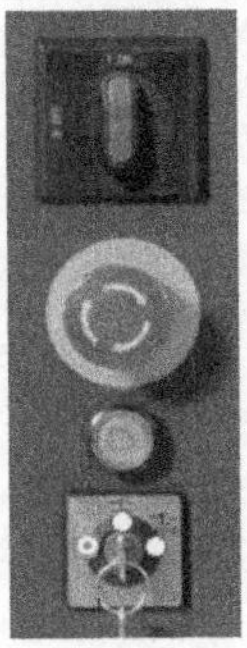
2	点击"确定"按钮,确认模式的切换	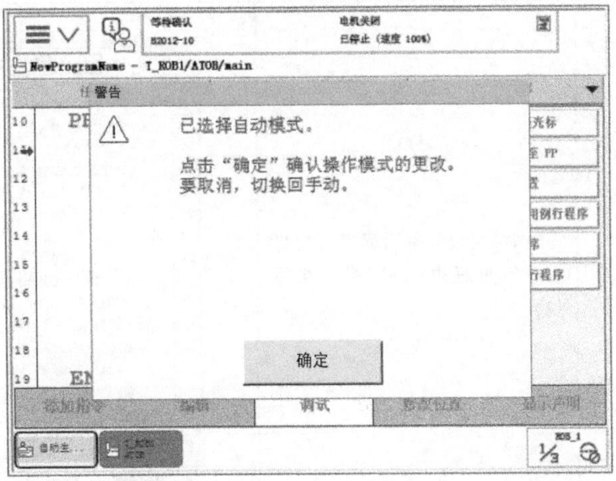

（续）

步骤	操作内容	示意图
3	点击"PP 移至 Main"，将 PP 指向主程序的第一条指令	
4	按下白色按钮，开启电动机，按下程序启动按钮	
5	这时，可以观察到程序已在自动运行过程中（程序指针在跳动）	

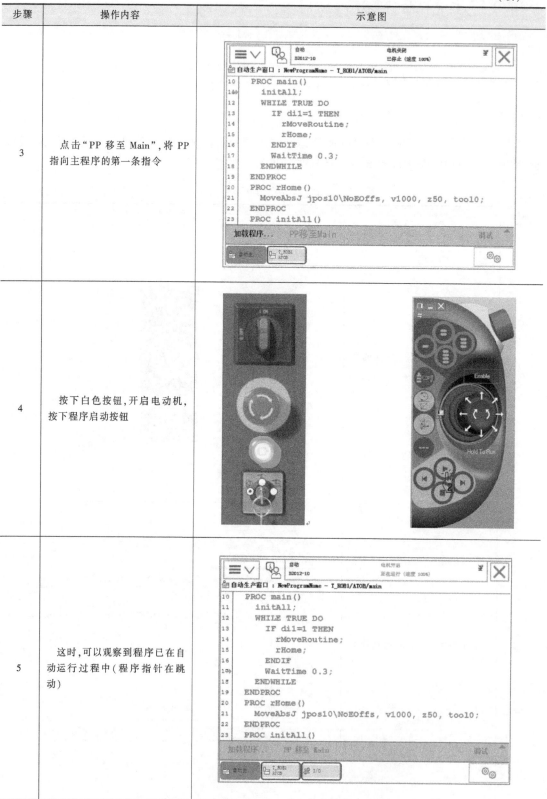

（续）

步骤	操作内容	示意图
6	点击右下角快捷菜单按钮,点击速度调整按钮(从下往上数第二个按钮),可以在此设定程序中机器人运动的速度百分比	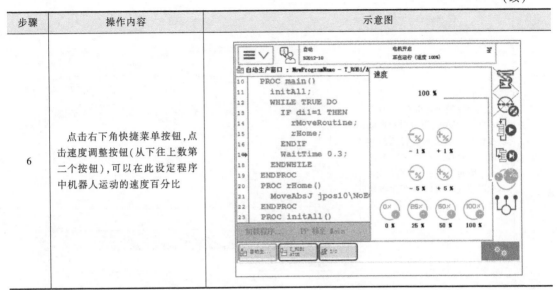

6.10.3 怎样导出 RAPID 程序模块至 USB 存储设备?

做什么

掌握怎样导出 RAPID 程序模块至 USB 存储设备。

做给你看

在完成程序调试并且在确认自动运行符合实际要求后，便可对程序模块进行保存。程序模块根据实际需要可以保存在机器人的硬盘或 U 盘上。具体操作步骤见表 6-38。

表 6-38　保存程序模块的操作步骤

步骤	操作内容	示意图
1	按照图示在程序模块列表中选择所需保存的程序模块,点击左下角"文件"菜单,选择"另存模块为..."命令	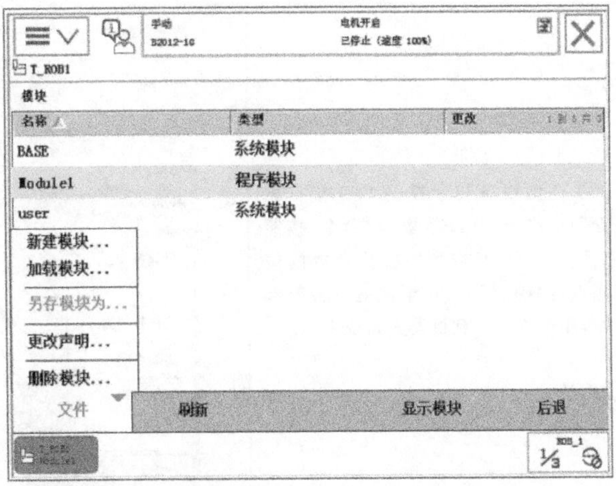

（续）

步骤	操作内容	示意图
2	进入程序模块导出界面,点击图示框内的图标,可以对程序模块存放路径和名称进行选择和修改。选定存放的文件夹,然后点击"确定"按钮,如图所示。到此即完成了 RAPID 程序模块导出至 USB 存储设备的操作	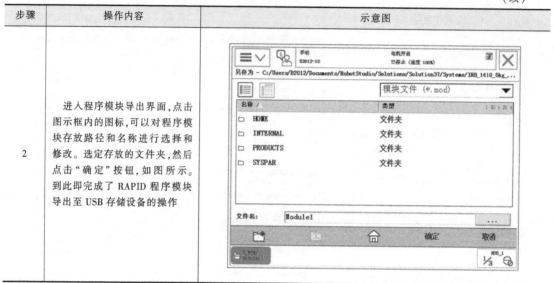

6.10.4　怎样从 USB 存储设备导入 RAPID 程序模块？

做什么

掌握从 USB 存储设备导入 RAPID 程序模块的方法。

做给你看

对于工业机器人编程，除了在示教器上进行点位示教编程之外，还可以在虚拟仿真软件上使用 RAPID 语言进行编程。对用仿真软件编制的程序，进行虚拟仿真测试后，便可导入机器人示教器中进行简单调试后使用。具体操作步骤见表 6-39。

表 6-39　从 USB 存储设备导入 RAPID 程序模块的操作步骤

操作内容	示意图
将 USB 存储设备与示教器 USB 接口相连,按照图示选择"加载模块…"命令,按照存放路径,找到 U 盘内程序模块存放的位置,然后点击"确定"按钮,至此就可将外部保存的程序模块加载到机器人系统中	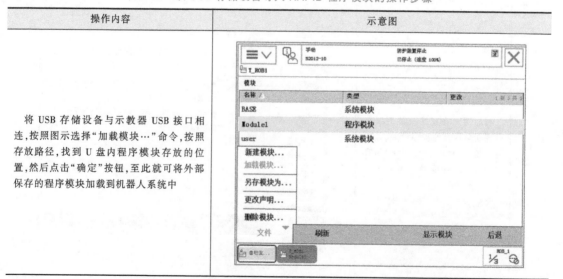

让你试试看——项目测试

项目任务操作测试

任务编号	6-10
任务名称	将 U 盘的程序导入后自动运行，自动运行后再将程序导出至 U 盘
任务概述	
按任务内容要求将 U 盘的程序导入后自动运行，自动运行后再将程序导出至 U 盘	
任务要求	

1. 操作过程中严格遵守安全操作规范
2. 操作过程中注意职业素养
3. 将 U 盘的程序导入后自动运行，自动运行后再将程序导出至 U 盘

板块	序号	任务内容
机器人操作	1	将 USB 存储设备与示教器连接上
	2	选择"加载模块…"命令，在弹出的界面中选择"是"按钮
	3	点击需要导入的程序模块所在的盘，找到程序模块所在文件夹并点击"确定"按钮
	4	确保自动运行状态下工业机器人处于安全防护栏中
	5	将模式开关左旋至左侧的自动模式，点击"确定"按钮，确认模式的切换
	6	点击"PP 移至 Main"，将 PP 指向主程序的第一条指令
	7	按下白色按钮，开启电动机，按下程序启动按钮
	8	设定程序中机器人运动的速度百分比为 20%
	9	观察自动运行结果的正确与否
	10	打开"程序编辑器"，找到"模块"菜单并点击选择所需保存的程序模块
	11	选择"另存模块为…"命令，选择想要存放程序模块的盘符，完成程序导出

理论题

1. 机器人系统的 RAPID 程序编写完成，对程序进行调试，确认其满足生产加工要求后，可以选择将运行模式从手动模式切换到（　　）模式下自动运行程序。

A. 自动　　　　B. 单步　　　　C. 单周期　　　　D. 连续

2. 自动运行程序前，确认程序正确性的同时，还要确认（　　）的安全性。

A. 人　　　　B. 物　　　　C. 工作环境　　　　D. 载体

3. 自动运行时将模式开关旋至（　　）的自动模式。

A. 不动　　　　B. 左侧　　　　C. 中间　　　　D. 右侧

4. 自动运行时 PP 应该移至（　　）。

A. 主程序　　　　B. 例行程序　　　　C. 中断程序　　　　D. 功能函数

5. 单击"PP 移至 Main"，是将 PP（程序指针）指向主程序的（　　）指令。

A. 第四条　　　　B. 第三条　　　　C. 第二条　　　　D. 第一条

6. 在自动运行状态下按下（　　）按钮，开启电动机。

A. 使能　　　　B. ▶　　　　C. ⬤　　　　D. ▮▶

7. 在自动运行状态下点击（　　）快捷菜单按钮，可以找到速度调整按钮。

A. [图] 　　B. [图] 　　C. [图] 　　D. [图]

8. 在自动运行状态下，以下（　　）图示按钮是速度调整按钮。

A. [图] 　　B. [图] 　　C. [图] 　　D. [图]

9. 从 USB 存储设备导入 RAPID 程序模块应在"文件"菜单 [图] 中选择（　　）。

A. 新建模块　　B. 加载模块　　C. 另存模块为　　D. 更改声明

确认你会干——项目操作评价

学号				姓名		单位	
任务编号	6-10		任务名称	将 U 盘的程序导入后自动运行,自动运行后再将程序导出至 U 盘			
板块	序号	考核点		分值标准		得分	备注
职业素养	1	遵守纪律,尊重指导教师,违反一次扣 1 分					
	2	工位清洁(若违反,每项扣 0.5 分): 1)系统设备上没有多余的工具 2)工作区域地面上没有垃圾					
	3	着装要求(若违反,每项扣 0.5 分): 1)裤子为长裤,裤口收紧 2)鞋子为绝缘三防鞋 3)上衣为长袖,袖口收紧 4)佩戴安全帽 5)长发扎紧,放于安全帽内,短发无要求					
操作不当破坏设备	4	工业机器人碰撞,导致夹具损坏					
	5	工业机器人碰撞,导致工件损坏					
	6	工业机器人碰撞,夹具及工件损坏					
	7	破坏设备,无法继续进行考核					
违反考核纪律	8	在发出开始指令前,提前操作					
	9	不服从指导教师指令					
	10	在发出结束考核指令后,继续操作					
	11	擅自离开考核工位					
	12	与其他工位的学员交流					
	13	在教室大声喧哗、无理取闹					
	14	携带纸张、手机等不允许携带的物品进场					
机器人操作	15	将 USB 存储设备与示教器连接上					
	16	将 U 盘的程序导入					
	17	自动运行					
	18	自动运行后再将程序导出至 U 盘					
总分							
学生签字			考评签字		考评结束时间		

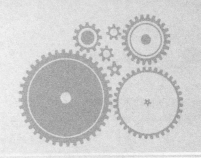

模块7

怎样和工业机器人一起做有趣的事？

内容概述

　　本模块讲解了 ABB 工业机器的两个典型应用：简单的轨迹编程和码垛。针对每一个典型应用，开发了对应的虚拟工作站，可以在虚拟工作站上完成相应的实训工作。在怎么进行简单轨迹编程项目中，能够学到轨迹编程的思路与方法、工具坐标系与工件坐标系的标定、轨迹编程程序的构架、程序点的示教以及程序调试方法。在怎样用工业机器人码垛项目中，能够学到码垛工作站程序流程设计、数组数据的创建、码垛工作站编程所需要的指令、码垛工作站主程序与子程序编写、码垛工作站手动调试与自动运行。

知识目标

1. 了解轨迹编程、码垛典型工作站的结构组成。
2. 了解典型工作任务的工艺流程与编程思路。
3. 掌握工具坐标系与工件坐标系在典型工作站中的应用。
4. 了解码垛典型工作站中 I/O 参数的设定方法。
5. 掌握数组在码垛中的应用。
6. 掌握运动指令、时间指令、循环指令、I/O 操作指令。
7. 掌握典型工作站调试的一般步骤。

能力目标

1. 能够应用虚拟典型工作站进行编程训练。
2. 能够完成典型任务工具坐标系与工件坐标系的标定。
3. 能够根据任务需要为典型工作站配置所需的 I/O 参数。
4. 能够根据典型工作站工艺要求，编写程序控制流程图。
5. 能够编写典型工作站机器人程序。
6. 能够对工具坐标与工件坐标准确快速地标定。

知识结构图

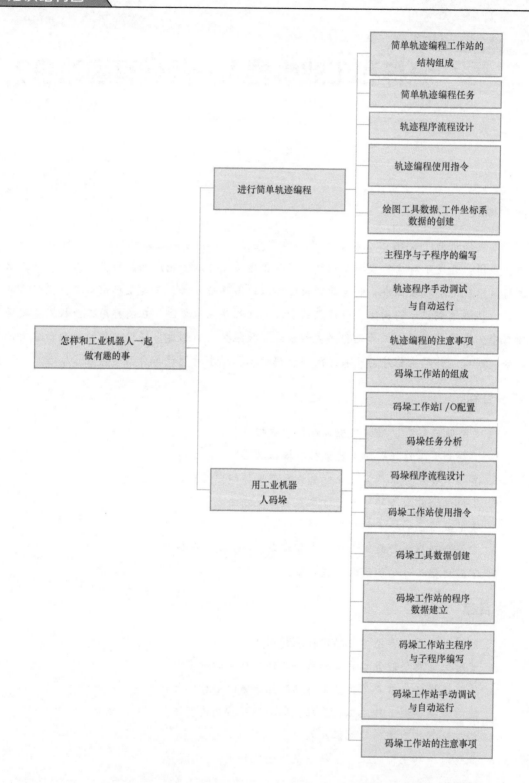

简单轨迹编程工作站的
结构组成

简单轨迹编程任务

轨迹程序流程设计

轨迹编程使用指令

绘图工具数据、工件坐标系
数据的创建

进行简单轨迹编程

主程序与子程序的编写

轨迹程序手动调试
与自动运行

轨迹编程的注意事项

怎样和工业机器人一起
做有趣的事

码垛工作站的组成

码垛工作站I/O配置

码垛任务分析

码垛程序流程设计

用工业机器
人码垛

码垛工作站使用指令

码垛工具数据创建

码垛工作站的程序
数据建立

码垛工作站主程序
与子程序编写

码垛工作站手动调试
与自动运行

码垛工作站的注意事项

项目 7.1　怎么进行简单轨迹编程？

在实际的生产应用中，我们常常利用工业机器人来完成产品的激光切割、涂胶等工作，要使工业机器人精准地按照特定的轨迹完成产品的切割、涂胶等，就会涉及工业机器人末端执行器的轨迹编程。在本项目中，我们借助一套 ABB 工业机器人轨迹编程虚拟工作站，从最基本的简单轨迹入手，逐步讲解轨迹编程的思路、工具坐标系创建、工件坐标系创建、程序设计的架构、程序点位的示教、轨迹程序的手动调试和自动运行等。

7.1.1　简单轨迹编程工作站的结构组成是什么样的？

做什么

掌握简单轨迹编程工作站的结构组成。

讲给你听

如图 7-1～图 7-3 所示，简单轨迹编程工作站由 ABB IRB 1410 工业机器人、绘图工具、轨迹编程训练板、通用安装台、实训平台安装基板组成。轨迹编程训练板上包含圆、正方形、三角形、五角星形、桃心形、空间封闭曲线、空间螺旋曲线等不同的轨迹。ABB IRB 1410 工业机器人末端安装了中性签字笔专用夹具，可以根据训练要求，安装签字笔，组成绘图工具[◌]。

图 7-1　简单轨迹编程工作站

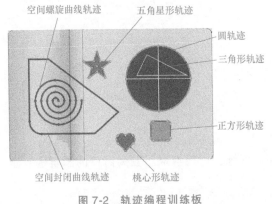

图 7-2　轨迹编程训练板

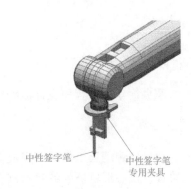

图 7-3　绘图工具

7.1.2　简单轨迹编程任务是什么？

做什么

掌握简单轨迹编程的方法。

◌　本项目中的简单轨迹编程虚拟工作站打包文件可在本书配套资源中下载。

讲给你听

对于轨迹编程,首先要分清轨迹曲线是空间异型曲线还是规则线段。

1)对于空间异型曲线,可以通过三维建模软件做出等比例数字模型,绘制出空间异型轨迹曲线,然后将轨迹曲线和三维模型导入 RobotStudio 软件中,利用 RobotStudio 自动路径编程功能进行离线轨迹编程。此类轨迹的编程方法如图 7-4 所示。

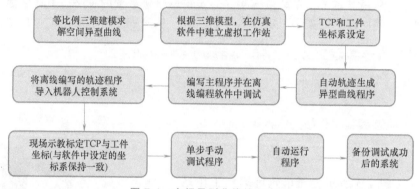

图 7-4 空间异型曲线编程方法

2)对于简单规则的直线或曲线轨迹,可用直接手动示教轨迹的方法进行编程。常见的编程方法如图 7-5 所示。

图 7-5 一般规则线段编程方法

7.1.3 轨迹程序流程如何设计?

做什么

掌握简单轨迹程序设计流程图。

讲给你听

简单轨迹编程工作站可完成多个轨迹的编程训练,这里选取了较为简单的圆轨迹、正方形轨迹、桃心形轨迹的编程示范,如图 7-6 所示。对于这几个轨迹编程任务,程序的流程设计思路为:将初始化、圆轨迹、正方形轨迹、桃心形轨迹作为单独的例行子程序,主程序通过调用指令来安排轨迹绘制的先后顺序,在圆、正方形、桃心形轨迹子程序与初始化程序之间,加入 WHILE TRUE DO 无限循环指令,使轨迹绘制进入循环绘制的状态,并与初始化子程序隔开。图 7-7 所示为主程序

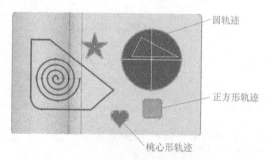

图 7-6 三个典型轨迹

构架。图 7-8 所示为初始化子程序构架。图 7-9 所示为图形轨迹子程序构架。

图 7-7 主程序流程构架

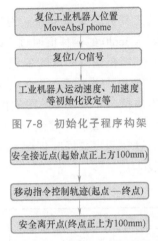

图 7-8 初始化子程序构架

图 7-9 图形轨迹子程序构架

工业机器人轨迹绘制时的工作状态如图 7-10 所示。

7.1.4 如何使用指令?

做什么

掌握常用的运动程序指令。

讲给你听

参考 7.1.3 节中的程序流程图,可以得出编写本项目程序需要用到下列指令:

1) 绝对位置运动指令 MoveAbsJ。
2) 关节运动指令 MoveJ。
3) 线性运动指令 MoveL。
4) 圆弧运动指令 MoveC。
5) 条件循环指令 WHILE。
6) 等待给定时间指令 WaitTime。
7) 子程序调用指令 ProcCall。

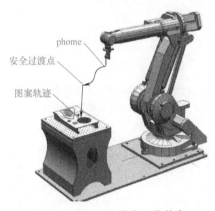

图 7-10 工业机器人工作状态

7.1.5 绘图工具数据如何创建?

做什么

掌握绘图工具数据创建的方法。

做给你看

常见的工具数据（tooldata）创建有两种方式：一种为手动输入工具参数，实际使用的 TCP 与机器人 tool0 的偏移值通过三维建模等方式求得，如多吸盘工具等；另一种是现场用机器人工作区域范围内固定的尖锐物体顶尖部分为基准，通过四点法（五点法、六点法）对 TCP（或 TCP 与坐标系方向）进行标定，如弧焊焊枪。

由于本虚拟工作站使用绘图笔作为工具，可以通过四点法标定笔形绘图工具 TCP，而工具坐标系中 X、Y、Z 轴与默认 tool0 中的 X、Y、Z 轴方向保持一致。

可以通过"程序数据"创建 tooldata，然后对 TCP 进行标定、对重心以及负载参数进行修改，见表 7-1。

表 7-1　创建绘图工具数据的操作步骤

步骤	操作内容	示意图
1	点击示教器左上角主菜单,在弹出的界面中选取"程序数据"	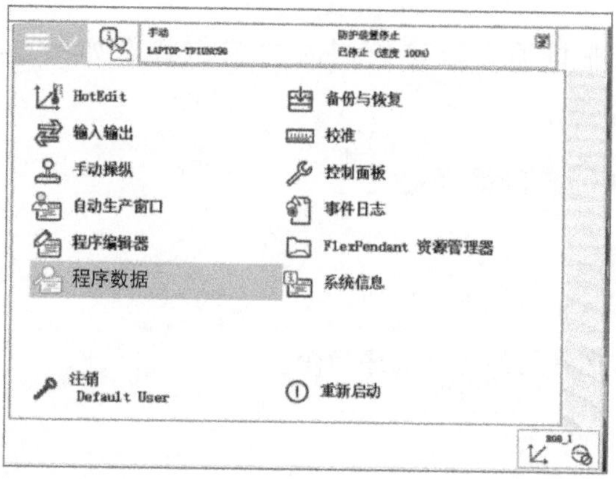
2	在"程序数据"界面中,选择"tooldata"(此处操作可双击 tooldata,也可单击,然后点击右下方的"显示数据"),可打开 tooldata 程序数据界面	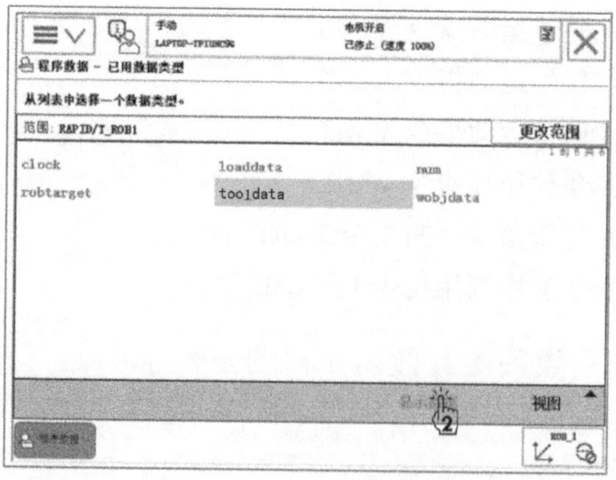

（续）

步骤	操作内容	示意图
3	在程序数据 tooldata 界面左下方,选择点击"新建 ..."按钮,在弹出的新建工具界面中创建工具"Mytoolpen"	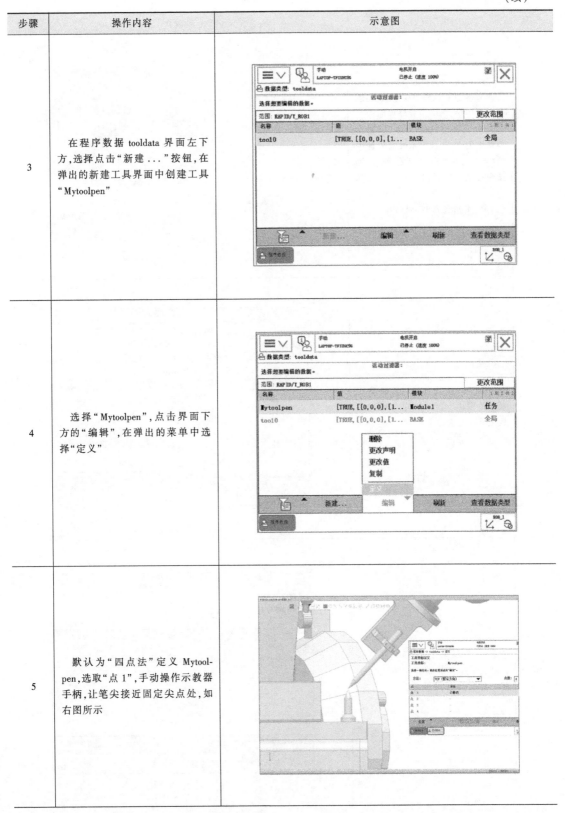
4	选择"Mytoolpen",点击界面下方的"编辑",在弹出的菜单中选择"定义"	
5	默认为"四点法"定义 Mytool-pen,选取"点 1",手动操作示教器手柄,让笔尖接近固定尖点处,如右图所示	

（续）

步骤	操作内容	示意图
6	参考步骤5,调整笔尖姿态,与固定尖点接触,选中示教器界面中的"点2",并点击"修改位置"。再次调整笔尖姿态,选中示教器界面中的"点3",并点击"修改位置"。继续调整笔尖姿态,选中"点4",然后点击"修改位置"。最后点击"确定"按钮完成TCP标定	
7	查看工具误差是否在可接受的误差范围内,点击"确定"按钮,完成工具坐标系的定义	
8	在tooldata界面选择"Mytool-pen",然后点击界面下方的"编辑",然后选择"更改值"	

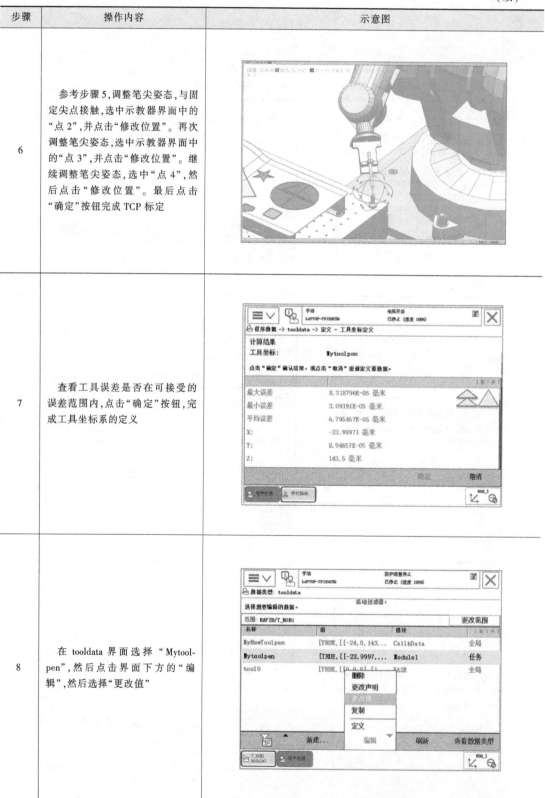

（续）

步骤	操作内容	示意图
9	在弹出的界面中修改工具质量参数"mass"，工具质量为 0.5kg	
10	修改重心参数，设工具的重心为 (0,0,10)，更改"cog"下面的"z"参数，更改为10，其余"x""y"参数不变。然后点击"确定"按钮，完成 Mytoolpen 的参数设定	
11	点击示教器左上角主菜单，选择"手动操纵"，在弹出的界面中点击"工具坐标"后面的"tool0"。在弹出的界面中，将刚标定并设定完参数的"Mytoolpen"设定为编程使用的工具坐标系	

7.1.6　工件坐标系数据如何创建?

做什么

掌握手动创建工件坐标系的方法。

做给你看

前文已对工业机器人的工件坐标系做过详细的介绍。一般地，在工件上选取适当的位置，创建工件坐标系，并在该工件坐标系下进行机器人程序编写，如果工件位置发生了变化，只需要重新校订工件坐标系，无须对程序中的点位再次进行示教，就可以使用之前编好的机器人程序。这样可方便快捷地完成机器人工作站的现场调试。这里选取通用轨迹编程训练板上圆形轨迹圆心为工件坐标系原点，X、Y、Z轴方向与大地坐标系各轴方向一致，如图 7-11 所示。创建工件坐标系的操作步骤见表 7-2。

图 7-11 工件中心点位置示意图

表 7-2 创建工件坐标系的操作步骤

步骤	操作内容	示意图
1	点击示教器左上角主菜单，在弹出的界面中选取"程序数据"选项，在弹出的菜单中选择"wobjda-ta"，点击界面下方的"显示数据"按钮（或者直接双击"wobjdata"）	
2	在弹出的界面下方选择"新建…"按钮，弹出新数据声明界面，此次操作默认生成的工件坐标系名为"wobj1"，然后点击"确定"按钮	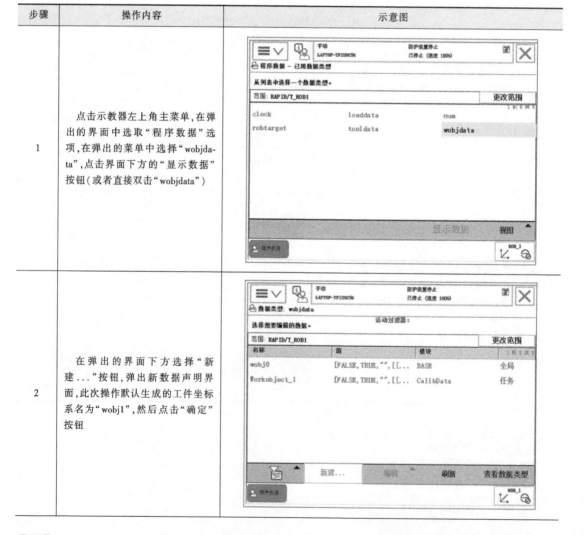

（续）

步骤	操作内容	示意图
3	选择"wobj1"，在界面下方选择"编辑"，弹出菜单后点击"定义"	
4	在工件坐标定义界面中，选择"用户方法"下拉列表中的"3 点"。即可开始采用 3 点法标定工件坐标	
5	手动操作机器人，使笔尖到达轨迹面板中圆形轨迹中心处，选择示教器工件坐标定义界面中的"用户点 X1"，点击界面下方的"修改位置"按钮	

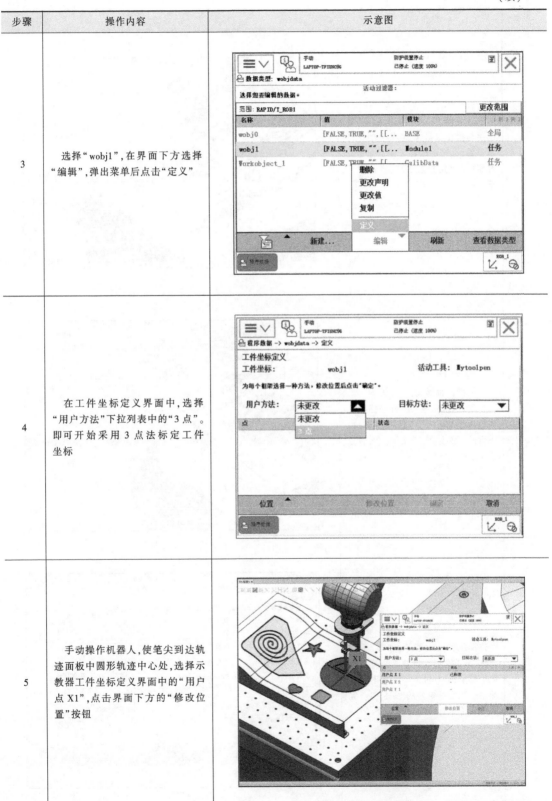

（续）

步骤	操作内容	示意图
6	手动操作机器人,使笔尖到达图示位置,选择示教器工件坐标定义界面中的"用户点 X2",点击界面下方的"修改位置"按钮	
7	手动操作机器人,使笔尖到达图示位置,选择示教器工件坐标定义界面中的"用户点 Y1",点击界面下方的"修改位置"按钮。然后点击"确定"按钮	
8	选择示教器主菜单,点击"手动操纵"。在"手动操纵"界面上选取工件坐标"wobj0",在弹出的界面中选取刚标定好的"wobj1"。完成对工件坐标系的加载更改	

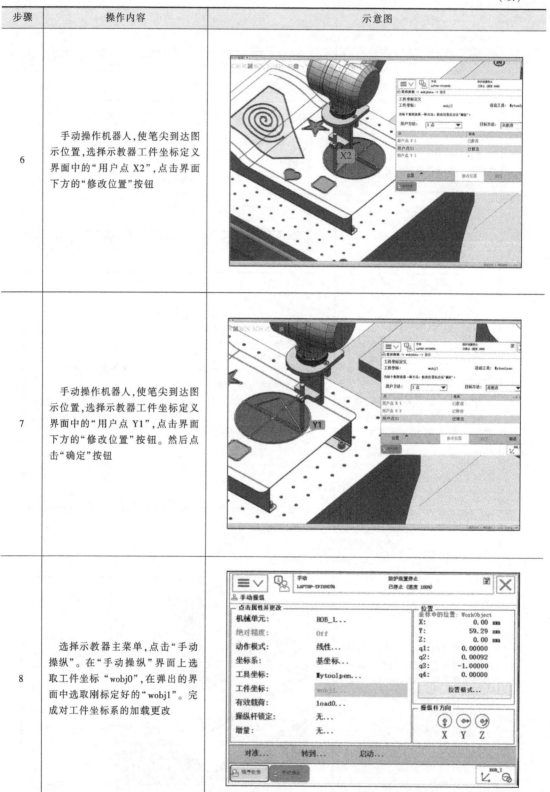

7.1.7 主程序与子程序如何编写?

做什么

掌握主程序与子程序的创建与编写。

做给你看

在工业机器人编程与操作时,通常将各个轨迹任务做成例行子程序,这样编写程序的优势是方便程序检查与调试,用主程序来调用轨迹例行程序,便于调整轨迹程序执行的先后顺序。根据 7.1.3 节中所讲解的程序流程结构,首先新建例行轨迹子程序模块,然后编写主程序,根据图 7-12 所示的特定轨迹点,逐一示教调试。其具体操作步骤见表 7-3。

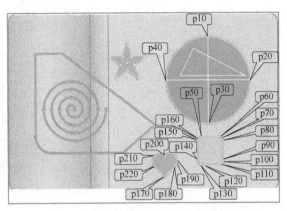

图 7-12 图形轨迹标记点

表 7-3 编写主程序与子程序的操作步骤

步骤	操作内容	示意图
1	打开示教器左上角主菜单,在弹出的菜单中选择"程序编辑器"。在程序编辑器界面中点击右上角的"例行程序"	
2	在"例行程序"界面左下角打开"文件"菜单,选择"新建例行程序..."。在弹出的例行程序声明中点击"ABC..."创建例行子程序名称"rIntiAll"。然后点击右下的"确定"按钮	

（续）

步骤	操作内容	示意图
3	参考步骤 2 中的方法，创建剩余的例行子程序：fang（ ）、yuan（ ）、taoxin（ ），如右图所示	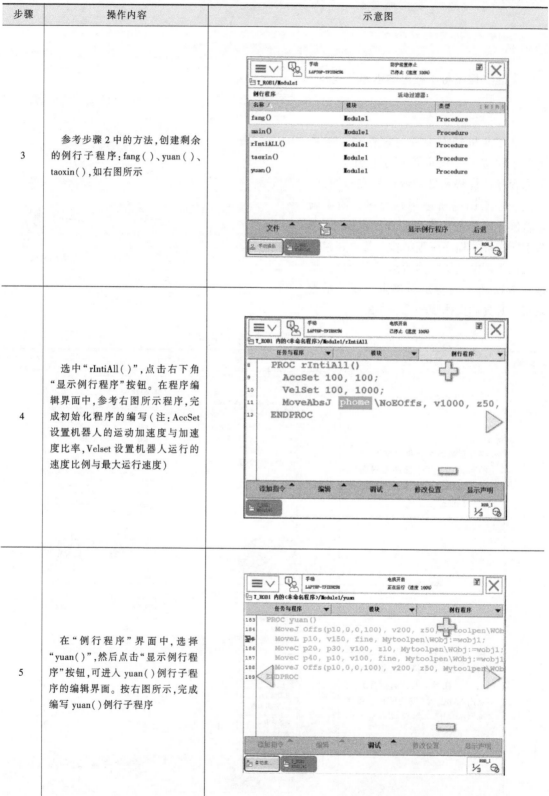
4	选中"rIntiAll（ ）"，点击右下角"显示例行程序"按钮。在程序编辑界面中，参考右图所示程序，完成初始化程序的编写（注：AccSet 设置机器人的运动加速度与加速度比率，Velset 设置机器人运行的速度比例与最大运行速度）	
5	在"例行程序"界面中，选择"yuan（ ）"，然后点击"显示例行程序"按钮，可进入 yuan（ ）例行子程序的编辑界面。按右图所示，完成编写 yuan（ ）例行子程序	

（续）

步骤	操作内容	示意图
6	在例行程序列表内，选择"fang（）"，然后点击"显示例行程序"按钮。按右图所示，完成 fang（）例行子程序编写	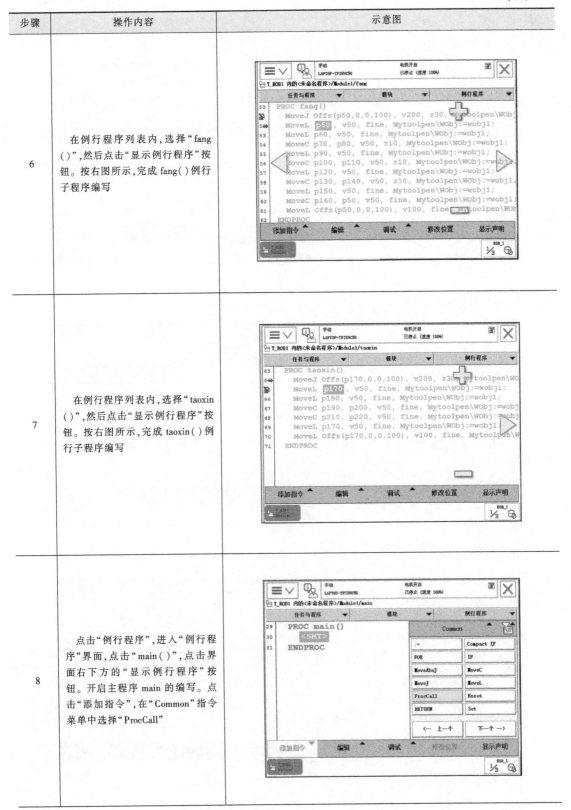
7	在例行程序列表内，选择"taoxin（）"，然后点击"显示例行程序"按钮。按右图所示，完成 taoxin（）例行子程序编写	
8	点击"例行程序"，进入"例行程序"界面，点击"main（）"，点击界面右下方的"显示例行程序"按钮。开启主程序 main 的编写。点击"添加指令"，在"Common"指令菜单中选择"ProcCall"	

（续）

步骤	操作内容	示意图
9	在弹出的"子程序调用"界面内，选择初始化例行子程序"rIntiAll"，然后点击"确定"按钮	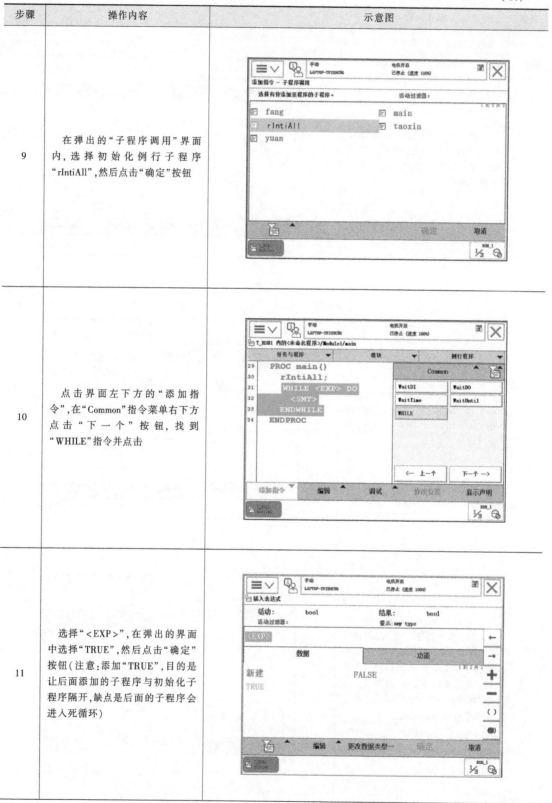
10	点击界面左下方的"添加指令"，在"Common"指令菜单右下方点击"下一个"按钮，找到"WHILE"指令并点击	
11	选择"<EXP>"，在弹出的界面中选择"TRUE"，然后点击"确定"按钮（注意：添加"TRUE"，目的是让后面添加的子程序与初始化子程序隔开，缺点是后面的子程序会进入死循环）	

（续）

步骤	操作内容	示意图
12	选中"<SMT>"，然后点击指令"ProcCall"，准备添加轨迹子程序	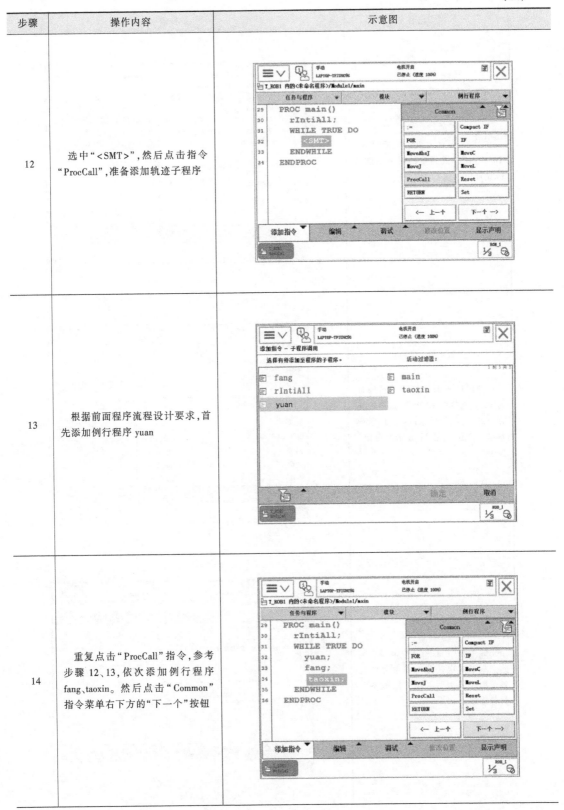
13	根据前面程序流程设计要求，首先添加例行程序 yuan	
14	重复点击"ProcCall"指令，参考步骤 12、13，依次添加例行程序 fang、taoxin。然后点击"Common"指令菜单右下方的"下一个"按钮	

（续）

步骤	操作内容	示意图
15	在"Common"菜单中选择"Wait-Time"（添加此指令的目的是防止死循环中系统 CPU 过载）	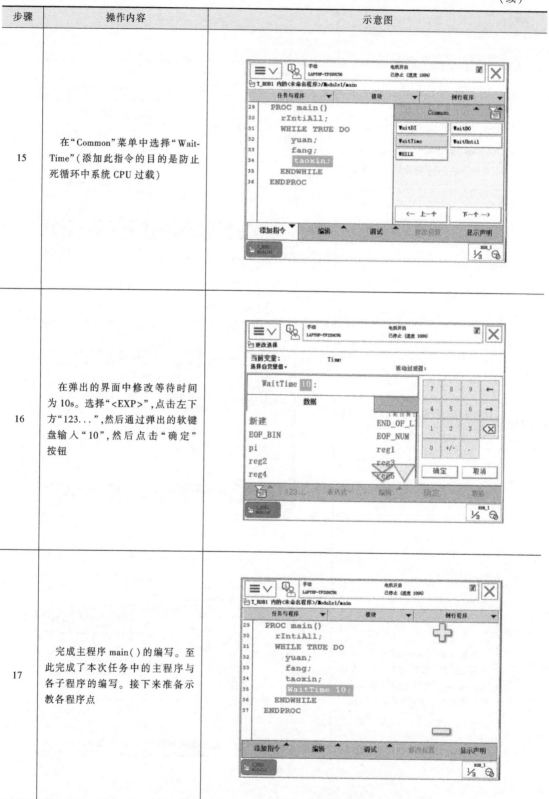
16	在弹出的界面中修改等待时间为 10s。选择"<EXP>"，点击左下方"123..."，然后通过弹出的软键盘输入"10"，然后点击"确定"按钮	
17	完成主程序 main( ) 的编写。至此完成了本次任务中的主程序与各子程序的编写。接下来准备示教各程序点	

（续）

步骤	操作内容	示意图
18	点击右上角的"例行程序",点击"rIntiAll( )",然后点击"显示程序",打开初始化例行子程序。选中"phome"。点击界面下方的"调试",在弹出的菜单中选择"查看值"	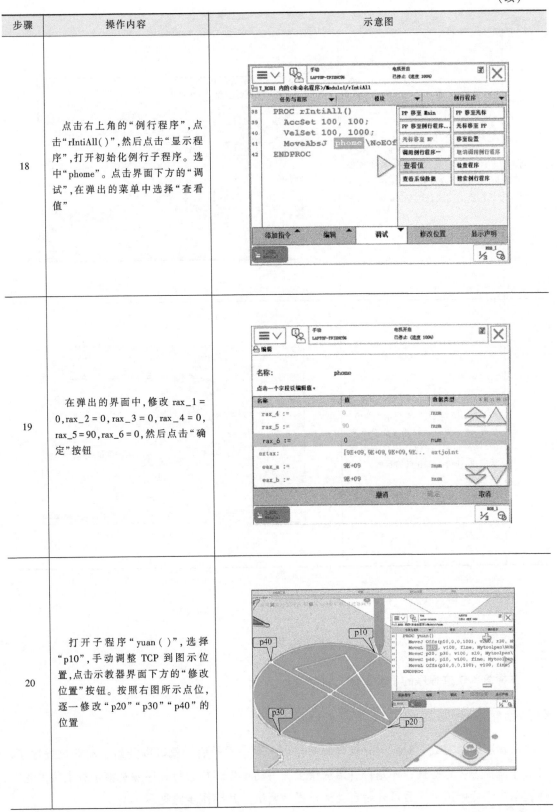
19	在弹出的界面中,修改 rax_1 = 0,rax_2 = 0,rax_3 = 0,rax_4 = 0,rax_5 = 90,rax_6 = 0,然后点击"确定"按钮	
20	打开子程序"yuan( )",选择"p10",手动调整 TCP 到图示位置,点击示教器界面下方的"修改位置"按钮。按照右图所示点位,逐一修改"p20""p30""p40"的位置	

（续）

步骤	操作内容	示意图
21	打开子程序"fang( )"，选择点"p50"，手动调整 TCP 到图示"p50"位置，然后点击示教器界面右下方的"修改位置"按钮。依次按图所示完成 p60~p160 点的示教	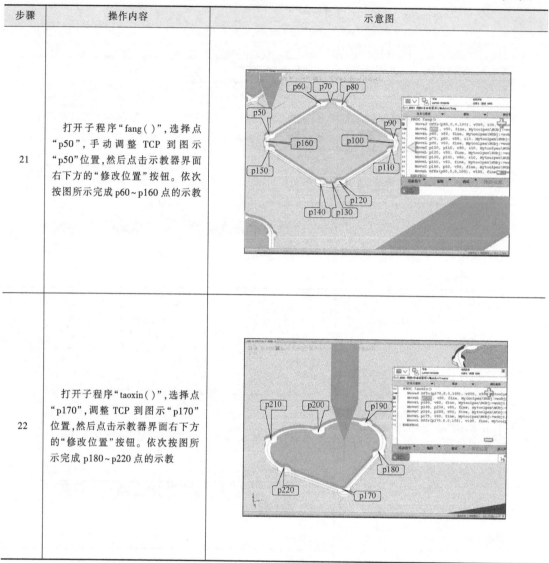
22	打开子程序"taoxin( )"，选择点"p170"，调整 TCP 到图示"p170"位置，然后点击示教器界面右下方的"修改位置"按钮。依次按图所示完成 p180~p220 点的示教	

7.1.8 轨迹程序如何手动调试与自动运行？

做什么

掌握简单轨迹程序的手动调试与自动运行。

做给你看

将程序编写完成并对照事先规划的示教点，逐一示教后，就可以开始手动调试程序了。其操作流程为：先检查程序是否有语法错误，手动单步逐行运行程序并观察示教点位的正确性，单步运行调试无误后可开始自动运行程序调试。其操作步骤见表 7-4。

表 7-4 程序调试的操作步骤

步骤	操作内容	示意图
1	手动将机器人调至安全位置后，点击示教器主菜单下的"程序编辑器"。点击"调试"，在弹出的菜单中点击"检查程序"，无错误后可进入下一步调试工作（在调试过程中应注意检查是否切换成了手动模式，机器人电动机是否开启）	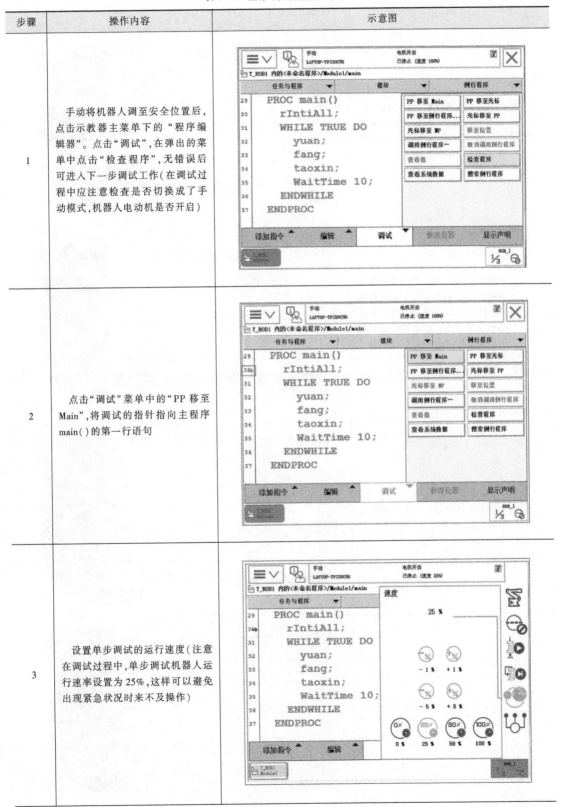
2	点击"调试"菜单中的"PP 移至 Main"，将调试的指针指向主程序 main( ) 的第一行语句	
3	设置单步调试的运行速度（注意在调试过程中，单步调试机器人运行速率设置为 25%，这样可以避免出现紧急状况时来不及操作）	

（续）

步骤	操作内容	示意图
4	设定好机器人运行速率后,再次确认机器人处在较为安全的位置,按下使能按钮,机器人电动机开启,然后按下图示单步运行按钮。逐行运行机器人程序	
5	单步运行无误后,手动将机器人移动到安全位置,转动机器人控制柜上的模式开关,将机器人运行模式切换至自动。按下控制柜上使能上电按钮,给自动运行的机器人伺服电动机上电	
6	调试自动运行时,机器人运行速率建议设置为25%。这样可以在调试自动运行程序时,有足够的反应时间应对突发事件	
7	设置自动运行模式为"单周"	

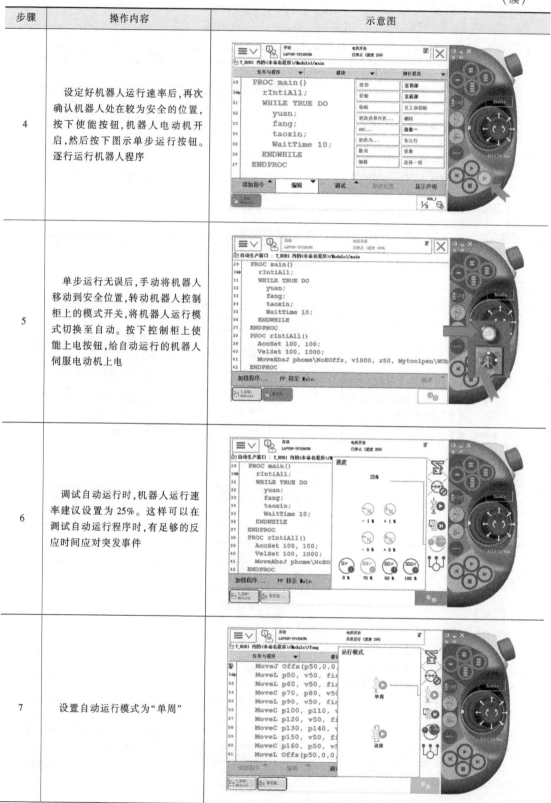

（续）

步骤	操作内容	示意图
8	设置好自动运行速率和单周运行模式后，可按下示教器启动按钮，进行程序的自动运行（注意，在机器人运行时，应手握示教器，以便能随时快速按下示教器急停按钮）	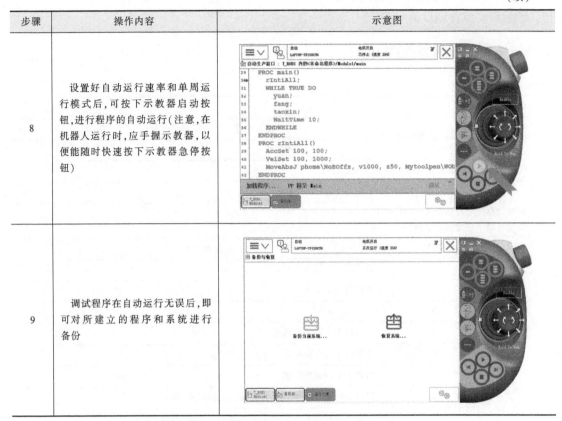
9	调试程序在自动运行无误后，即可对所建立的程序和系统进行备份	

7.1.9 轨迹编程的注意事项有哪些？

做什么

掌握轨迹编程调试过程中的注意事项。

讲给你听

对于多轨迹编程工作站，我们在编程时应注意如下事项：

1）遵守安全操作规则，着工作服，戴安全帽，穿劳保鞋，如果遇到有打磨或喷漆的特殊作业环境还应戴好护目镜。

2）在进行程序示教调试时，控制好机器人的运行速度倍率，手动调试运行时，一般选择25%～30%速率。在手动单步和连续低倍率自动运行都没问题后，方可让工业机器人进行100%速率的自动运行。

3）轨迹编程是工业机器人最广泛的一种应用，在编制程序时，应先明确自己将要编写程序的主体框架，最好先绘制出程序流程框图。

4）一般采用主程序main（）控制工艺流程，主程序main（）可通过procCall灵活调用各个独立的轨迹子程序，这样在程序编写和调试时较为方便，对单独的子程序示教和调试也较为轻松，不容易出错。

5）程序调试完成后，做好必要的备份，以便出现故障时可以及时恢复工业机器人的运行，缩短维护维修调试的时间。

让你试试看——项目测试

项目任务操作测试

任务编号	7-1
任务名称	基本操作与五角星轨迹绘制
任务概述	
按任务内容要求完成工业机器人基本的手动操作	
任务要求	

1. 操作过程中严格遵守安全操作规范
2. 操作过程中注意职业素养

板块	序号	任务内容
机器人操作	1	口述工业机器人的型号
	2	开机启动机器人
	3	解除急停报警
	4	切换机器人至手动模式
	5	手动操作速度设置为25%
	6	切换至手动关节控制
	7	移动5轴至90°（方向必须正确,方向错误不得分）
	8	手动移动机器人至点(0,0,0,0,90,0),1min内完成
	9	切换至线性移动模式
	10	切换欧拉角坐标显示模式
	11	手动移动机器人至基坐标点(870,0,1000,180,0,-180)
	12	新建工具命名为tool520,并用4点法示教（2min内完成，误差在5mm内），工具如右图所示。绕tool520点旋转 
	13	新建工件坐标系wob520,使用三点法标定（2min内完成），标定方向位置如右图所示。沿wob520坐标系X、Y、Z方向移动50mm 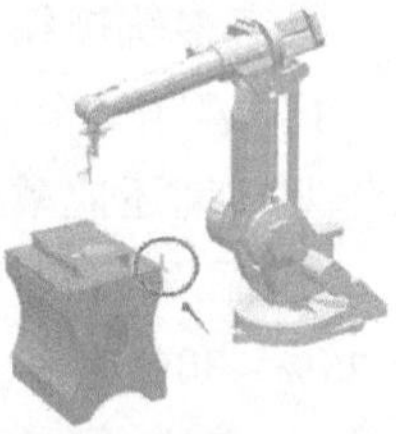
五角星轨迹绘制	14	自动运行机器人绘制五角星图形，五角星圆角半径不超过10mm。自动运行速度设定为30%（15min完成） 

（续）

板块	序号	任务内容
五角星轨迹绘制	15	机器人运行至phome点关节坐标（0,0,0,0,90,0），运行至过渡点（p10），运行至起点上方点，运行至五角星第一点，运行至五角星第二点，运行至五角星第三点，运行五角星至第四点，运行至五角星第五点，运行至五角星第六点，运行至五角星第七点，运行至五角星第八点，运行至五角星第九点，运行至五角犀第十点，运行至五角星第一点，运行至五角星上方点，运行至过渡点（p10），运行至phome点关节坐标
	16	将工业机器人回复零位
	17	将工业机器人示教器放回指定位置

理论题

1. 初始化例行子程序中AccSet指令是设置机器人的（　　）。

A. 速度　　　　　　　　　　　　　B. 角度

C. 加速度比率和加速度坡度　　　　D. 速率

2. MoveAbsJ指令可使机器人以单轴运行的方式运动至目标点，绝对不存在死点，运动状态完全不可控，应避免在正常生产中使用此指令，常用于检查机器人零点位置，指令中TCP与Wobj只与（　　）有关，与运动位置无关。

A. 运行速度　　　　B. 加速度　　　　C. 目标点　　　　D. TCP

3. 初始化例行子程序中VelSet指令是设定（　　）。

A. 机器人运行速率　　　　　　　　B. 机器人最大速度

C. 零点　　　　　　　　　　　　　D. 机器人的运行速率与最大速度

4. 在定义工件坐标系时，采用（　　）点法。

A. 1　　　　　　B. 2　　　　　　C. 3　　　　　　D. 4

5. 在工具坐标系标定时，前四点主要确定（　　）。

A. X轴方向　　　　　　　　　　　B. 工具坐标系中的原点TCP

C. Y轴方向　　　　　　　　　　　D. Z轴方向

6. 关节运动指令是（　　）。

A. MoveJ　　　　B. MoveAbsJ　　　　C. MoveL　　　　D. MoveC

7. 线性运动指令是（　　）。

A. MoveJ　　　　B. MoveAbsJ　　　　C. MoveL　　　　D. MoveC

8. 圆弧运动指令是（　　）。

A. MoveJ　　　　B. MoveAbsJ　　　　C. MoveL　　　　D. MoveC

9. 要使ABB工业机器人TCP运行轨迹为一个完整的圆，至少需要调用（　　）次MoveC指令。

A. 1　　　　　　　　　　　　　　B. 2

C. 4　　　　　　　　　　　　　　D. 3

10. 在图7-13所示的WHILE TRUE DO死循环中添加Wait-Time 10的主要目的是（　　）。

A. 延时10s，防止死循环运行时机器人控制柜CPU过载

B. 延时1s，防止死循环运行时机器人控制柜CPU过载

```
PROC main()
 rIntiAll;
 WHILE TRUE DO
  yuan;
  fang;
  taoxin;
  WaitTime 10;
 ENDWHILE
ENDPROC
```

图7-13　题目10

C. 无意义

D. 程序结束循环

确认你会干——项目操作评价

学号			姓名		单位	
任务编号		7-1	任务名称		基本操作与五角星轨迹绘制	
板块	序号	考核点		分值标准	得分	备注
职业素养	1	遵守纪律,尊重指导教师,违反一次扣1分				
	2	工位清洁(若违反每项扣0.5分): 1)系统设备上没有多余的工具 2)工作区域地面上没有垃圾				
	3	着装要求(若违反每项扣0.5分): 1)裤子为长裤,裤口收紧 2)鞋子为绝缘三防鞋 3)上衣为长袖,袖口收紧 4)佩戴安全帽 5)长发扎紧,放于安全帽内,短发无要求				
操作不当破坏设备	4	工业机器人碰撞,导致夹具损坏				
	5	工业机器人碰撞,导致工件损坏				
	6	工业机器人碰撞,夹具及工件损坏				
	7	破坏设备,无法继续进行考核				
违反考核纪律	8	在发出开始指令前,提前操作				
	9	不服从指导教师指令				
	10	在发出结束考核指令后,继续操作				
	11	擅自离开考核工位				
	12	与其他工位的学员交流				
	13	在教室大声喧哗,无理取闹				
	14	携带纸张、U盘、手机等不允许携带的物品进场				
	15	其他违反纪律的情况				
机器人操作	16	口述工业机器人的型号				
	17	开机启动机器人				
	18	解除急停报警				
	19	切换机器人至手动模式				
	20	手动操作速度设置为25%				
	21	切换至手动关节控制				
	22	移动5轴至90°				
	23	手动移动机器人至点(0,0,0,0,90,0),1min内完成				
	24	切换至线性移动模式				
	25	切换欧拉角坐标显示模式				

（续）

板块	序号	考核点	分值标准	得分	备注
机器人操作	26	手动移动机器人至基坐标点（870,0,1000, 180,0,-180）			
	27	新建工具命名为 tool520,绕 tool520 点旋转（2min 内完成,误差在 5mm 内）			
	28	新建工件坐标系 wob520。沿 wob520 坐标系 X、Y、Z 方向移动 50mm（2min 内完成）			
五角星轨迹	29	五角星圆角半径不超过 10mm			
	30	自动运行速度设定为 30%			
	31	phome 点命名正确			
	32	运行至 phome 点关节坐标（0,0,0,0,90,0）			
	33	p10 命名正确			
	34	运行至过渡点（p10）			
	35	运行至起点上方点			
	36	运行至五角星第一点			
	37	运行至五角星第二点			
	38	运行至五角星第三点			
	39	运行五角星至第四点			
	40	运行至五角星第五点			
	41	运行至五角星第六点			
	42	运行至五角星第七点			
	43	运行至五角星第八点			
	44	运行至五角星第九点			
	45	运行至五角星第十点			
	46	运行至五角星第一点			
	47	运行至五角星上方点			
	48	运行至过渡点（p10）			
	49	运行至 phome 点关节坐标			
	50	15min 内完成			
	51	将工业机器人回复零位			
	52	将工业机器人示教器放回指定位置			
总分					
学生签字		考评签字		考评结束时间	

项目 7.2　怎样用工业机器人码垛？

本项目主要介绍码垛工作站程序流程设计、码垛工作站编程所需要的指令、码垛工作站主程序与子程序编写、码垛工作站手动调试与自动运行。通过本项目的学习，读者将具备典型码垛机器人工作站任务分析、流程规划、程序设计、系统调试的综合能力。

7.2.1　码垛工作站的结构组成是什么样的？

做什么

掌握码垛工作站的主要结构组成。

讲给你听

码垛工作站由供料单元、同步输送带、三相异步电动机、码垛工作台等组成，如图 7-14 所示。三相异步电动机同轴装有旋转编码器，便于对电动机闭环控制，可精确定位物料。工作时，控制系统（PLC）控制供料单元进行供料、推料至输送带，待物料输送至输送线末端时机器人进行物料分拣码垛工作。

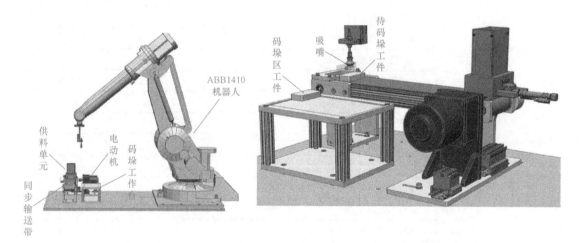

图 7-14　码垛工作站的主要结构组成

7.2.2　码垛工作站 I/O 如何配置？

做什么

掌握码垛工作站 I/O 配置与电气连接。

讲给你听

机器人要完成既定的工作，必须与外部设备进行通信。如本工作站中机器人要通过 I/O 信号来控制安装在第六轴法兰盘中心的工具吸嘴模拟动作，还要控制供料单元送料等。此外，工业机器人还需要一些信号输入，例如检测工件是否到位（输送带末端）等。ABB 工业机器人提供了丰富的 I/O 通信接口，本项目中采用比较常用的 ABB 标准 I/O 板 DSQC652。码垛工作站的功能需求比较简单，机器人 I/O 只需要数字输入和数字输出信号，通信对象主要是气动控制器和输送带末端传感器。具体机器人 I/O 信号定义见表 7-5。

表 7-5   机器人 I/O 信号定义

名称	信号类别 (Type of Signal)	链接单元 (Assigned to Unit)	单元内地址 (Unit Mapping)	I/O 信号注解
di_InFeeder	数字量输入信号 (Digital Input)	d652	1	判断物料是否到达输送带末端;到达为"1",没有到达为"0"
do_tGripper	数字量输出信号 (Digital Output)	d652	1	吸嘴动作信号:吸取动作为"1",释放复位为"0"
do_InFeeder	数字量输出信号 (Digital Output)	d652	2	推料气缸动作信号:推出动作为"1",缩回复位为"0"

本工作站采用标配的 ABB 标准 I/O 板,型号为 DSQC652(16 个数字输入,16 个数字输出),需要在 DeviceNet Device 中设置此 I/O 单元的 Unit 相关参数,配置见表 7-6。

表 7-6   通信板配置

参数名称	设定值	说明
Name	d652	设定 I/O 板在系统中的名称
Address	10	设定 I/O 板在总线中的地址(端子 X5 的 6~12 的跳线就是用来决定模块地址的,地址可用范围为 10~63)

7.2.3   如何进行码垛任务分析?

做什么

掌握码垛工作站任务工作流程。

讲给你听

工作站搭建好以后,我们来一起分析整个工件码垛工作的过程:首先由工业机器人发送信号(do_InFeeder=1)控制供料单元将工件推出,待输送带将工件移动到输送带末端(di_InFeeder=1),到位信号成立,工业机器人接收到信号后,先将工具移至待吸取工件正上方,再直线下移至待吸取工件处,延时1s后配合工业机器人发送信号(do_tGripper=1)吸附工件,延时1s将工件移至码垛指定位置(每个工件位置不一样,需要编程处理),完成后松开吸嘴(do_tGripper=0)返回至待吸取工件上方进行下一轮码垛。码垛工作流程示意如图7-15所示。

图 7-15   码垛工作流程图

7.2.4   如何进行码垛程序流程设计?

做什么

掌握码垛工作站程序流程设计。

讲给你听

接下来编制工作站程序。要先根据工作流程来确定主程序流程，再把工作流程拆解划分，确定需要多少个子程序（例行程序、功能程序或中断程序），建立不同功能的子程序，最后将各个子程序放入主程序以供调用。

本工作站要完成多个工件的码垛，这里建立一个主程序、一个初始化程序和一个码垛程序共三个例行程序。主程序流程如图 7-16 所示。

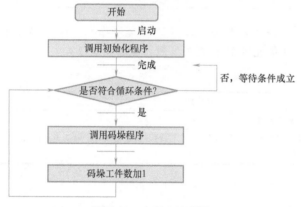

图 7-16　主程序流程图

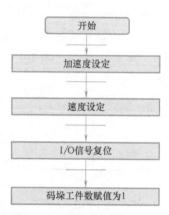

图 7-17　初始化程序流程图

主程序启动运行后，首先调用初始化程序，初始化程序运行完后进入循环判断，循环条件成立则调用码垛程序进行码垛，码垛完一个工件后结束码垛程序，码垛工件数加 1，以修正下一个工件码垛位置，然后重新进入循环判断进行新一轮码垛，直到循环判断不成立（码垛完成）停止执行程序。初始化程序流程如图 7-17 所示。初始化程序主要是设定合适的运行加速度、运行速度和将码垛工件数这一数值型数据赋值为 1，而赋值是关键。码垛程序流程如图 7-18 所示。码垛程序主要控制每一个工件的码垛流程：机器人先移至起始点，再移至工件上方，再移至吸取点，吸取工件后移至码垛位置上方，再移至码垛位置，释放工件，最后返回到码垛位置上方。如何进行每个工件码垛位置的示教编程？我们可以借助之前项目中介绍的知识用数组和 Reltool 指令来编程。

7.2.5　码垛工作站使用指令有哪些?

做什么

掌握码垛工作站编程所需要的指令。

讲给你听

由 7.2.4 节程序流程分析，可知编写本项目码垛机器人程

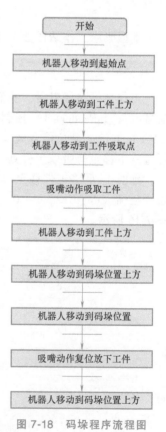

图 7-18　码垛程序流程图

序需要用到下列指令：

1）加速度设定指令 AccSet。

2）速度设定指令 VelSet。

3）赋值指令：=。

4）循环指令 WHILE DO ENDWHILE。

5）绝对位置运动指令 MoveAbsJ。

6）关节运动指令 MoveJ。

7）线性运动指令 MoveL。

8）I/O 控制指令中的设置数字输出信号指令 Set。

9）I/O 控制指令中的复位数字输出信号指令 Reset。

10）I/O 控制指令中的等待数字输入信号指令 WaitDI。

11）等待给定时间指令 WaitTime。

7.2.6　码垛工具数据如何创建？

做什么

掌握码垛工作站工具数据创建的方法。

做给你看

在正式编写程序之前，需要构建机器人的工具数据。工具数据用于描述安装在工业机器人第六轴法兰盘上工具的 TCP（工具中心点）、质量、重心等参数数据。本项目中使用的是规则工具，因此可采用 4 点法对这个工具坐标进行设定。具体操作步骤见表 7-7。

表 7-7　创建码垛工具数据的操作步骤

步骤	操作内容	示意图
1	按照 4 点法创建名为"sucker"的工具数据（4 点法手动操作创建与标定 TCP 可参见表 7-1）	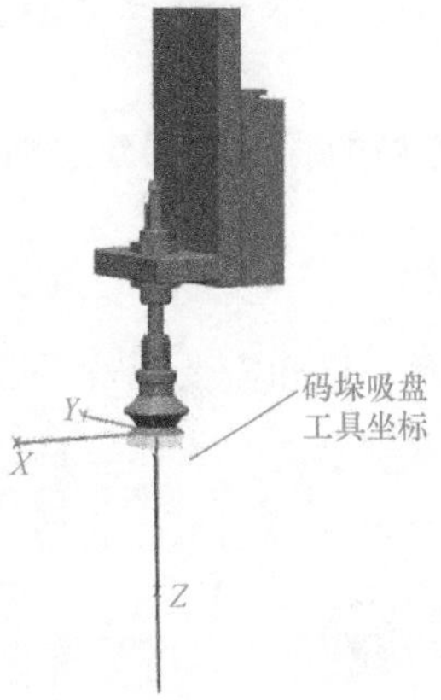 码垛吸盘工具坐标

（续）

步骤	操作内容	示意图
2	在参数项中找到"mass"，将其修改为"1"	 名称：sucker 点击一个字段以编辑值。 q3 := -0.00590651 q4 := 0.725597 tload: [-1, [0, 0, 0], [1, 0, 0, 0]... mass := 1 cog: [0, 0, 0] z := 0
3	在参数项中找到"cog"，将"y""z"修改为"1"，完成工具数据创建	 名称：sucker 点击一个字段以编辑值。 mass := 1 num cog: [0, 1, 1] pos x := 0 num y := 1 num z := 1 num aom: [1, 0, 0, 0] orient

7.2.7 码垛工作站的程序数据如何建立?

做什么

掌握码垛工作站的程序数据建立的方法。

讲给你听

如图 7-19 所示，已知需要码垛的工件外形尺寸为长 60mm、宽 30mm、高 11mm，运用

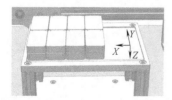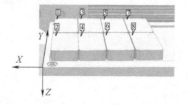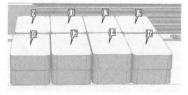

图 7-19 码垛示意图

前述"数组和 RelTool"知识，可以创建一个 16 行 3 列的二维数组，用来存放每一个工件相对于"工件 1"的位置偏移量。"工件 1"码垛点的位置数据定义为"row_get"，16 行 3 列的二维数组定义为"array_get"（注意：码垛的工件号与二维数组的行号一一对应）。数组中每行 3 列中的数值分别存放的是该行代表的工件，相对于"row_get"在 X、Y、Z 方向上的偏移量。另外，定义一个数值型程序数据 nCount，用来记录工件号（行号），通过循环与累加的方式（nCount＝nCount+1），完成最终 16 个工件位置数据的读取。二维数组具体数值见表 7-8。

表 7-8　16 行 3 列的二维数组具体数值

工件	X 偏移量	Y 偏移量	Z 偏移量
工件 1	0{1,1}	0{1,2}	0{1,3}
工件 2	0{2,1}	−60{2,2}	0{2,3}
工件 3	−30{3,1}	0{3,2}	0{3,3}
工件 4	−30{4,1}	−60{4,2}	0{4,3}
工件 5	−60{5,1}	0{5,2}	0{5,3}
工件 6	−60{6,1}	−60{6,2}	0{6,3}
工件 7	−90{7,1}	0{7,2}	0{7,3}
工件 8	−90{8,1}	−60{8,2}	0{8,3}
工件 9	0{9,1}	0{9,2}	−11{9,3}
工件 10	0{10,1}	−60{10,2}	−11{10,3}
工件 11	−30{11,1}	0{11,2}	−11{11,3}
工件 12	−30{12,1}	−60{12,2}	−11{13,3}
工件 13	−60{13,1}	0{13,2}	−11{13,3}
工件 14	−60{14,1}	−60{14,2}	−11{14,3}
工件 15	−90{15,1}	0{15,2}	−11{15,3}
工件 16	−90{16,1}	−60{16,2}	−11{16,3}

综上所述，本码垛工作站要建立的程序数据如下：

1）工件 1 示教点的位置数据（robtarget）：row_get。

2）16 行 3 列的二维数组（num）：array_get。

3）代表工件号的数值数据（num）：nCount。

做给你看

下面我们一起来创建本码垛工作站的程序数据，操作步骤见表 7-9。

表 7-9　建立码垛工作站程序数据操作步骤

步骤	操作内容	示意图
1	首先创建工件 1 示教点的位置数据（robtarget）：row_get。点击左上角主菜单按钮，选择"程序数据"。点击右下角"视图"，选中"全部数据类型"。点击 🔽 翻页按钮，选择"robtarget"数据类型，点击"显示数据"按钮	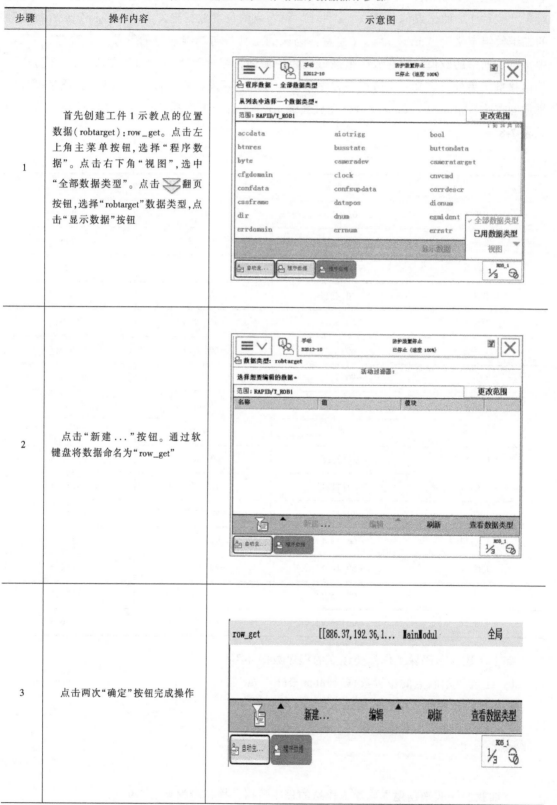
2	点击"新建 ..."按钮。通过软键盘将数据命名为"row_get"	
3	点击两次"确定"按钮完成操作	

（续）

步骤	操作内容	示意图
4	接下来创建 16 行 3 列的二维数组：array_get。点击"程序数据"选项	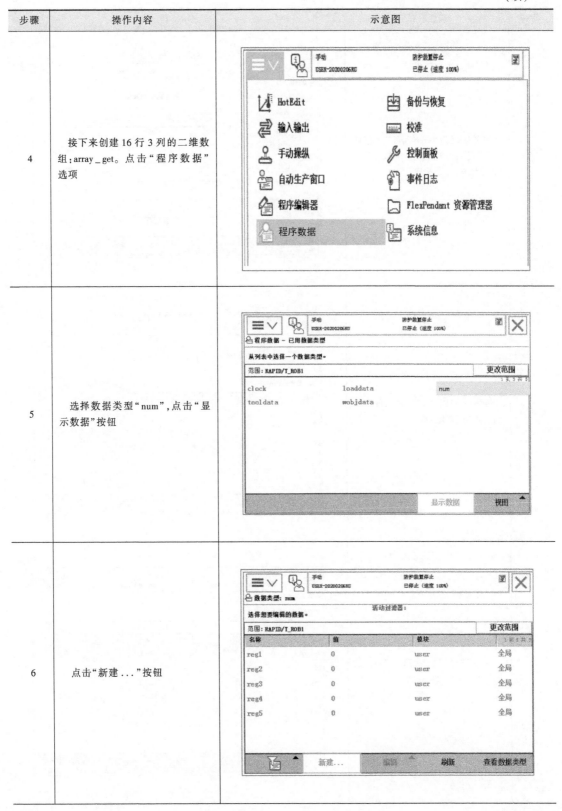
5	选择数据类型"num"，点击"显示数据"按钮	
6	点击"新建..."按钮	

（续）

步骤	操作内容	示意图
7	将名称改为"array_get"，"存储类型"选择"常量"，"维数"选择"2"，点击"..."按钮	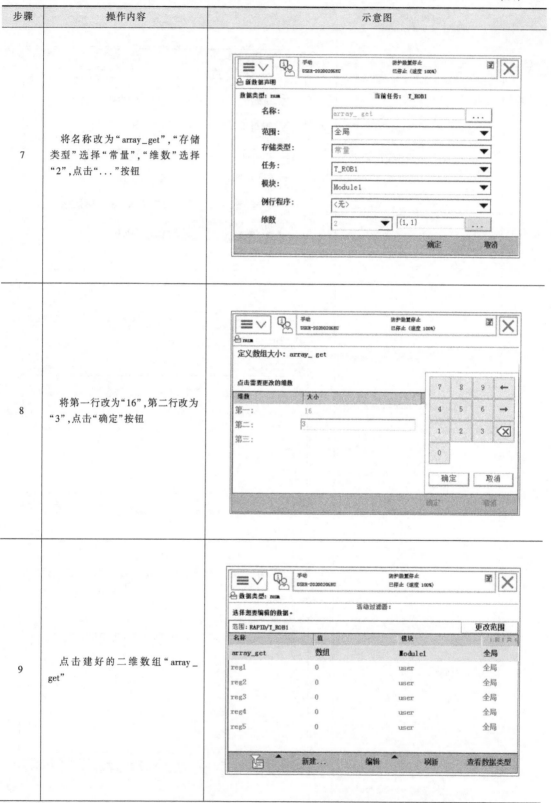
8	将第一行改为"16"，第二行改为"3"，点击"确定"按钮	
9	点击建好的二维数组"array_get"	

（续）

步骤	操作内容	示意图
10	按表 7-7 将每行每列数值进行对应修改	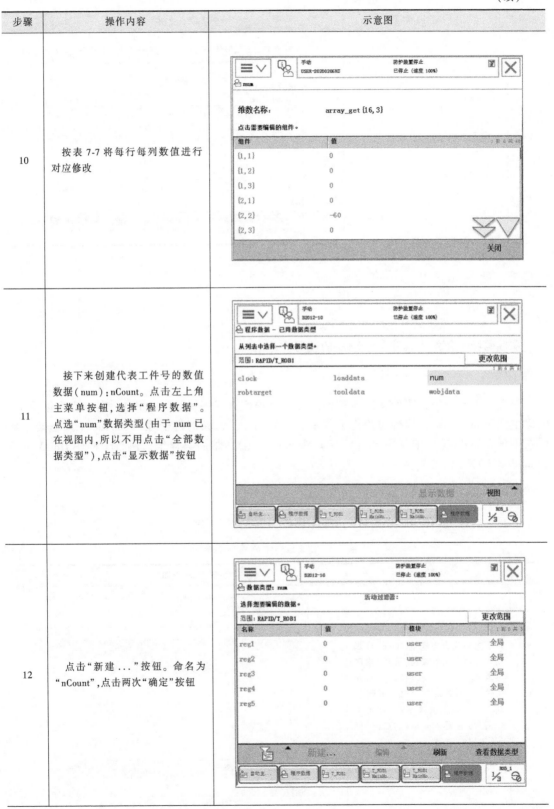
11	接下来创建代表工件号的数值数据（num）：nCount。点击左上角主菜单按钮，选择"程序数据"。点选"num"数据类型（由于 num 已在视图内，所以不用点击"全部数据类型"），点击"显示数据"按钮	
12	点击"新建…"按钮。命名为"nCount"，点击两次"确定"按钮	

(续)

步骤	操作内容	示意图
13	完成操作	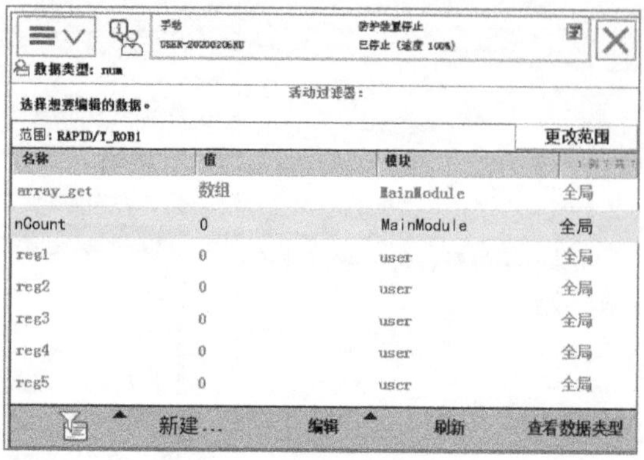

7.2.8 码垛工作站主程序与子程序如何编写?

做什么

掌握码垛工作站主程序与子程序的编写方法。

讲给你听

根据 7.2.5 节中介绍的程序流程的设计,首先建立程序模块 Module1,在该程序模块下,创建主程序 main()、例行初始化子程序 rInitAll()、码垛例行子程序 maduo() 框架,然后在主程序 main() 中调用 rInitAll() 和 maduo(),最后具体编写例行子程序 rInitAll() 和 maduo()。

做给你看

下面我们通过示教器编写程序,具体操作步骤见表 7-10。

表 7-10 编写程序的操作步骤

步骤	操作内容	示意图
1	首先创建程序模块 Module1,点击左上角主菜单按钮,选择"程序编辑器"。点击"取消"。点击左下角"文件"菜单里的"新建模块…"。设定模块名称(这里就使用默认名称 Module1),点击"确定"按钮	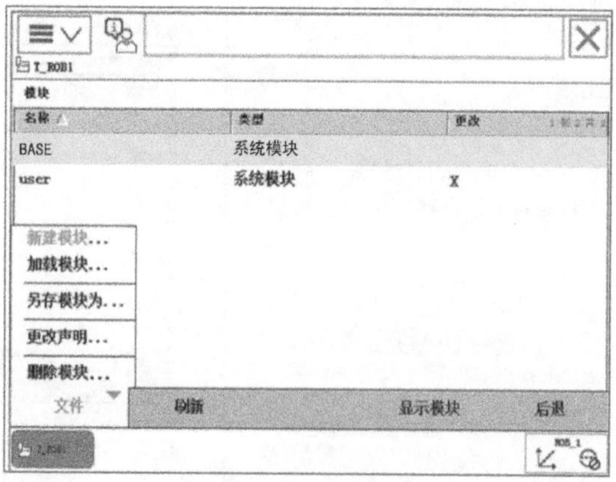

（续）

步骤	操作内容	示意图
2	选中"Module1"，点击"显示模块"按钮	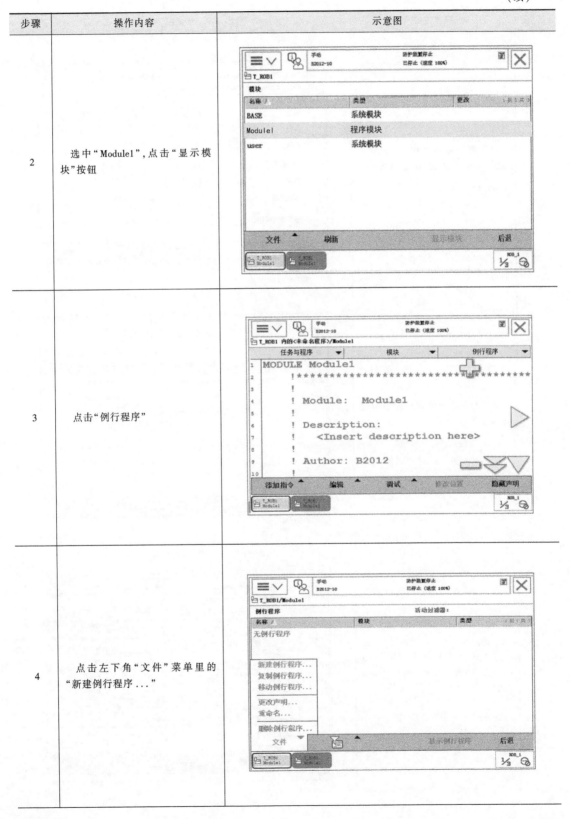
3	点击"例行程序"	
4	点击左下角"文件"菜单里的"新建例行程序..."	

（续）

步骤	操作内容	示意图
5	设定例行程序名称（main、rInitAll、maduo），点击"确定"按钮	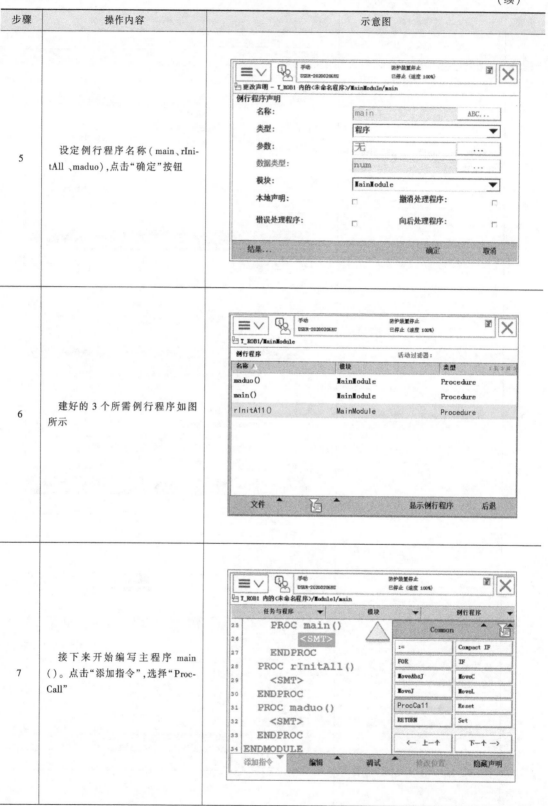
6	建好的 3 个所需例行程序如图所示	
7	接下来开始编写主程序 main（）。点击"添加指令"，选择"ProcCall"	

（续）

步骤	操作内容	示意图
8	选择"rInitAll"，点击"确定"按钮	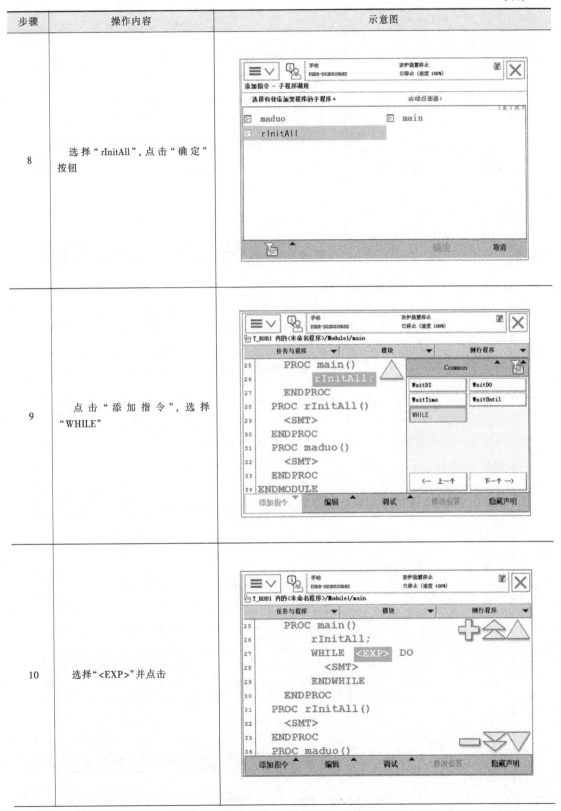
9	点击"添加指令"，选择"WHILE"	
10	选择"<EXP>"并点击	

（续）

步骤	操作内容	示意图
11	点击"更改数据类型…"按钮。选择"num"，点击"确定"按钮	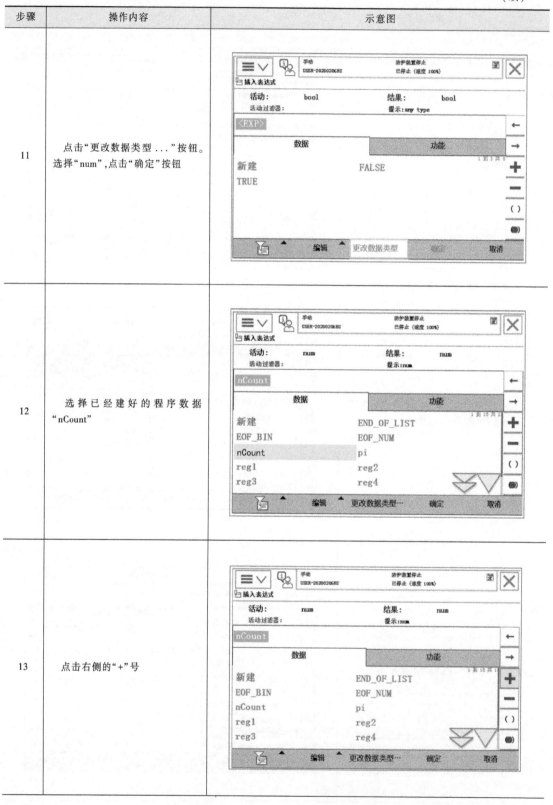
12	选择已经建好的程序数据"nCount"	
13	点击右侧的"+"号	

（续）

步骤	操作内容	示意图
14	选择"<"	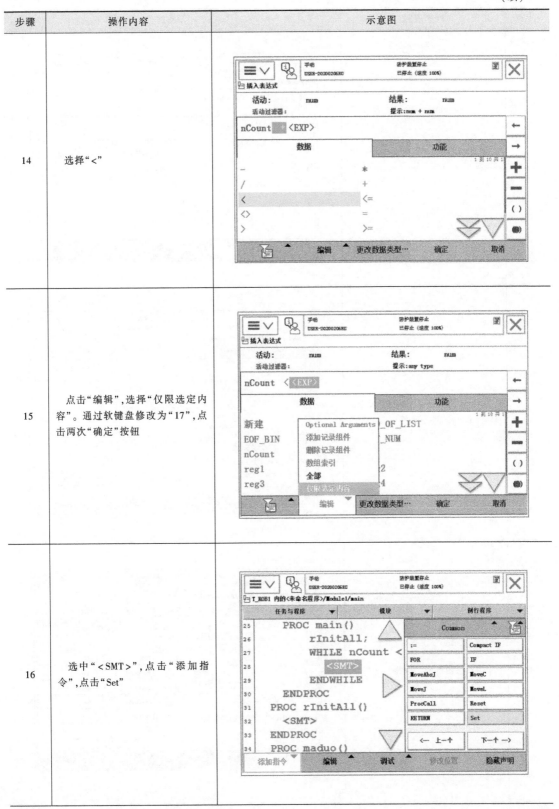
15	点击"编辑"，选择"仅限选定内容"。通过软键盘修改为"17"，点击两次"确定"按钮	
16	选中"<SMT>"，点击"添加指令"，点击"Set"	

（续）

步骤	操作内容	示意图
17	选择"do_InFeeder"，点击"确定"按钮	
18	按之前的方法（ProcCall 指令）调用"maduo"例行程序	
19	点击"添加指令"，选择":="	

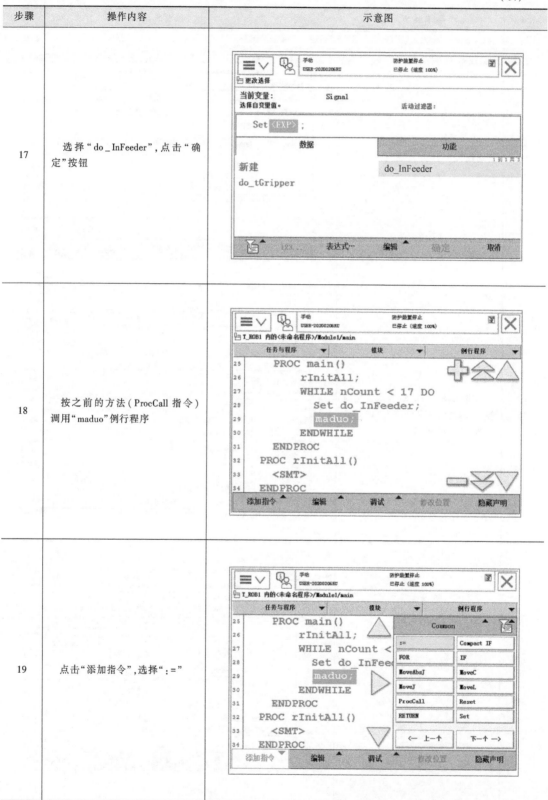

（续）

步骤	操作内容	示意图
20	将"<EXP>"的数据类型都选择为"nCount"	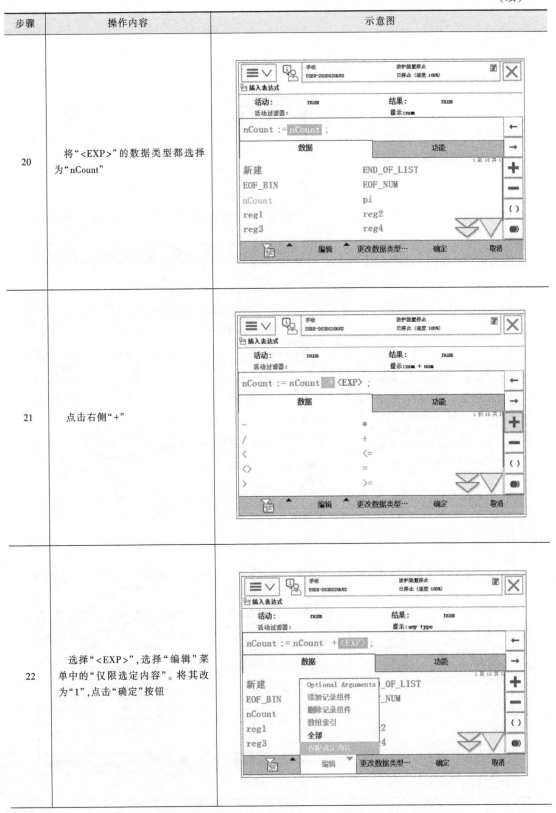
21	点击右侧"+"	
22	选择"<EXP>",选择"编辑"菜单中的"仅限选定内容"。将其改为"1",点击"确定"按钮	

（续）

步骤	操作内容	示意图
23	完成主程序的编写	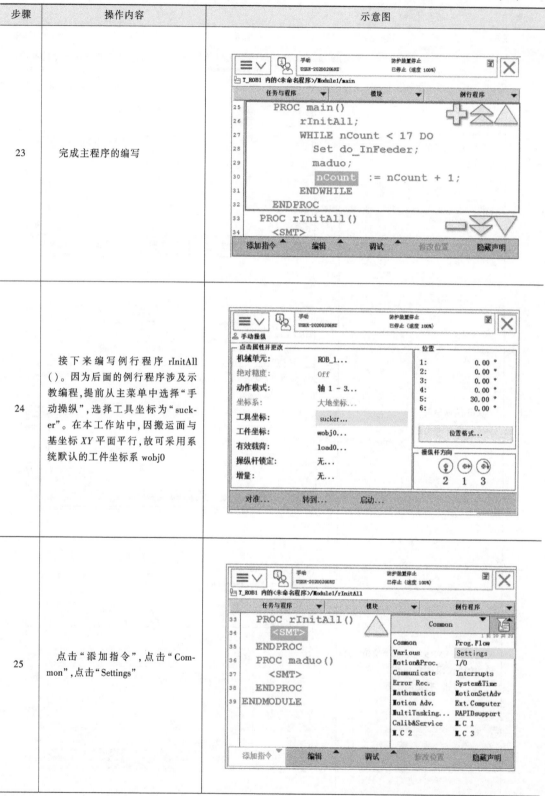
24	接下来编写例行程序 rInitAll（）。因为后面的例行程序涉及示教编程，提前从主菜单中选择"手动操纵"，选择工具坐标为"sucker"。在本工作站中，因搬运面与基坐标 XY 平面平行，故可采用系统默认的工件坐标系 wobj0	
25	点击"添加指令"，点击"Common"，点击"Settings"	

（续）

步骤	操作内容	示意图
26	点击"AccSet"	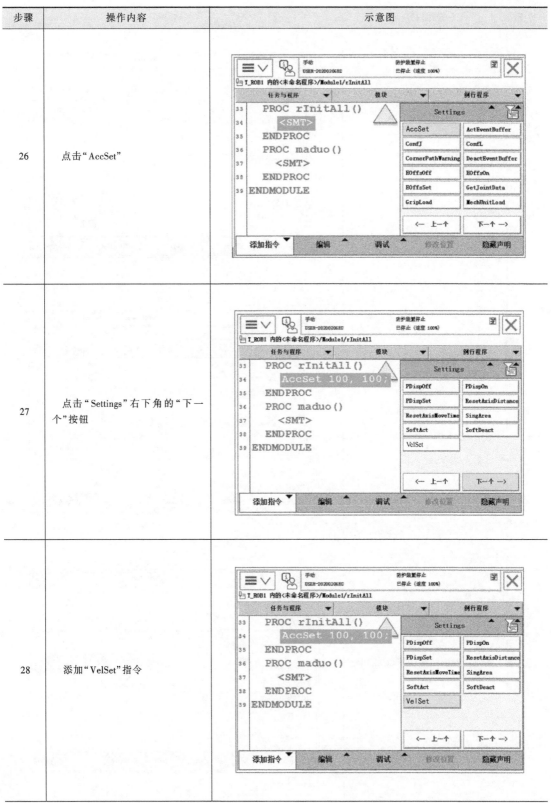
27	点击"Settings"右下角的"下一个"按钮	
28	添加"VelSet"指令	

（续）

步骤	操作内容	示意图
29	添加"nCount：= 1；"	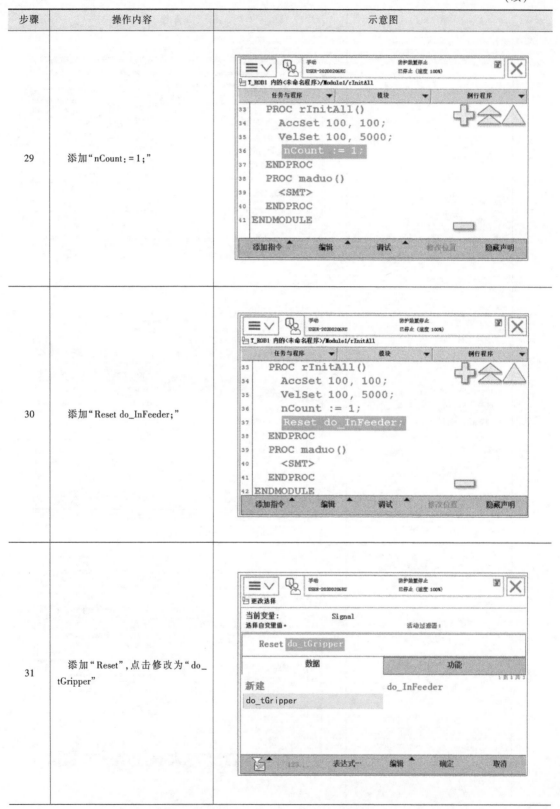
30	添加"Reset do_InFeeder；"	
31	添加"Reset"，点击修改为"do_tGripper"	

（续）

步骤	操作内容	示意图
32	点击"添加指令",选择"Move-AbsJ",点击语句中的"＊"	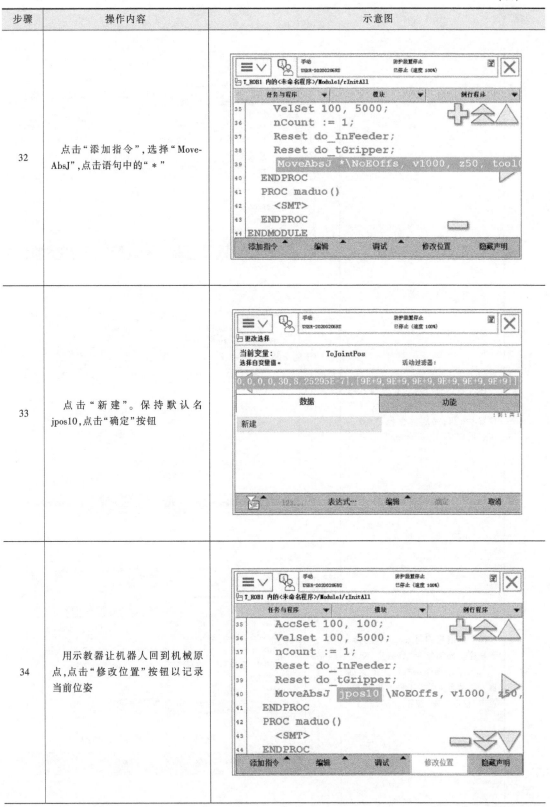
33	点击"新建"。保持默认名jpos10,点击"确定"按钮	
34	用示教器让机器人回到机械原点,点击"修改位置"按钮以记录当前位姿	

（续）

步骤	操作内容	示意图
35	点击"添加指令"，选择"MoveJ"，点击语句中的"*"	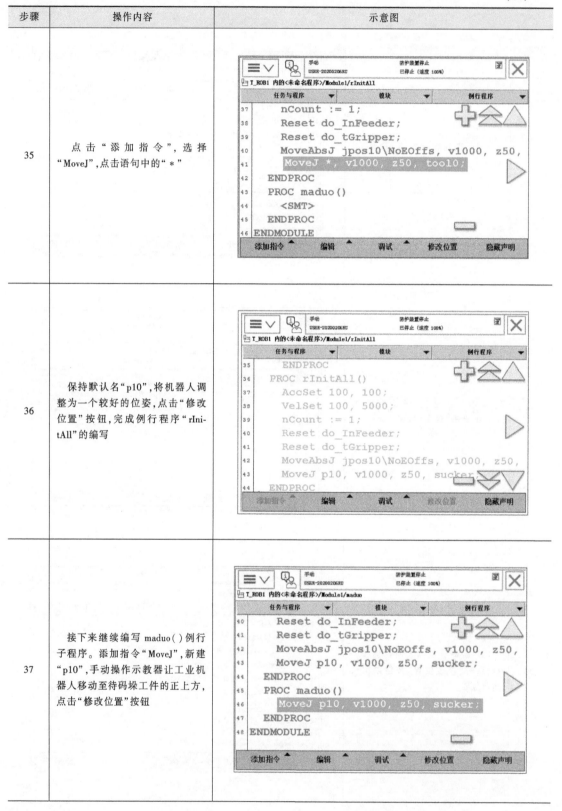
36	保持默认名"p10"，将机器人调整为一个较好的位姿，点击"修改位置"按钮，完成例行程序"rInitAll"的编写	
37	接下来继续编写 maduo( ) 例行子程序。添加指令"MoveJ"，新建"p10"，手动操作示教器让工业机器人移动至待码垛工件的正上方，点击"修改位置"按钮	

（续）

步骤	操作内容	示意图
38	点击"添加指令"，选择"WaitDI"	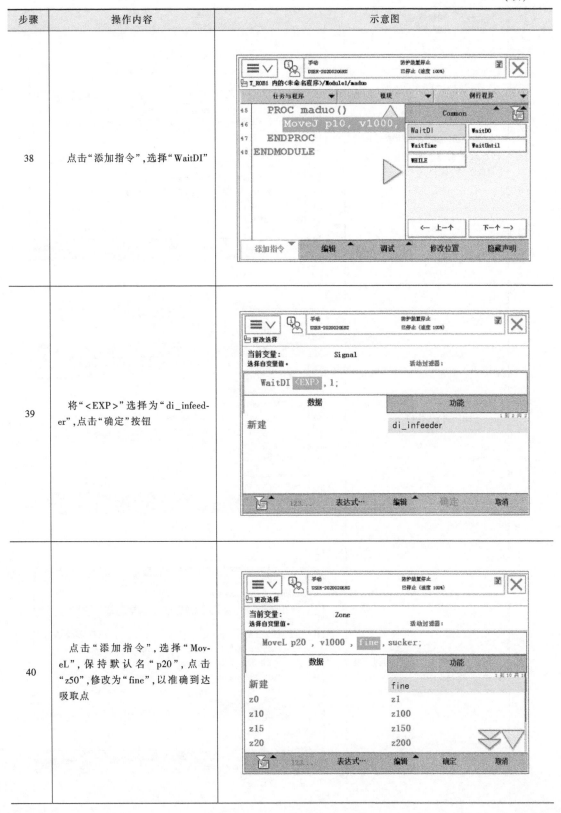
39	将"＜EXP＞"选择为"di_infeeder"，点击"确定"按钮	
40	点击"添加指令"，选择"MoveL"，保持默认名"p20"，点击"z50"，修改为"fine"，以准确到达吸取点	

（续）

步骤	操作内容	示意图
41	选中"p20"，手动操作示教器将机器人移至待吸取工件点，点击"修改位置"按钮	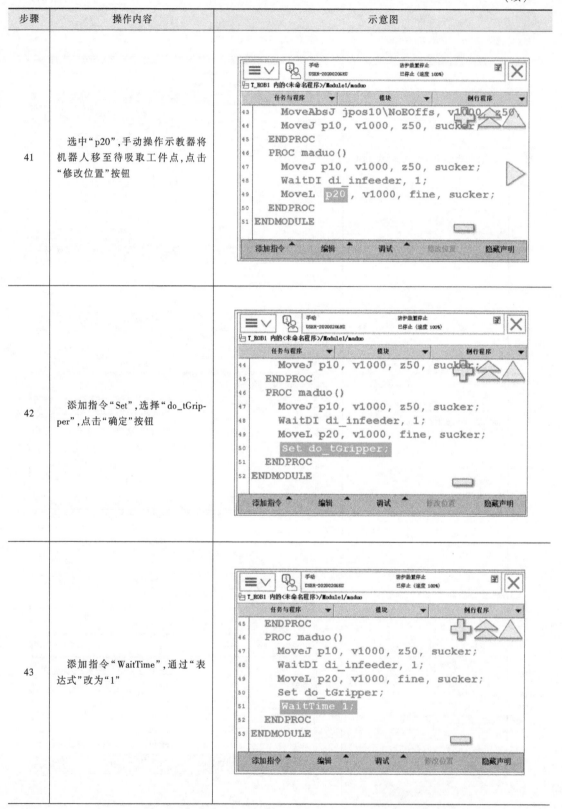
42	添加指令"Set"，选择"do_tGripper"，点击"确定"按钮	
43	添加指令"WaitTime"，通过"表达式"改为"1"	

（续）

步骤	操作内容	示意图
44	添加指令"MoveJ"，选择"p10"	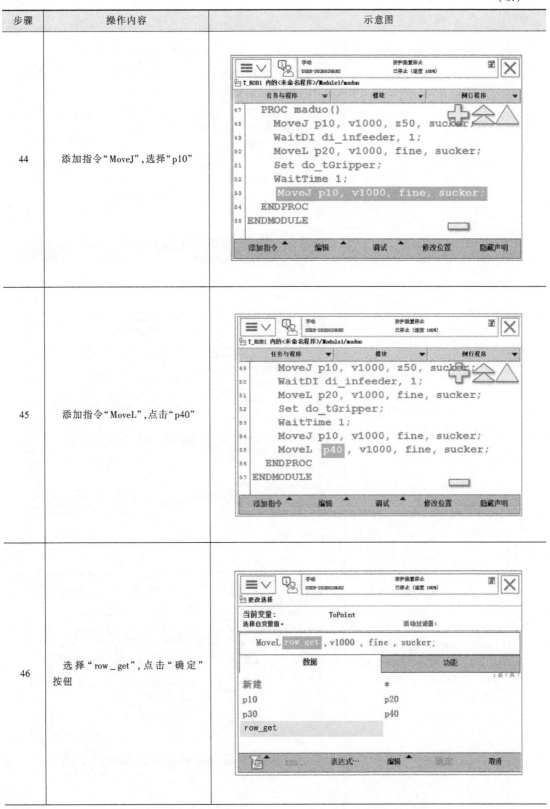
45	添加指令"MoveL"，点击"p40"	
46	选择"row_get"，点击"确定"按钮	

（续）

步骤	操作内容	示意图
47	选中"row_get"，选择"功能"，选择"RelTool"	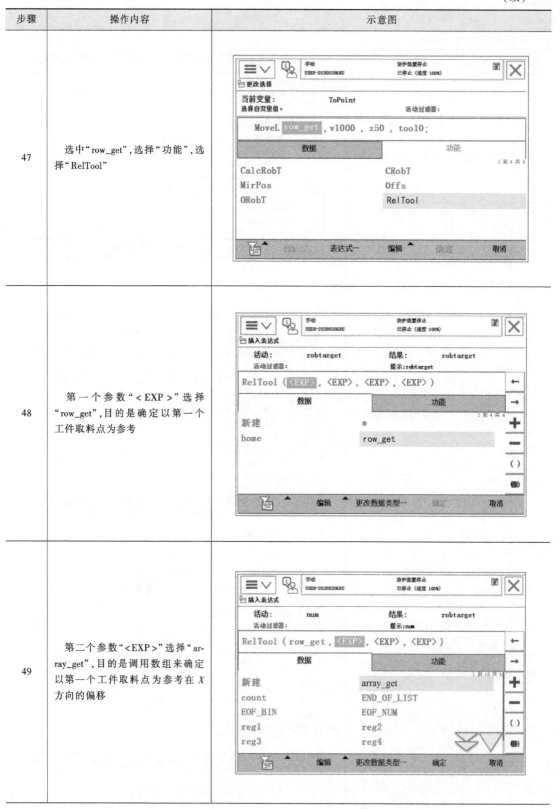
48	第一个参数"< EXP >"选择"row_get"，目的是确定以第一个工件取料点为参考	
49	第二个参数"<EXP>"选择"array_get"，目的是调用数组来确定以第一个工件取料点为参考在 X 方向的偏移	

（续）

步骤	操作内容	示意图
50	array_get 第一个"〈EXP〉"选择"nCount"	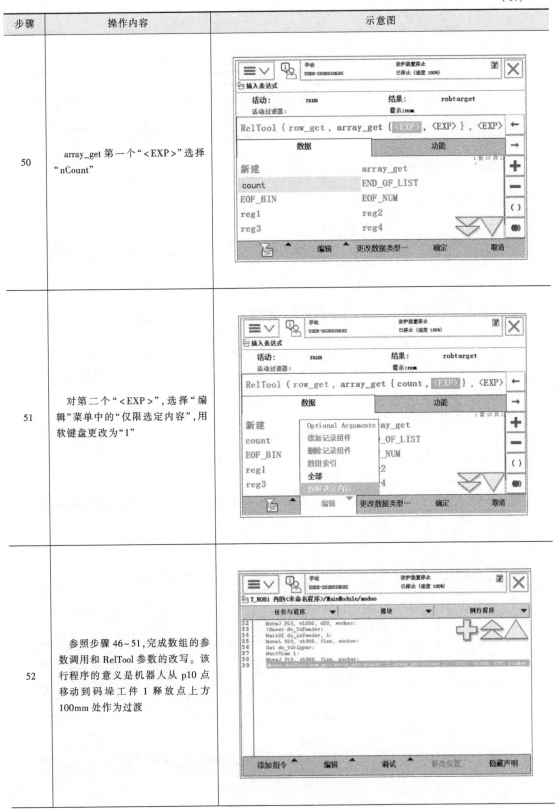
51	对第二个"〈EXP〉",选择"编辑"菜单中的"仅限选定内容",用软键盘更改为"1"	
52	参照步骤 46~51,完成数组的参数调用和 RelTool 参数的改写。该行程序的意义是机器人从 p10 点移动到码垛工件 1 释放点上方 100mm 处作为过渡	

（续）

步骤	操作内容	示意图
53	选中程序行,点击"编辑",选择"复制",再点击"粘贴"	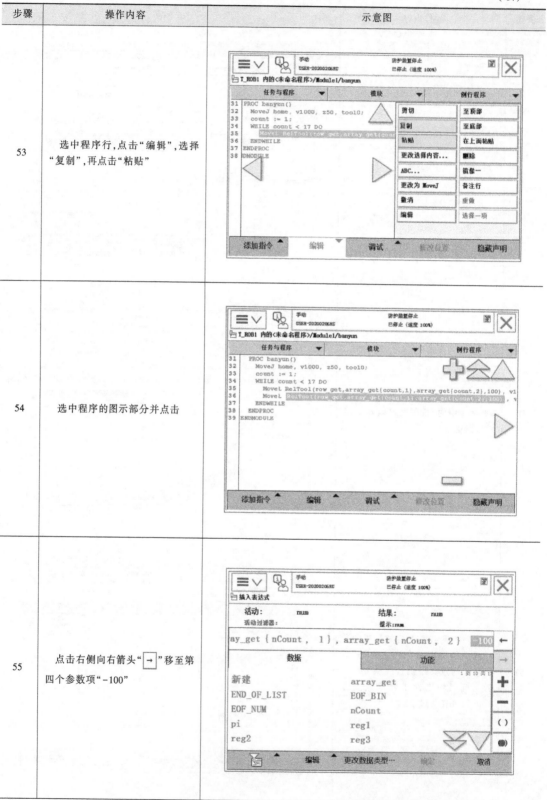
54	选中程序的图示部分并点击	
55	点击右侧向右箭头"→"移至第四个参数项"-100"	

（续）

步骤	操作内容	示意图
56	参照步骤46~51,完成数组的参数调用和RelTool参数的改写。该行程序的意义是从过渡点移动到工件1释放码垛点,点击"确定"按钮	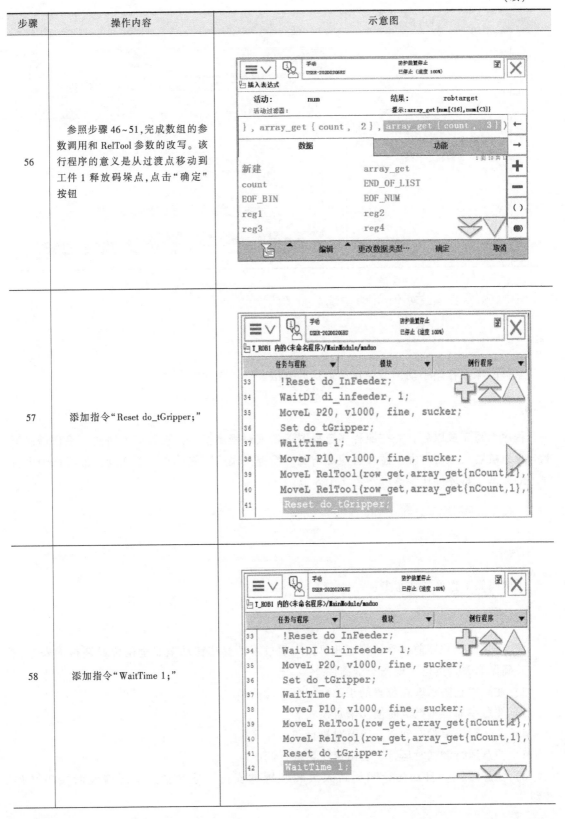
57	添加指令"Reset do_tGripper;"	
58	添加指令"WaitTime 1;"	

（续）

步骤	操作内容	示意图
59	复制粘贴程序行 38，完成"maduo"例行程序的编写	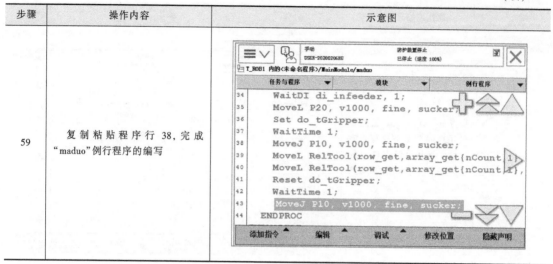

7.2.9　码垛工作站如何手动调试与自动运行？

做什么

掌握码垛工作站手动调试与自动运行的方法。

做给你看

程序编写完成以后，先按照程序流程图逐条核对程序指令，查看有无错漏。编辑错误可能会导致机器人运行时发生意外碰撞等情况。检查无误后，先单步，后连续，最后自动进行程序的调试。具体操作步骤可参考 7.1.8 节。

7.2.10　码垛工作站的注意事项有哪些？

做什么

了解码垛工作站的注意事项。

讲给你听

1）正式调试程序前，确认将工业机器人通过手动操作移动至安全位置或调整为安全位姿，并确保无关人员位于现场安全栅栏外。

2）注意检查各示教点位置的正确性与合理性。

3）注意在靠近示教点时使用增量模式。

4）若运行结果没有问题，应及时执行备份操作。

5）注意运行调试时运行速度由慢及快进行调试。

6）注意调试和自动运行时周边人员和装置的安全，遇到紧急情况应及时按下急停按钮。

让你试试看——项目测试

项目任务操作测试

任务编号	7-2
任务名称	怎样用工业机器人码垛
任务概述	

按任务内容要求完成工业机器人的码垛任务

任务要求

1. 操作过程中严格遵守安全操作规范
2. 操作过程中注意职业素养
3. 在码垛仿真工作站中,以图示的工件1位置为参考,完成13个工件的码垛任务

板块	序号	任务内容
机器人操作	1	进行工作站I/O配置
	2	进行程序流程设计
	3	进行工具数据创建
	4	创建合理的程序数据
	5	创建任务模块和所需例行程序
	6	编写主程序和子程序(例行程序)
	7	手动调试与自动运行
	8	备份系统

理论题

1. 码垛工作站至少有（　　）个组成部分。

A. 1　　　　　　　　B. 2　　　　　　　　C. 3　　　　　　　　D. 4

2. 加速度设定指令是（　　）。

A. AccSet　　　　　B. AcSet　　　　　C. Acc　　　　　　D. VelSet

3. 速度设定指令是（　　）。

A. Vel　　　　　　　B. VSet　　　　　　C. AccSet　　　　　D. VelSet

4. 赋值指令是（　　）。

A. =　　　　　　　　B. :　　　　　　　　C. :=　　　　　　　D. ==:

5. 绝对位置运动指令是（　　）。

A. MoveJ　　　　　B. MoveAbsJ　　　　C. MoveL　　　　　D. MoveC

6. 关节运动指令是（　　）。

A. MoveJ　　　　　B. MoveAbsJ　　　　C. MoveL　　　　　D. MoveC

7. 线性运动指令是（　　）。

A. MoveJ　　　　　B. MoveAbsJ　　　　C. MoveL　　　　　D. MoveC

8. 设置数字信号输出指令是（　　）。

A. Set B. Reset C. Test D. IF

9. 复位数字信号输出指令是（ ）。

A. Set B. Reset C. Test D. IF

10. 等待数字信号输入指令是（ ）。

A. WaitDI B. WaitI C. WaitTime D. WaitDo

确认你会干——项目操作评价

学号				姓名		单位	
任务编号		7-2	任务名称		怎样用工业机器人码垛		
板块	序号	考核点			分值标准	得分	备注
职业素养	1	遵守纪律,尊重指导教师,违反一次扣1分					
	2	工位清洁(若违反,每项扣0.5分): 1)系统设备上没有多余的工具 2)工作区域地面上没有垃圾					
	3	着装要求(若违反,每项扣0.5分): 1)裤子为长裤,裤口收紧 2)鞋子为绝缘三防鞋 3)上衣为长袖,袖口收紧 4)佩戴安全帽 5)长发扎紧,放于安全帽内,短发无要求					
操作不当破坏设备	4	工业机器人碰撞,导致夹具损坏					
	5	工业机器人碰撞,导致工件损坏					
	6	工业机器人碰撞,夹具及工件损坏					
	7	破坏设备,无法继续进行考核					
违反考核纪律	8	在发出开始指令前,提前操作					
	9	不服从指导教师指令					
	10	在发出结束考核指令后,继续操作					
	11	擅自离开考核工位					
	12	与其他工位的学员交流					
	13	在教室大声喧哗、无理取闹					
	14	携带纸张、U盘、手机等不允许携带的物品进场					
	15	其他违反纪律的情况					
机器人操作	16	口述工业机器人的型号					
	17	开机启动机器人					
	18	解除急停报警					
	19	切换机器人至手动模式					
	20	手动操作速度设置为25%					
	21	切换至手动关节控制					
	22	移动5轴至90°					

（续）

板块	序号	考核点	分值标准	得分	备注
机器人操作	23	手动移动机器人至点$(0,0,0,0,90,0)$，1min内完成			
	24	切换至线性移动模式			
	25	切换欧拉角坐标显示模式			
	26	手动移动机器人至基坐标点$(870,0,1000,180,0,-180)$			
	27	新建工具命名为 tool520，绕 tool520 点旋转（2min 内完成，误差在 5mm 内）			
	28	新建工件坐标系 wob520。沿 wob520 坐标系 X,Y,Z 方向移动 50mm（2min 内完成）			
	29	进行工作站 I/O 配置			
	30	进行程序流程设计			
	31	进行工具数据创建			
	32	创建合理的程序数据			
	33	创建任务模块和所需例行程序			
	34	编写主程序和子程序（例行程序）			
	35	手动调试与自动运行			
	36	备份系统			
总分					
学生签字		考评签字		考评结束时间	

怎样用工业机器人绘制一件个性T恤衫?

内容概述

本模块主要介绍使用工业机器人绘制一件个性T恤衫的操作步骤,详细讲解了图样绘制、离线程序的编制与仿真、机器人操作与设置,以及T恤衫的绘制操作步骤等。

知识目标

1. 了解基本离线编程数字模型的构建方法。

2. 了解离线编程与仿真的方法。

3. 了解工业机器人离线编程操作流程与方法。

能力目标

1. 能够使用 AutoCAD 软件构建简单的工业机器人离线编程轨迹模型。

2. 能够使用 RobotStudio 软件对简单轨迹离线编程并仿真。

3. 能够操作工业机器人实现轨迹的离线编程操作。

知识结构图

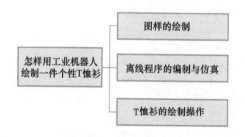

在工业机器人应用中,实现个性头像T恤衫的绘制时,系统可根据三维模型的曲线特征自动转换成机器人的轨迹,省时、省力且容易保证轨迹精度。通过本项目的学习,读者应能综合运用所学到的知识,通过简笔头像的绘制、离线编程与仿真和操作工业机器人完成自画像的绘制来完成本项目中的任务,如图 8-1 所示。

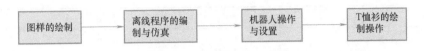

图 8-1 个性 T 恤衫绘制步骤

8.1 如何绘制图样?

做什么

使用 AutoCAD 绘制简笔头像。

讲给你听

通过 AutoCAD 软件导入自画像后,采用样条曲线功能绘制自画像的特征曲线,实现简笔画的成功绘制。绘制效果图及绘制流程分别如图 8-2 和图 8-3 所示。

图 8-2 简笔头像的绘制

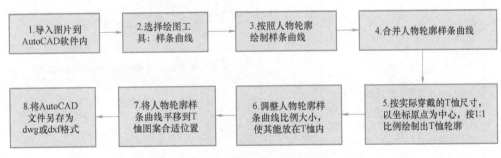

图 8-3 简笔头像绘制流程图

做给你看

在 AutoCAD 软件中绘制自画像,操作步骤见表 8-1。

表 8-1 绘制自画像的操作步骤

步骤	操作内容	示意图
1	打开 AutoCAD 软件,切换为 AutoCAD 经典模式	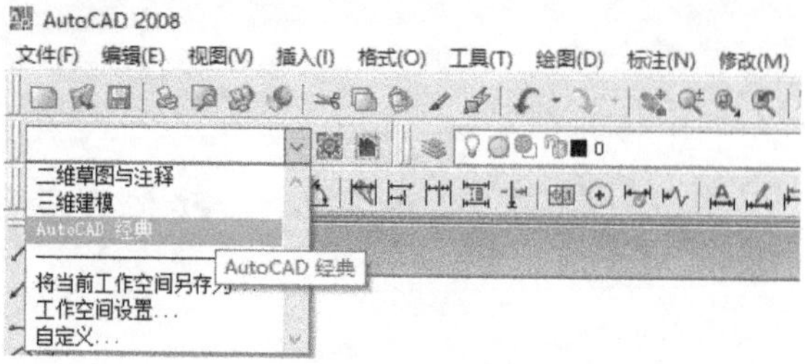
2	单击"插入"标签,选择"光栅图像参照"选项,选取并打开照片,设置照片的比例为 1∶1。新建两个图层,分别命名为"照片图层"和"绘图图层"	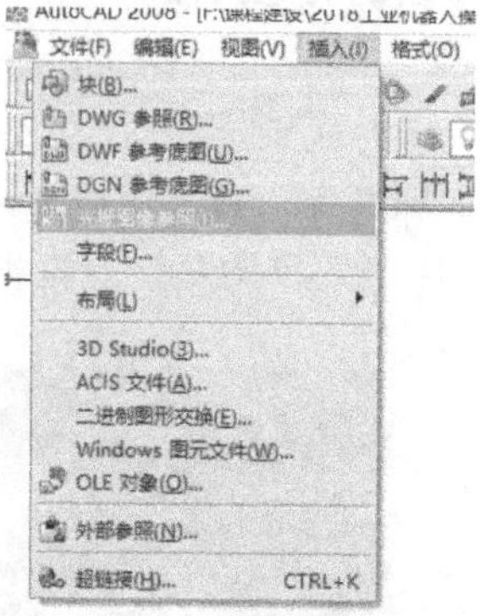
3	将导入的照片设置在照片图层,调整图片到合适大小,这就完成了照片的导入	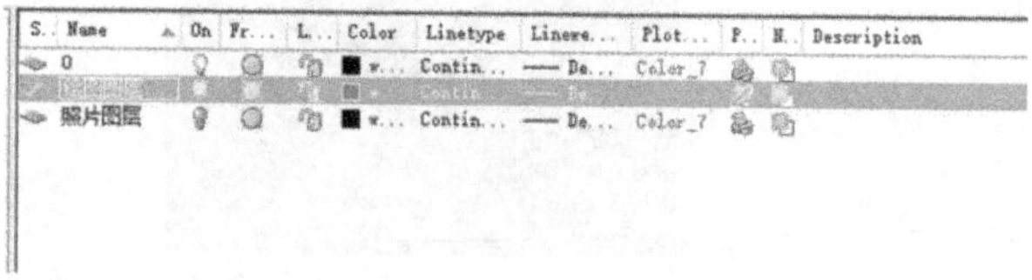
4	提取照片里的关键轮廓,主要使用样条曲线工具。样条工具使用时一定注意放样点不要太密集,疏密一定要合适	

（续）

步骤	操作内容	示意图
5	特征轮廓线绘制完成之后，对轮廓线进行修正。将多余的线条删减，采用 join 命令尽可能多地将线段连成一条连续的样条曲线	
6	图线绘制完成后选择隐藏照片图层，查看头像是否合适，可以将绘制的头像复制到照片外进行对比	
7	打开按 1∶1 比例绘制的 T 恤衫图形，将绘制的头像复制到 T 恤衫上，使用缩放工具将头像调整到满意的大小。注意，衣服要摆放到以坐标系原点为中心的位置	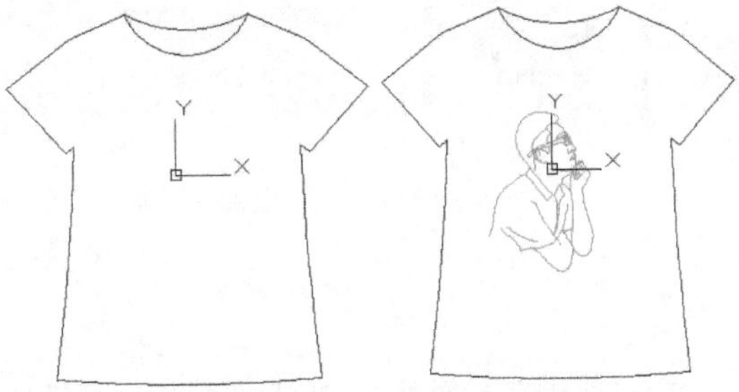
8	最后将图样保存为 dwg 格式？或者 dxf 格式	

8.2　离线程序如何编制与仿真？

做什么

通过 ABB 离线编程软件实现自画像的程序编制。

讲给你听

在 ABB 离线编程软件中，搭建出仿真环境工作站，如图 8-4 所示，其中包含 IRB 1410

机器人、笔头末端执行器、机器人控制柜、示教器和安全围栏。根据已导入的CAD简笔自画像，选取离线轨迹曲线，并且进行离线仿真。离线程序编制过程如图8-5所示。

图8-4 机器人工作站

```
┌──────────┐   ┌──────────┐   ┌──────────┐   ┌──────────┐
│1.导入图样 │──▶│2.调整图  │──▶│3.设定工件坐标│──▶│4.自动路  │
│          │   │  样位置  │   │系与工具坐标系│   │  径编程  │
└──────────┘   └──────────┘   └──────────┘   └──────────┘
                                                    │
┌──────────┐   ┌──────────┐   ┌──────────┐   ┌──────────┐
│8.设置轨  │◀──│7.创建进入、│◀──│6.创建轨迹起│◀──│5.设置点  │
│  迹参数  │   │  退出路径 │   │  始接近点 │   │  位方向  │
└──────────┘   └──────────┘   └──────────┘   └──────────┘
     │
┌──────────┐   ┌──────────┐   ┌──────────┐   ┌──────────┐
│9.将路径同步│──▶│10.编写   │──▶│11.仿真操作│──▶│12.程序导出│
│  到RAPID │   │  主程序  │   │          │   │          │
└──────────┘   └──────────┘   └──────────┘   └──────────┘
```

图8-5 离线程序编制过程

做给你看

在ABB离线编程软件中实现自画头像的路径选取和仿真，操作步骤见表8-2。

表8-2 实现自画头像的路径选取和仿真的操作步骤

步骤	操作内容	示意图
1	导入图样： 在"基本"选项卡中，单击"导入几何体"。在弹出的菜单中选择"浏览几何体"。根据路径找到CAD绘制的自画像，然后单击"打开"	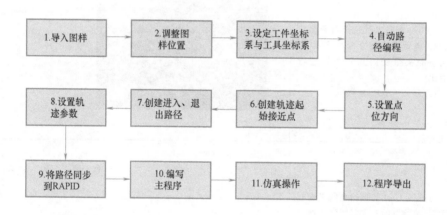

（续）

步骤	操作内容	示意图
2	调整图样位置: 1）在"布局"中选中导入的图样,单击鼠标右键选择"位置",再选择"设定位置",在弹出的窗口中设定图样的放置位置	
	2）通过设定位置窗口,将图样设定在工作台台面上,如图所示	
3	设定工件坐标系与工具坐标系: 在 RobotStudio 中创建工具坐标系和工件坐标系,位置如图所示	
4	自动路径编程: 1）在"基本"选项卡中,单击"路径"。在弹出的菜单中选择"自动路径"选项	

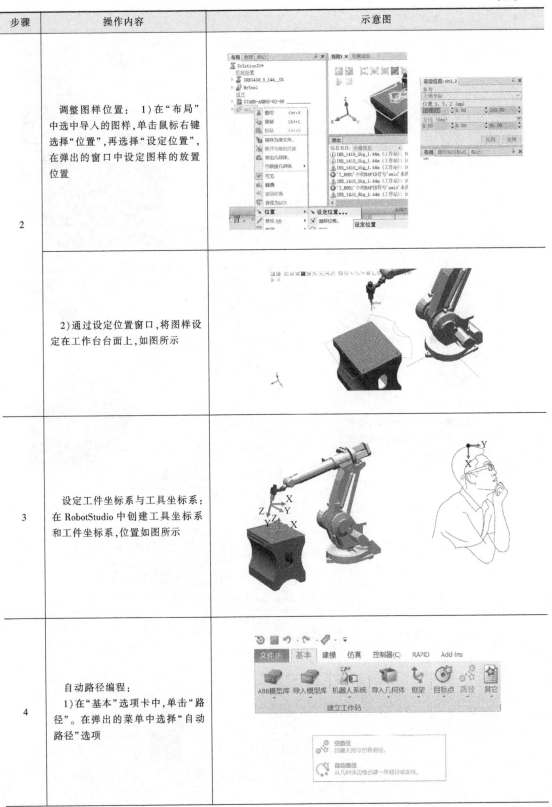

（续）

步骤	操作内容	示意图
4	2）在左侧弹出的"自动路径"选项卡中，选择"参照面"，设定合适的最小距离和公差。这两个参数会影响轨迹的精度	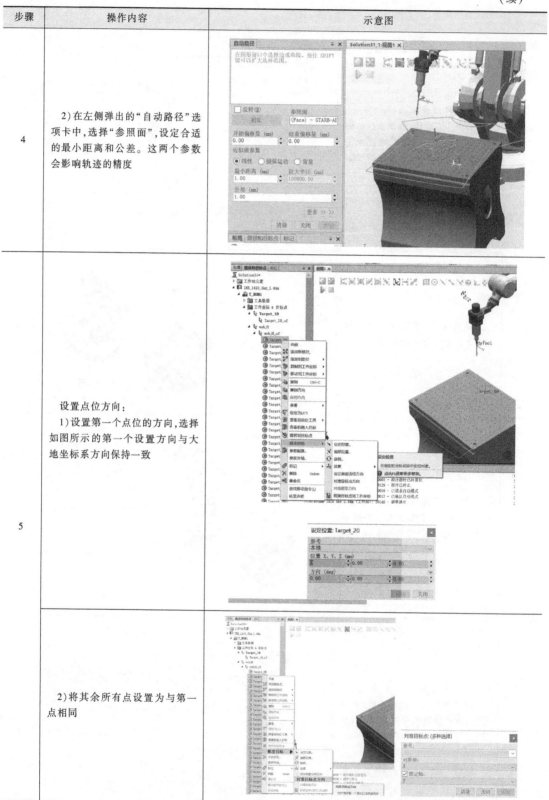
5	设置点位方向： 1）设置第一个点位的方向，选择如图所示的第一个设置方向与大地坐标系方向保持一致	
	2）将其余所有点设置为与第一点相同	

（续）

步骤	操作内容	示意图
6	创建轨迹起始接近点： 1）在每段路径起始点之前创建接近点。选中第一个目标点，单击右键，在弹出的菜单中选中"复制"，再粘贴，此时出现一个新的目标点，单击右键，在弹出的菜单中选择"修改目标"，再选择"偏移位置"	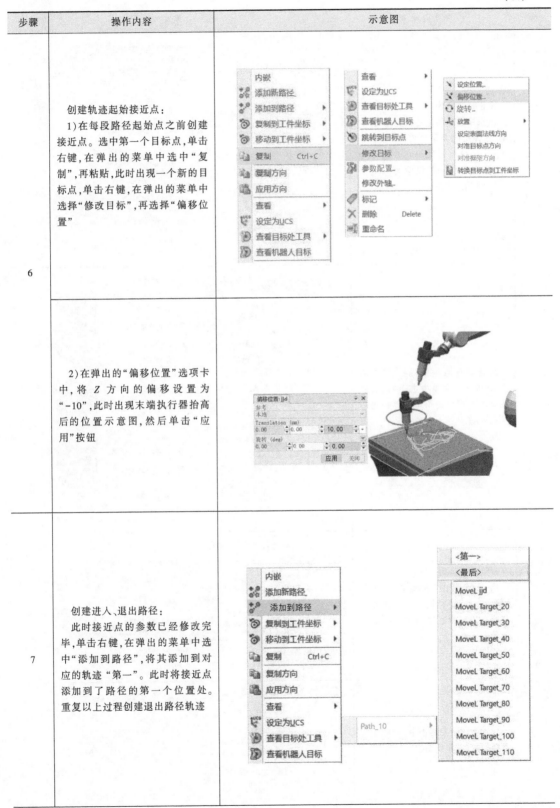
	2）在弹出的"偏移位置"选项卡中，将 Z 方向的偏移设置为"-10"，此时出现末端执行器抬高后的位置示意图，然后单击"应用"按钮	
7	创建进入、退出路径： 此时接近点的参数已经修改完毕，单击右键，在弹出的菜单中选中"添加到路径"，将其添加到对应的轨迹"第一"。此时将接近点添加到了路径的第一个位置处。重复以上过程创建退出路径轨迹	

（续）

步骤	操作内容	示意图
8	设置轨迹参数： 1）选中前面创建的轨迹，单击右键，在弹出的菜单中选择"编辑指令"。在弹出的编辑指令选项卡中，将速度"Zone"设置为"fine"。单击"应用"按钮	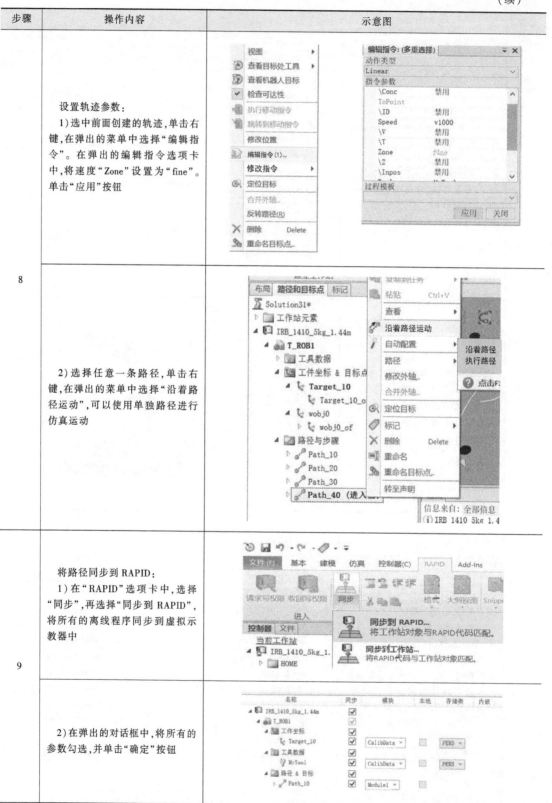
	2）选择任意一条路径，单击右键，在弹出的菜单中选择"沿着路径运动"，可以使用单独路径进行仿真运动	
9	将路径同步到 RAPID： 1）在"RAPID"选项卡中，选择"同步"，再选择"同步到 RAPID"，将所有的离线程序同步到虚拟示教器中	
	2）在弹出的对话框中，将所有的参数勾选，并单击"确定"按钮	

（续）

步骤	操作内容	示意图
10	编写主程序: 1) 进入 RAPID 程序编辑器 2) 输入主函数并调用所有的子程序,将路径轨迹同步到工作站	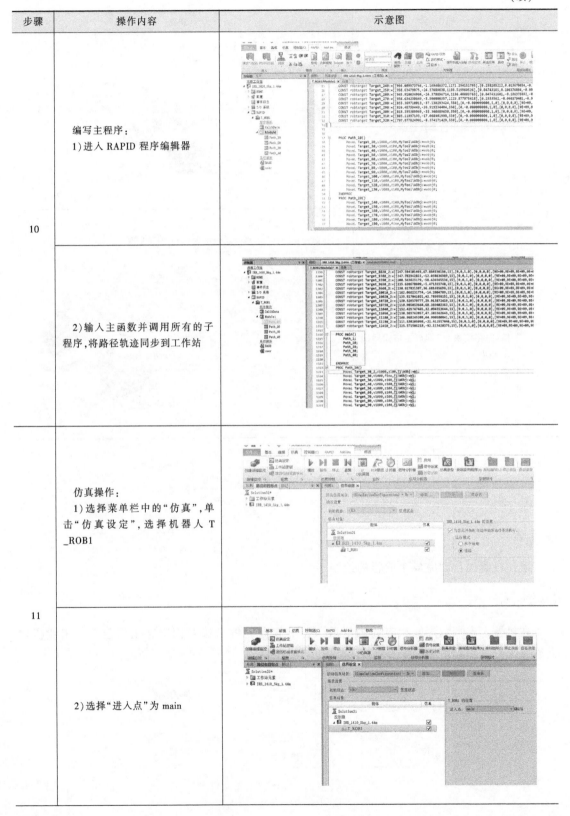
11	仿真操作: 1) 选择菜单栏中的"仿真",单击"仿真设定",选择机器人 T_ROB1 2) 选择"进入点"为 main	

（续）

步骤	操作内容	示意图
11	3）选择"仿真控制"里的"播放"即可在视图中仿真轨迹	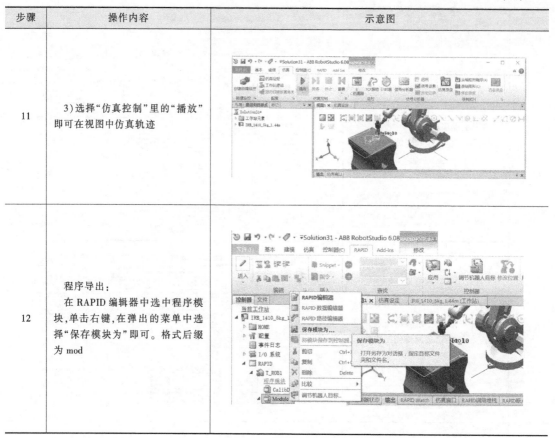
12	程序导出： 在 RAPID 编辑器中选中程序模块，单击右键，在弹出的菜单中选择"保存模块为"即可。格式后缀为 mod	

8.3　T 恤衫的绘制如何操作？

做什么

操作机器人自动完成 T 恤衫的绘制。

讲给你听

在机器人末端装配好相应的画笔后，在工作台上将 T 恤衫固定在工作台上。工业机器人绘制工作流程如图 8-6 所示。

图 8-6　工业机器人绘制工作流程图

做给你看

通过操作机器人绘制自画像，操作步骤见表8-3。

表8-3　操作机器人绘制自画像的操作步骤

步骤	操作内容	示意图
1	将T恤衫放到木板中间位置，用图钉固定4个点。固定之前将T恤衫微微拉伸，再固定，拉伸4个点时用力均匀。同时在T恤衫里放上一张A4纸或者厚纸板。防止记号笔油墨浸染	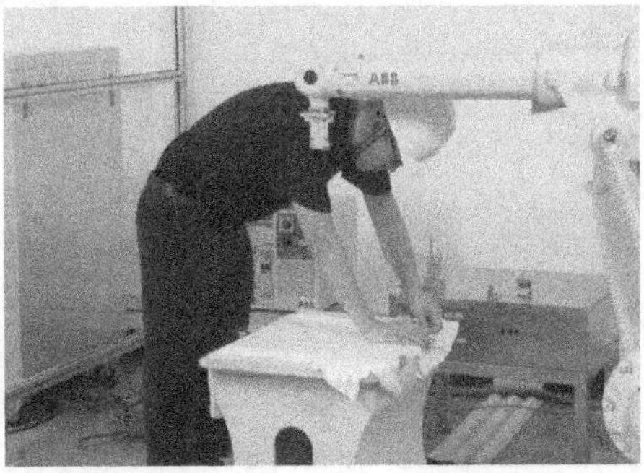
2	操作示教器，完成工业机器人工具坐标系的设定	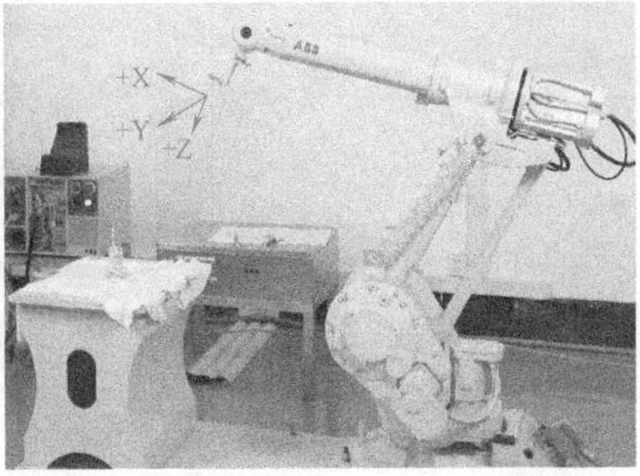
3	将USB存储设备与示教器连接上，按照图示选择"加载模块"命令	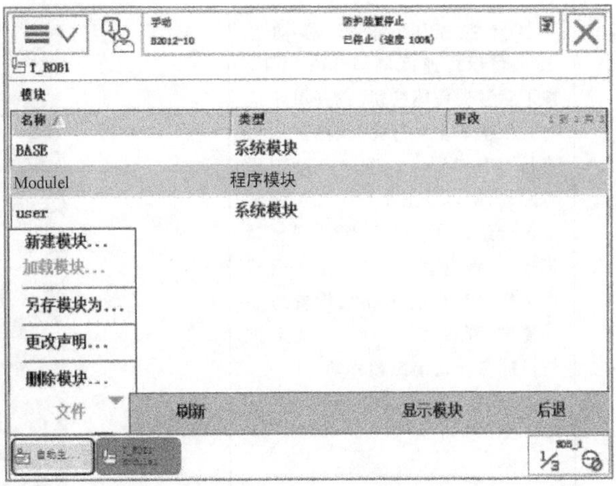

（续）

步骤	操作内容	示意图
4	点击需要导入的程序模块所在的盘,找到程序模块所在文件夹并点击,如图所示	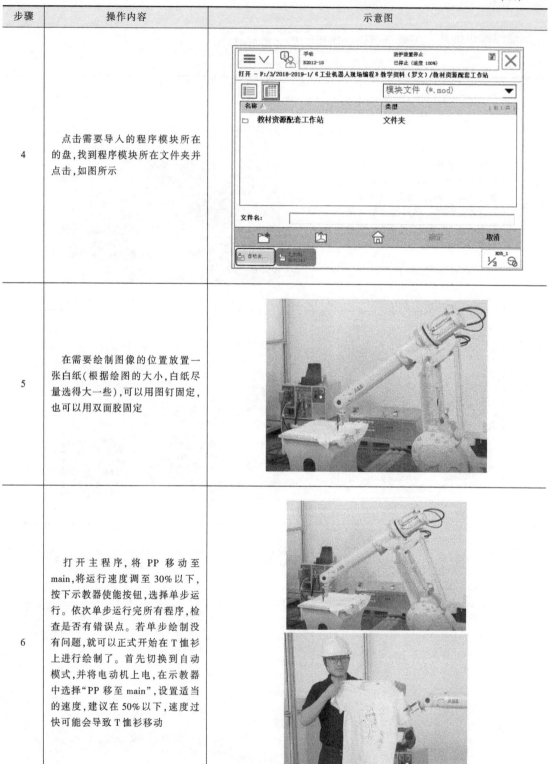
5	在需要绘制图像的位置放置一张白纸(根据绘图的大小,白纸尽量选得大一些),可以用图钉固定,也可以用双面胶固定	
6	打开主程序,将 PP 移动至 main,将运行速度调至 30% 以下,按下示教器使能按钮,选择单步运行。依次单步运行完所有程序,检查是否有错误点。若单步绘制没有问题,就可以正式开始在 T 恤衫上进行绘制了。首先切换到自动模式,并将电动机上电,在示教器中选择"PP 移至 main",设置适当的速度,建议在 50% 以下,速度过快可能会导致 T 恤衫移动	

让你试试看——项目测试

项目任务操作测试

任务编号	8-1
任务名称	个性 T 恤衫绘制
任务概述	
操作工业机器人完成自画像绘制	
任务要求	
1. 操作过程中严格遵守安全操作规范 2. 操作过程中注意职业素养	

板块	序号	任务内容
机器人操作	1	使用 AutoCAD 绘制简笔画
	2	自画像离线程序的编制及仿真
	3	工业机器人完成自画像的绘制

确认你会干——项目操作评价

学号			姓名		单位	
任务编号	8-1	任务名称		个性 T 恤衫绘制		

板块	序号	考核点	分值标准	得分	备注
职业素养	1	遵守纪律,尊重指导教师,违反一次扣1分			
	2	工位清洁(若违反,每项扣0.5分): 1)系统设备上没有多余的工具 2)工作区域地面上没有垃圾			
	3	着装要求(若违反,每项扣0.5分): 1)裤子为长裤,裤口收紧 2)鞋子为绝缘三防鞋 3)上衣为长袖,袖口收紧 4)佩戴安全帽 5)长发扎紧,放于安全帽内,短发无要求			
操作不当 破坏设备	4	工业机器人碰撞,导致夹具损坏			
	5	工业机器人碰撞,导致工件损坏			
	6	工业机器人碰撞,夹具及工件损坏			
	7	破坏设备,无法继续进行考核			
违反考核纪律	8	在发出开始指令前,提前操作			
	9	不服从指导教师指令			
	10	在发出结束考核指令后,继续操作			
	11	擅自离开考核工位			
	12	与其他工位的学员交流			
	13	在教室大声喧哗、无理取闹			

（续）

板块	序号	考核点	分值标准	得分	备注
违反考核纪律	14	携带纸张、U 盘、手机等不允许携带的物品进场			
	15	其他违反纪律的情况			
机器人操作	16	头像图样的绘制			
	17	离线程序的编制与仿真			
	18	T 恤衫的绘制操作			
总分					
学生签字		考评签字		考评结束时间	

参 考 文 献

[1] 中国机械工业联合会. 机器人与机器人装备 词汇：GB/T 12643—2013 [S]. 北京：中国标准出版社，2014.

[2] 叶辉，等. 工业机器人实操与应用技巧 [M]. 2 版. 北京：机械工业出版社，2017.

[3] 蒋正炎，郑秀丽. 工业机器人工作站安装与调试：ABB [M]. 北京：机械工业出版社，2017.

[4] 宋云艳，周佩秋. 工业机器人离线编程与仿真 [M]. 北京：机械工业出版社，2017.

[5] 张春芝，钟柱培，许妍妩. 工业机器人操作与编程 [M]. 北京：高等教育出版社，2018.

[6] 陈小艳，郭炳宇，林燕文. 工业机器人现场编程：ABB [M]. 北京：高等教育出版社，2018.

[7] 胡毕富，陈南江，林燕文. 工业机器人离线编程与仿真技术：RobotStudio [M]. 北京：高等教育出版社，2019.

[8] 张超，张继媛. ABB 工业机器人现场编程 [M]. 北京：机械工业出版社，2016.

[9] 吴海波，刘海龙. 工业机器人现场编程：ABB [M]. 北京：高等教育出版社，2018.

[10] 叶辉，何智勇，杨薇. 工业机器人工程应用虚拟仿真教程 [M]. 北京：机械工业出版社，2014.